KB239717

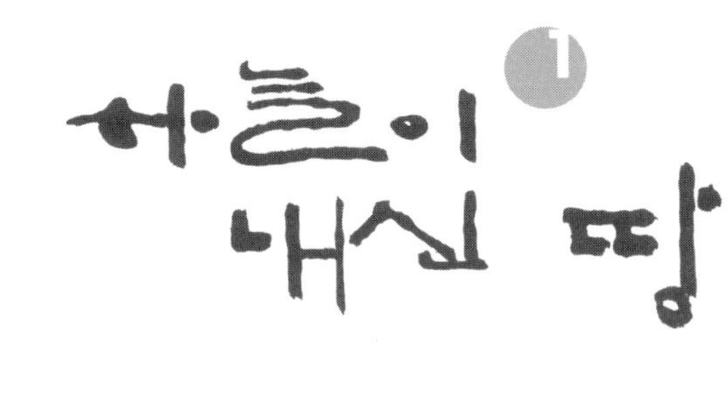

하늘이
내신 땅

하늘이 내신 땅 ❶
－충청 · 전라 · 경상 편

초판 1쇄 발행 2004년 11월 25일
초판 2쇄 발행 2007년 1월 20일

지은이 유영봉
펴낸이 조윤숙
펴낸곳 문자향
신고번호 제300-2001-48호
주소 서울 서대문구 남가좌동 124-313 (2층)
전화 02-303-3491
팩스 02-303-3492
이메일 munjahyang@korea.com

값 10,000원
ISBN 89-90535-13-1 03980
         89-90535-15-8 (세트)

※ 잘못된 책은 본사나 구입하신 서점에서 교환해 드립니다.

하늘이 내신 땅

1

충청 · 전라 · 경상편

이곳이 왜 명당인가?

문자향

풍수학의 전말과 미래

병자호란 때 남한산성에서 청나라 군대에 포위되어 국가가 누란의 위기에 처했을 당시 인조仁祖는 척화파와 주화파를 향하여, "마음과 말이 다르다(心與口異)"고 갈파한 적이 있다. 말과 마음과 행동이 각각 다른 것은 정도의 차이는 있을지라도 동서고금을 통한 인간의 한 속성이다. 그러나 국가나 사회를 이끌어갈 인물들이 이 같은 면을 지녔다면 그것은 크나큰 불행이 아닐 수 없다.

청군에게 포위된 절박한 상황에서 선조가 "마음과 말이 다르다"고 한 것은 주로 청나라와의 화친은 절대로 불가하다고 주장했던 일부 신료들을 염두에 둔 말이었다. 즉 내심으로는 빨리 화친하여 귀가하고 싶은 마음이 간절하면서도, 백성들로부터 강직한 의리의 인물이라는 평을 듣기 위하여 내세운 명분론에 불과하지 않느냐는 질책이기도 했다. 마음과 말이 다른 심여구이적心與口異的 행태는 지금도 만연하고 있고 앞으로도 지속될 것이다.

속내와 말이 다른 사안 중 대표적인 것이 '풍수학風水學'이다. 풍수학은 풍수지학風水之學 또는 지리지설地理之說이라고도 호칭된 것으로, 우리 민족의 심금을 사로잡는 분야 중의 하나이다. 음택陰宅과 양택陽宅의 길흉을 말하는 것을 일컬어 학學이라 할 수 있느냐는 반론을 펴는 사람이 많은 것으로 안다. 그러나 풍수학을 두고 허무맹랑한 미신에 불과하다고 외치는 사람들 거의 대부분이 자신의 조상 묏자리나 집터를 잡을 때 말과는 달리 풍수학에 근거하여 결정하는 사례를 많이 보아왔다.

세종조世宗朝에 집현전과 경연에서 풍수학을 논의한 예가 허다했고, 당시 모든 사람들이 정식으로 '풍수학'이라 했으며, 그 근저에는 지리지서地理之書가 있었다. '천·지·인'을 삼재라 하고, 천에는 '천리天理'가 있고 땅에는 '지리地理'가 있으며 사람에게는 '성리性理'가 있는 것은 누구도 부정할 수 없다. 민족의 영명한 통치자인 세종도 지리지설은 전적으로 신봉할 것은 못 되지만 전적으로 폐기할 것도 아니라고 한 후, 소식蘇軾이 숭산에 그의 어머님을 장사하고, 주자朱子가 자신의 장지를 미리 마련한 것을 봐도, 유학에 능통한 대현大賢도 풍수학을 내심으로 숭상한 증거를 찾을 수 있다고 했다.

조선조 초기부터 풍수학은 하나의 학문으로서 존재했고, 황희·정인지·하연河演·김종서·신상申商·허조許稠 등도 국가에 도움이 되는 부문(有補於國家)이라는 견해를 피력했다. 그러나 곡학曲學과 관견管見을 고집하는 무리들에 의해 폐단이 많았음도 광범하게 지적되었다. 살아서 거주하는 주택과 사후의 장지는 양생송사養生送死의 중대사이다. 그러므로 풍수학은 인간의 현실적 삶과 연관된 피부에 와 닿는 학문일 수도 있다. 풍수학을 미신이라고 말하는 사람은 많지만, 서점가를 가 보면 그들이 고상하다고 말하는 책이 진열된 서가보다 풍수학 서가 주변에 사람이 더 많다. 그것은 우리 민족이 내심으로 이를 얼마나 중시하는가를 알 수 있는 단서이다.

풍수학의 묘리와 '풍수학사風水學史'에 대해서 필자는 명확하게 확언할 수 있는 처지에 있지 않다. 풍수학이 고려조에 들어와서 크게 위세를 떨쳤고, 광종이 송나라에 사신을 파견하여 지리서를 요구한 적이 있었으며, 이에 송 태조宋太祖(960~976)가 사본을 보내온 뒤로 더욱 학문적으로 좌정되어 성행했다는 기록이 전한다. 유구한 시간과 싸워서 살아 남은 풍수학을 곡학집일지도曲學執一之徒와 폐습에 젖은 관견자管見者에게만 맡길 것이 아니라, 이제부터는 올곧은 사람들로 하여금 학술적으로 연구하고 검토하게 해야 하는 계재에 와 있다.

그런 의미에서 유영봉 박사가 경기와 삼남 지역의 택장지宅葬地를 두루 섭렵하면서 현장의 지리와 고로들의 전문과 각종 문헌에서 취한 자료를 바탕으로 하여 실증적으로 저술한 『하늘이 내신 땅 1 · 2』는 풍수학의 격을 높인 저술로 평가된다.

자고로 지리地理는 현묘하여 속배들이 쉽게 알 수 없는 것이기 때문에, 발복發福 운운하며 백성들을 현혹시키는 것을 능사로 했다고 비판받았다. 묘역의 경우 묘지가 좋아서 자손이 흥왕했는지, 자손의 영달로 말미암아 묘소가 명당으로 평가되고 있는지는 아직도 미지수이다.

세종조에 황희를 위시한 많은 인사들이 풍수학을 긍정적으로 인식한 것과 달리, 권제權踶는 허망하여 믿을 수 없는 사설이라 단정하고 배척했다. 주공周公 · 공부자孔夫子는 대성大聖으로서 제례작악制禮作樂하여 만세에 법을 드리운 분들인데 전혀 이에 대한 언급이 없고, 사마광司馬光 · 주희朱熹 등 대현大賢 역시 장지선정설에 대해 부정적이었다고 했다. 주공 · 공부자 등 대성이 부정하는 허망한 풍수설을 집현전에 명하여 해당 서적들을 고찰하라고 한 것은 최양선崔陽善의 탄망誕妄한 사설에 경도되었기 때문이라고 권제는 단정했다.

권제의 이 같은 강경한 풍수학 폄하에 대해, 세종은 말과 속내가 다르다는 현상을 지적하면서 본마음은 긍정하면서 겉으로만 반대하는 것이라고 이를 반박했다. "태종께서 일찍이 이르기를 건원릉健元陵과 경복궁 등도 지리설에 입각하여 조성된 것인데 이를 폐기할 수 있겠으며, 권근權近(권제의 아버지)을 장사 지낼 때 그대는 지리설을 배제하고 물 깊이와 땅의 후박만으로 묘를 썼느냐?" 하고, "과거 유정현柳廷顯은 수륙재水陸齋의 폐단을 극언하며 폐지를 주장하여 이를 폐지했는데, 반대로 그가 죽을 때 수륙재를 해 달라고 유언하여 아들 유장柳璋이 오천여 석의 경비를 들여 재를 치렀기 때문에 웃음거리가 된 적이 있다"고 힐난했다. 세종은 풍수지리설을 반대한 권제를 향하여 아버지인 권근의 묘소를 쓸 때 풍수지리설을 준용했음에도 불구하고 겉으로는 이를 허탄한 것이라 역설하고 있는 것은 위선이라고 반박했다.

풍수학은 세종의 전교를 빌릴 필요도 없이 통시적으로 우리 민족의 뇌리에 깊숙이 각인된 것이다. 그러므로 정당성과 합리성 여부에 관계없이 모두들 가슴속 깊숙이 간직하고 있는 신앙과 같은 정신문화의 한 분야이다. 따라서 속내와 달리 표면적으로 배척하고 폄하하는 따위의 위선적인 태도를 지양하고, 환경과학과 자연보호 차원으로 접근할 필요가 있다.

모르긴 해도 우리 겨레가 존재하는 한 풍수지리설은 면면히 향유되고 전승될 것이다. 왜냐하면 한민족이 살아 왔고 또 살고 있는 국토가 풍수지리설이 배태되어 양성될 여건을 두루 갖추고 있기 때문이다. 풍수지리설은 민족예악民族禮樂의 일환으로 고려조 이후부터 풍수학으로 정립되어 계승된 '생활학술'인 만큼, 현대적 시각으로 재정립하여 발전 · 계승되어야 할 것이다. 그러기 위하여 유 박사의 역저인 『하늘이 내신 땅 1 · 2』가 일조가 되리라고 믿고 감히 강호 제현에게 이를 추천하는 바이다.

甲申年 無射之月 日
成均館大學校 大學院長
李敏弘 志

목차

진천은 예로부터 '살아 진천, 죽어 용인' 이라는 '생거진천生居鎭川 사후용인死後龍仁'으로 유명한 곳이다.

1. 대단한 안동 권씨 3대 묘역

진천은 예로부터 '살아 진천, 죽어 용인'이라는 '생거진천生居鎭川 사후용인死後龍仁'으로 유명한 곳이다. 그런데 풍수에서 양택陽宅을 잡기에 가장 좋다는 고장 진천으로 음택陰宅을 찾아가다니 참으로 아이러니하다 싶다.

'생거진천 사후용인'이란 말의 유래에 대해서는 여러 가지 이야기가 있다. 여기서는 그 가운데 하나를 간단히 소개해 보도록 한다.

옛날 어떤 노인에게 효성스런 두 아들이 있었다. 그런데 큰아들은 용인에서 가난하게 살고 있었고, 작은아들은 진천에서 부유하게 살고 있었다. 두 아들은 어찌나 효성이 지극했던지 서로 아버지를 모시려고 하다가 결말이 나질 않자, 마침내 현명하다는 사또에게 이 문제를 풀어 달라고 하였다. 그러자 사또는 다음과 같은 공평한 답을 주었다.

"그러면 살아서는 진천의 부잣집 작은아들에게서 맛있는 봉양을 받으시고, 죽어서는 용인의 큰아들이 골라 주는 좋은 명당에 묻히도록 하시오."

음성 톨게이트에 도착하여 첫번째 관산觀山 대상으로 정한 안동安東 권씨權氏 3대의 묘역으로 향했다. 그곳에 권근 선생이 모셔져 있다는 것이다.

양촌陽村 권근權近은 우리나라 철학사와 문학사에서 큰 비중을 차지한다. 몇 해 전 나도 한 논문에서 그에 관해 언급한 바 있다. 문학을 전공하는 나로서는 퍽 의미

있게 여겨지는 방문지로, 웬지 마음이 먼저 설레었다.

안동 권씨 3대의 묘역은 일견에도 웅장한 묘역이다. 그런데 또 무엇이 모자라서일까? 여기저기 길을 내고 평토 작업을 하느라 붉은 흙들이 배를 뒤집은 채 나뒹굴고 있다. 고졸하고도 단정한 모습 그대로 놓아두면 안 되는 걸까? 얼마나 더 단장을 하려고 저리도 까뒤집어 놓는 것일까? 절로 혀가 차졌다.

기왕의 문화유적 답사 길에서도 보면, 전래의 유적지나 고찰古刹들을 치수 짧은 눈으로 새롭게 단장을 한답시고 얼마나 치졸하게 망가뜨려 놓았던가? 새 단장이 꼭 좋은 것만은 분명 아닐 터이다. 고풍스럽고 소박한 옛 모습 그대로가 오히려 우리네 정서에 훨씬 더 아름답게 다가올 때가 많은 법이다.

사당 앞에 차를 세우고 묘역으로 향하는데, 사방이 온통 새하얗다. 그런데 다가가는 묘소는 노란 잔디 그대로이다. 길지吉地로구나 하는 생각이 퍼뜩 든다. 얼마나 포근하고 좋은 자리면 저렇게 눈도 피해 갔을까?

산자락에 오르기 전, 앞쪽에 인공으로 조성된 저수지 둑으로 올랐다. 이전에는 천연의 연못이었단다. 그런데 이 저수지는 **진응수**眞應水가 모여 이루어진 것이란다. 진응수는 혈穴을 업은 산자락(풍수지리 용어로는 용龍이라 함)의 양쪽에 보이지 않게 숨어 흘러내린 물이 모인 합수처合水處이다. 단순히 지표수가 모여 고인 물이라는 의미가 아니다. 혈맥을 좌우로 품으며 따라 내려온 땅 밑의 물들이 지표수의 합수처에서 솟아나 합쳐지거나, 아니면 샘처럼 문득 솟아난다고 한다.

≈ **진응수**(眞應水) : 혈을 업은 산자락의 양쪽에 보이지 않게 숨어 흘러내린 물이 모인 합수처合水處.

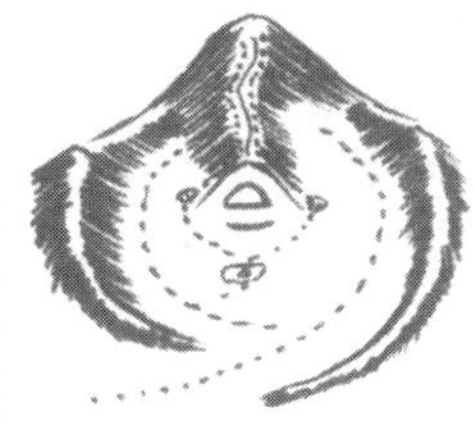

따라서 혈의 앞이나 옆에 진응수가 있다면, 분명 천하의 대혈大穴이란 증거가 된다는 것이다. 대부현귀大富賢貴를 불러오는 길한 물이란다.

저수지의 수량은 지표수만으로는 채울 수 없는 상당한 양이었다. 세 기의 묘소를 품은 용의 좌우에 흘러내리는 개울은 실로 보잘것없었고, 거의 바닥을 드러내고 있었다. 분명 솟아나는 물, 곧 진응수가 있어 이 저수지를 채우고 있음을 쉬이 미루어볼 수 있었다.

용의 등줄기로 오르려고 하면서 좌우를 찬찬히 바라보니, 왼편에 비각 한 채와 그 뒤로 묘소 한 기가 따로 커다랗게 조성되어 있었고, 오른편에는 고송古松 한 그루가 인상적이었다.

올라 보니 실로 거대한 용이었다. 세 곳에 명혈名穴을 품은 커다란 용이었다. 제일 높은 곳에 양촌 권근 선생, 중간에는 둘째 아들 권제權踶, 맨 아래에 손자 권람權擥이 차례로 자리를 잡고 있다.

세 기의 묘 모두 고려에서 조선 초기에 보이는 장법葬法으로 조성되어 있는데, 장방형의 기단석 위에 봉분을 올렸다. 그리고 각각의 묘 앞에 **이수**螭首를 한 다소 작은 비들이 서 있다. **귀부**龜趺는 생략된 검소한 모습이다. 다만 양촌 선생의 묘에만 문인석文人石이 넷이었고, 나머지는 둘씩이었다.

앞쪽으로 아득하게 바라보이는 수리봉에서 뻗어 나와 힘차게 북으로 내달리던 용이 다시 남으로 몸을 틀어 조산祖山 수리봉을 바라보는 **회룡고조형**回龍顧祖形이다. 이 용의 몸통은 왼쪽 청룡 너머로 쭈욱 뻗어 북으로 달리다가 다시 남으로 크게 몸을 꺾었다. 꺾인 부분은 뒤편의 숲에 가려 보이지 않는다.

기세 좋게 내달리다 멈춘 끝자락에 세 곳의 혈이 펼쳐졌다. 모두 크고 단단한 혈들이다. 맨 아래 권람의 묘소 밑 부분은 다소 가파르긴 해도 전혀 가파름을 느낄 수

안동 권씨 3대 묘역은 음성군 생극면 방축리 능안마을에 조성되어 있다. 중부고속도로의 음성 톨게이트에서 우회전을 해 금왕을 거쳐 달리다 보면 생극면이 나타나고, 여기에서 장호원 쪽을 향해 약 2km 정도를 더 올라가면 안동 권씨 3대의 묘역을 알리는 커다란 표지판이 나타난다. 안내에 따라 꺾어들면 정면에 사당과 관리실, 석비 등이 보인다. 그리고 오른쪽 뒷곁으로 산줄기를 따라 나란히 내려 선 커다란 묘소 세 기와 개울 건너 그 옆으로 비각들이 보인다.

없는 탄탄한 모습으로 평지와 닿아 있다. 아주 잘 받쳐진 모습이다.

그 중앙으로 보일 듯이 보이지 않게 위에서 아래로 ∕형 국의 돌출 부위가 빗겨 있다. 마침 잔설이 있었기에, 윗부분과 아랫부분이 눈과 흙으로 선연하게 나뉘어져 우리는 쉽게 식별할 수 있었다. **하수사**下水砂라고 한다. 이 또한 용이 진행을 멈추어 선 용진처龍盡處를 아주 잘 받쳐 주는 형세란다.

하수사는 혈이 이루어진 터인 혈장穴場의 아래쪽에 붙어 있는 귀사貴砂이다. 귀사는 귀하게 여겨지는 지맥이란 뜻이다. 하수사는 혈장을 지탱해 주고 혈의 생기가 흩어지지 않도록 보호하며, 순전脣氈 밑에서 합수한 물이 곧바로 흘러내리지 않도록 걷어 주는 역할을 한다. 순전은 혈 앞에 약간 두툼하게 솟은 부분으로, 사람의 얼굴에 비유하면 턱에 해당하는데, 혈을 결지하고 남은 기운이 혈 앞에 뭉쳐져 있는 것이다.

하수사는 혈장 아래에 팔처럼 붙어 있다고 해서 하비사下臂砂라 하기도 하고, 물을 걷어 역수逆水하도록 하기 때문에 역관사逆關砂라 하기도 한다. 대개 하수사는 혈장 아래의 작고 미미한 능선으로 확연하게 드러나지는 않지만, 자세히 보면 분명한 모습을 지니고 있다.

하수사는 혈의 결지結地에 결정적인 역할을 할 뿐 아니라, 자손의 부富를 가늠하는 부사富砂라고도 한다. 물은 '수관재물水官財物'이라 하여 부富를 관장하기 때문이다. 하수사는 혈의 앞에서 좌우 양쪽으로 뻗은 경우와 한쪽에서만 뻗는 경우가 있는데, 좌우 양쪽에 있는 경우 한쪽은 길고 한쪽은 짧게 이중 삼중으로 감싸 주면 매우 길한 혈이 된다.

〰️**이수(螭首)** : 비석의 머리에 이무기가 서려 있는 모양으로 돌을 깎아 얹은 장식.

〰️**귀부(龜趺)** : 석비를 등에 지고 있는 거북 모양의 돌 조각 장식품.

〰️**회룡고조형(回龍顧祖形)** : 조산에서 빙 돌아 내려와 몸을 튼 용이 다시 조산을 바라보는 형세를 한 혈.

〰️**하수사(下水砂)** : 혈이 이루어진 터인 혈장의 아래쪽에 붙어 있는 귀사.

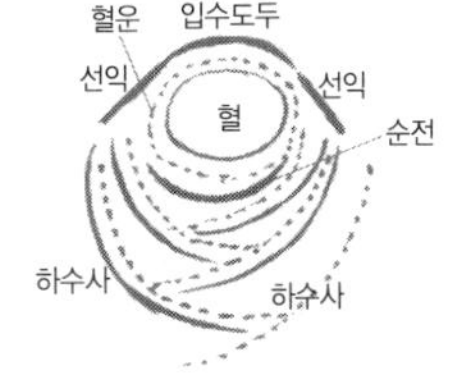

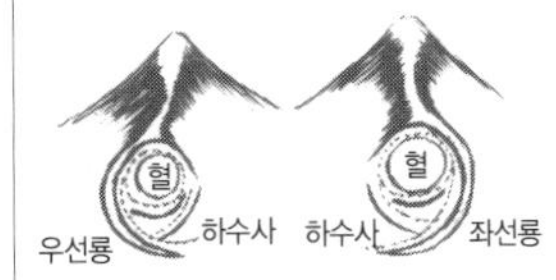

세 곳의 혈은 각각 결지가 분명한 곳에 자리 잡고 있다. 제일 위에 있는 양촌 선생의 묘소에서 가장 크게 결지한 **자룡**子龍은 아직도 힘이 남아 좌우로 몸을 틀면서 권제, 권람의 묘소 뒤에서 두 번을 더 결지한다. 자룡은 자子의 방향에서 내려온 용을 의미한다.

큰 혈은 보통 산줄기마다 한 자리만 있는 법인데, 이곳에는 세 자리나 있으니 매우 특이하다고 하겠다. 그래서 이곳은 풍수지리가들에게 필수의 관산 코스이다.

앞을 내다보니 청룡이 너그러운 모습으로 뻗었고, 내백호內白虎가 자그맣게 내려오다 끊겼다. 올라올 때 왼쪽에 보이던 묘소 앞에 비각을 세우느라고 깎아낸 모양이다. 무지막지한 포크레인을 앞세워 내백호의 중동을 깔아뭉갠 것이다. 알면 저렇게 못할 텐데 하며 아쉬워하던 정경연 선생의 말에서 다시금 옛것을 옛것 그대로 남겨 두는 것이 더 좋으리라는 내 생각이 겹쳐졌다.

오르던 발길이 마침내 양촌 선생 앞에 머물렀다. 그 앞에 서서 우리는 모두 간단한 참배를 하였다.

양촌 권근(1352~1409)은 고려 말 주자학朱子學의 진흥과 문학의 발달에 고루 힘을 기울인 문신이자, 당대의 석학으로 이름이 높다. 그는 고려와 조선의 양 조정에서 대제학, 대사성 등의 여러 벼슬을 두루 역임하였는데, 특히 조선 초기 사병私兵의 폐지를 통해 왕권 확립에 큰 공을 세웠다. 그리고 그가 남긴 많은 저술은 뒷날의 문인들과 성리학자들에게 많은 영향을 끼쳤다.

그런데 이곳이 천하에 보기 드문 명혈이기 때문일까? 이곳에는 다음과 같은 지명연기설화地名緣起說話가 전해 온다.

이곳에 선생의 묘를 쓰던 날의 일이다. 인부들이 땀을 뻘뻘 흘리며 땅을 파 내려가는데, 어디선가 행자승 하나가 나타나 바가지를 내밀며 이곳에서 곧 솟구칠 물 한 바가지를 달라는 것이었다. 얼토당토 않는 부탁에 기가 막힌 인부들이 누구의 심부름이냐고 묻자, 행자승은 나무 아래 쉬고 있는 노승을 가리켰다. 인부들이 묘를 파는 자리에 와 웬 물을 달라고 하냐면서 행

자승을 꾸짖어 물리치고 다시 삽질을 계속하자, 갑자기 마실 수 있을 만큼 맑은 물이 펑펑 솟아나는 것이었다. 큰 낭패를 만난 문중門中의 선비들은 그때서야 나무 아래에 쉬고 있던 노승이 비범한 인물임을 깨닫고, 부랴부랴 그에게 좇아가 해결책을 물었다. 물이 솟아날 걸 미리 알고 있었으니, 이를 해결할 방도를 가르쳐 달라고 한 것이다. 그러자 가득 떠 온 물 한 바가지를 마시고 난 노승은 수리산을 가리켰다. 이 물은 저 산에서부터 흘러 내려온 것이니, 그 꼭대기 좌우에 연못을 파면 물이 곧 그치리라는 가르침이었다. 그래서 노승의 가르침에 따라 수리산 꼭대기 좌우에 두 개의 연못을 팠는데, 그 후 혈에서 솟던 물은 감쪽같이 그치고, 드디어 양촌 선생을 그 자리에 편히 모실 수 있게 되었다.

이때부터 꼭대기에 연못을 팠던 그 산의 이름을 '수리산'이라 하였다고 한다. 한자로는, 물길을 다스렸다고 해서 '물 수(水)'에 '다스릴 리(理)'로 쓰기고 하고, 물길이 옮겨갔다고 해서 '물 수(水)'에 '옮길 이(移)'로 쓰기도 한다는 것이다. 지금도 수리산 꼭대기에는 연못 두 개가 있는데, 해마다 권씨 문중에서 날을 잡아 연못을 치고 제사를 올린다고 한다.

문득 멀리 바라보이는 수리산에 신령한 기운이 감도는 듯하였다.

"자아, 이제 **과협처**過峽處로 가 봅시다!"

정 선생의 제안에 우리는 묘소 뒤쪽의 오솔길로 들어섰다. 묘역과는 달리 발목 위에까지 푹푹 빠지는 눈길이다. 우리는 별수 없이 앞사람의 발자국을 따라 그대로 걸음을 옮겼다.

우거진 소나무와 잡목들이 거추장스러워 걷기가 사납다. 바람은 칼날이 되어 귓가를 스친다. 오싹 한기가 든다. 지척인데도 혈과 비혈의 차이가 엄청나다는 것이 몸으로 느껴지는 순간이다. 50m가 채 안 된 곳에서 잘록한 용의 허리가 나타났다. **결인속기**結咽束氣가 분명하다. 그 앞에 정 선생이 쪼그리고 앉았다.

"과협처를 조금만 파내려 가면 혈토穴土가 나옵니다. 여길 조금만 파면 **홍황자윤**紅黃紫潤한 혈토가 나오는데, 이와 똑같은 혈토가 바로 혈에서도 나오는 겁니다. 혈토는 몇 가지 색깔에 윤기를 지니고 있습니다. 그런데 오늘은 땅이 얼어서 파 볼 수 있을지 모르겠습니다. 이전에 왔을 때 저는 파 본 적이 있지만…."

그 설명을 받아 한 회원이 물었다.

"그렇다면, 그런 흙이 나올 때까지 혈을 파 내려가서 광壙을 써야 합니까?"

정 선생이 일어서면서 답하였다.

"예, 그렇지요. 그리고 자, 여기 양쪽을 보십시오. 진혈眞穴에는 이렇게 과협처에 **영송사**迎送砂가 있습니다."

정 선생이 양쪽으로 벌린 손길 끝에는 각각 두 갈래의 작은 지맥이 위아래로 서로 마주 보고 있었다.

영송사는 호랑이 허리처럼 잘록하면서도 힘이 담긴 과협처의 양쪽에서 각각 바람을 막아 주는 아주 작은 지맥 둘을 통틀어 일컫는 말이다. 위쪽에서 곁가지로 뻗은 작은 지맥은 앞으로 뻗어 과협처를 감싸 보호하고, 앞쪽에서 곁가지로 뻗은 작은 지맥은 뒤를 향해 거꾸로 뻗어 과협처를 보호하는 모양이다. 뒤에서 앞으로 뻗은 것을 송사送砂, 이것을 받는 모양을 한 것을 영사迎砂라고 나누어 부른다.

양쪽에 영송사가 제대로 모양을 갖추었다. 이 또한 참된 혈임을 보여주는 증거이다. 과협처의 얕은 지점에서 혈토가 보이는 것은, 용암이 흘러가다가 급하게 진행을 보인 좁은 폭에서는 비중 큰 혈토가 표면 가까이 나와 굳었기 때문이고, 흐름을 멈춘 끝자락에서는 용암의 큰 덩어리가 시간을 두고 천천히 식어 가면서 무게 나가는 혈토를 깊숙이 품었으리라고 나름대로 유추하던 내게 영송사는 의문으로 다가왔다. 빠른 속도로 흐름을 재촉하던 용암이 어느 겨를에 저런 곁가지를 마주 보게 만들었을까? 흥미롭기도 하고 풍수지리의 묘미가 새삼 느껴졌다.

산을 되짚어 내려오던 정 선생은 다시 가운데 묘소 앞에 섰다. 권제 선생이 편히 누워 있는 곳이다.

권제(1387~1445)는 총명박학한 인물로 유명한데, 1414년 문과에 급제하여 세종 때 집현전부제학, 대사헌, 한성부윤, 이조판서, 우찬성 등을 두루 거치면서, 중간에 두 차례 명나라에 사신을 다녀오기도 하였다. 특히 정인지鄭麟趾 등과 함께 『고려사高麗史』, 「용비어천가龍飛御天歌」 등을 지은 사실로 역사

∰ **과협처**(過峽處) : 달리는 용의 허리에 해당하는 부분으로, 중간에 잘록한 모양을 하고 있음.

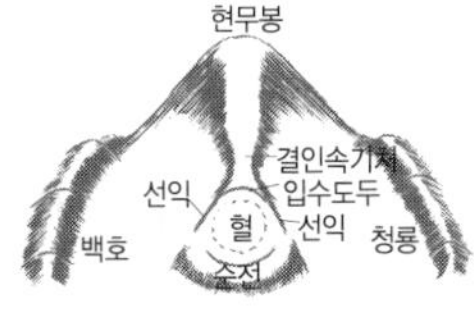

∰ **결인속기**(結咽束氣) : 힘차게 내달리던 용이 앞에다 혈을 만들기 위해 기를 모으려고 잠시 주춤하느라 목처럼 다소 잘록해진 형세.

∰ **홍황자윤**(紅黃紫潤) : 붉고 노랗고 자주색 등 오색으로 윤기가 남.

∰ **영송사**(迎送砂) : 호랑이 허리처럼 잘록하면서도 힘이 담긴 과협처의 양쪽에서 각각 바람을 막아 주는 아주 작은 지맥 둘을 통틀어 일컫는 말.

에 자취를 남겼다.

정 선생이 문득 질문을 던졌다.

"이제 대충 다 살펴보았으니, 이곳 혈들이 지닌 문제점을 한번 논의해 보
도록 합시다."

대다수가 명당明堂이 다소 적다고들 한다. 그래서 큰 부는 이루지 못하리라는 것
이다. 명당 하면 대혈이라고 흔히 세상에서 알고 있지만 그게 아닌 것이다. 명당은
혈 앞에 좌청룡과 우백호가 안산案山을 끼면서 안고 있는 터를 가리킨다. 그런데
명당이 너른데다가 굴곡 없이 평탄하고 부드러워야 큰 재산이 모여든다. 그래서 다
소 작은데다가 조금은 높고 낮은 이 혈의 명당에는 큰 재산이 모이질 않는 것이다.

권람(1416~1465)은 1450년 문과에 장원하여, 교리 벼슬로 『역대병요歷代
兵要』를 함께 편찬하던 중, 수양대군과 뜻이 맞아 그의 참모가 되어 무장들
을 포섭해 마침내 계유정난의 핵심 역할을 하였다. 세조가 등극한 뒤 요직
을 모두 거쳤으며, 사후에 세조묘世祖廟에 배향되었다. 활 잘 쏘고 문장에도
뛰어났으나, 횡포가 심하고 많은 축재로 여러 차례 탄핵을 받기도 하였다.

산의 끝자락에서 내려선 나는 진즉 내 시선을 끌었던 묘역 앞 오른쪽의 노송 앞
에 섰다. 낙락장송으로 우뚝 솟아 굼슬굼슬한 잔가지를 사방으로 차분하게 늘어뜨
린, 수줍은 듯 반쯤 펴진 파라솔 형태이다. 터가 좋으면 홀로 선 외솔도 이렇게 단
정한 것일까? 흔히 외솔은 몸을 비틀면서 기이한 모습으로 자라는 게 일반적이거
늘, 이 외솔은 전혀 다른 모습으로 가운데 줄기가 꼿꼿이 서 있다.

소나무 위로 파란 하늘에 흰 구름이 제법 빨리 떠간다. 도도한 세월의 흐름이다.

사당으로 향하는 내리막에서 나는 일행의 망원경을 잠시 빌렸다. 왼쪽에 덩그
마니 서 있던 묘소의 주인공이 궁금해서였다. 렌즈를 통해 안숙공安肅公 권반權攀
이란 이름이 비문 위에 떠올랐다. 안숙공이면 권람의 동생인데, 왜 저렇게 저분 묘

소만 뚝 떨어진 저쪽에 조성되었을까?

    권반(1419~1472)은 1453년 형 권람과 함께 계유
정난에 가담하여 여러 벼슬을 거쳐, 1466년에는 경
기도관찰사로 개성부유수를 겸임하기도 하였다.

    사당 앞으로 되돌아온 우리는 그곳을 대강 구경하였다.
'천상열차분야지도天上列次分野之圖'를 비석에 올린 것이
가장 눈에 뜨였는데, 하늘의 별자리를 각각의 위치에 맞
추어 일목요연하게 배치해 놓은 도표이다. 양촌 선생 당
시의 천문에 대한 관심과 수준을 엿볼 수 있는 귀한 자료
이다 ▪

≋**안산**(案山) : 혈과 정면으로 가
장 가까이 서 있는 단아한 산.

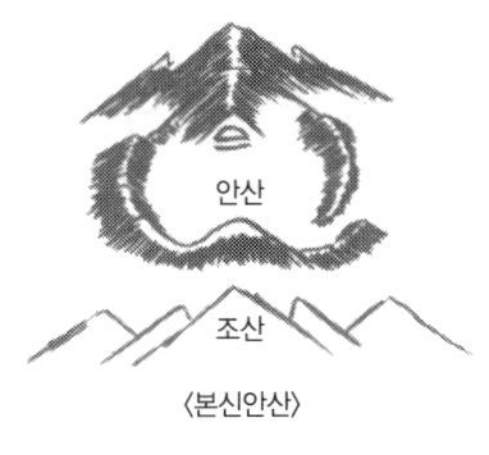

2. 안타까워라, 이상설 선생의 생가

발걸음을 옮겨 이상설李相卨(1870~1917) 선생의 생가로 향하였다. 진천의 읍 소재지에서 증평 방향으로 4㎞ 지점에 있는 상덕 버스 정류장 바로 옆에서 좌회전을 하여 논 사이로 곧게 난 길을 지나 중부고속도로 지하 통로로 들어섰다. 통로를 벗어나자 금방 산척리 산직마을이 나타났다. 선생의 생가 터와 기념관이 있는 곳이다.

생가 앞에서 차에서 내리니, 지금은 도로가 된 복개천 위이다. 중부고속도로 통과 차량들의 소음이 끊임없이 흩날렸다. 왼쪽에 선생을 모신 숭렬사崇烈祠가, 오른쪽에 선생의 생가가 새롭게 단장을 하고 서 있다. 마을 주변에는 야트막한 구릉이 여기저기 늘어섰고, 앞을 가로질러 중부고속도로가 거만하게 누워 있다. 생각 없는 내 눈에는 그저 소란하고 을씨년스럽고 살풍경하게 비춰지는 곳이다.

'오호라, 지나는 길목이라 선생의 생가 터를 잠시 들른 모양이구나!'

그러나 나의 추측은 단박에 깨어지고 말았다. 이곳은 **평강룡**平岡龍이 뻗어내려 결지를 한 아주 좋은 혈이란다.

맞배지붕을 한 우리네의 전형적인 농가 형태로, 안채와 허드레채가 마주보고 있는 이상설 선생의 생가이다. 뒤편으로 올랐다. 숭렬사 오른쪽 모퉁이를 따라 돌자, 사당 바로 뒤에 두두룩하니 작은 **용**龍이 얕은 몸을 뒤틀며 누워 있었다.

"자아, 저 뒤쪽 서북방을 보시기 바랍니다. 저 멀리 아득하게 높이 솟은 봉우리가 옥녀봉으로, **주산**主山입니다. 옥녀봉에서 출발한 용이 들을 지나

이곳까지 내려왔는데, 들판 중간 중간에 넘실대는 용의 등이 보입니다.”

정말 용이었다. 수줍은 듯 얼굴을 내민 옥녀봉에서 출발하여 너른 들녘을 가로지르며 작은 구릉들이 끊어질 듯 이어져 우리가 서 있는 곳까지 달려오고 있었다. 설명이 없었던들 그냥 무심히 보고 넘겼을 텐데, 용 한 마리가 지치지 않고 이곳까지 내달리는 기세가 그제야 눈에 들어오는 것이었다. 건乾 쪽 방향에서 내려온 용인 건룡乾龍이다.

용은 들을 지나고 삼밭을 지나, 사당을 안고 지나 생가 바로 뒤에 있는 대숲 앞에서 귀를 내밀고 생가에 혈을 풀었다. 대숲 앞의 귀鬼는 잘 살펴보아야 한다. 아주 작은 지맥 하나가 누가 볼까 살그머니 내밀었기 때문이다. 귀鬼란 진행중이던 용맥이 몸을 꺾을 때, 몸통을 가누기 위해 진행 방향과 반대쪽으로 뻗는 작은 지맥을 가리킨다.

삼밭은 내달리던 용이 다시 힘을 모아 힘차게 몸을 튼 곡처曲處에 해당하는데, 삼밭 앞쪽으로 다시 한 줄기 지맥이 앞으로 뻗어 마을 앞을 싸고 돌아 백호가 되어 서려 있다. 백호가 안산 역할까지 하는 백호안산白虎案山의 형국이다.

그런데 이 혈처에는 청룡이 없지 않느냐는 물음에, 정

선생이 답하였다.

"여기 보십시오. 생가의 이 왼쪽에 붙은 저 집 쪽으로 아주 작은 청룡이 지나고 있지 않습니까? 그리고 그 뒤로 저 넓은 들판, 저게 바로 **수이대지**水而代之인데, 그 끝으로 큰 물줄기 하나가 흐르는 형세가 보이지요? 청룡이 약한 혈에서 좌측의 먼 곳에 흐르는 물을 암공수라고 합니다. '**암공수**暗拱水는 불견즉호不見則好(보이지 않으면 좋다)' 라고 해서, 이 혈처처럼 암공수가 보이지 않으면 아주 좋다고 합니다. 여기는 좋은 혈처입니다."

생가는 그야말로 초가삼간의 단출한 정남향 집이었다. 그러나 선생의 생가는 최근에 새로 재현한 집인지라, 사람이 살던 냄새와 흔적, 그리고 세간살이가 전연 없었다. 순전히 구경 온 객들에게 보여주기 위해 겉모양새만 꾸민 점이 못내 아쉬웠다. 오후 두 시의 따뜻한 햇살이 정남향의 집 안에 가득히 내리쬐었다.

그런데 이 집은 그 향向이 문제다. 우리는 보통 정남향 집이 좋은 집인 줄 알고 있는데 그게 아니다. 터마다 알맞은 향이 있다. 선생의 집은 오향午向인데, 복개가 된 물줄기가 동남방으로 흘러내린 손사파巽巳破로 살인대황천殺人大黃泉의 형세가 된다. 곧 사람이 죽어나고, 패가망신을 하는 무척 흉한 방위인 것이다. 손사파는 손사巽巳의 방향으로 빠져나간 물을 가리킨다.

평강룡이 낳은 아주 좋은 혈처에서 태어난 선생은 우국지사憂國之士로 청사에 이름을 남겼지만, 불타는 충정으로 잃어버린 조국을 되찾고자 외롭고 힘든 일생을 보내다가, 마침내는 이국에서 쓸쓸한 죽음을 맞이하게 된 것은 잘못된 그 향 때문이었을까? 아무튼 좋은 혈이기에, 풍전등화의 어려운 시기에 선생같이 훌륭한 분을

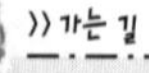

》》가는 길

진천 읍소재지에서 증평 방향으로 뻗은 43번 도로를 이용하여 직진을 해서 4㎞ 지점에 위치한 상덕 버스정류장 바로 옆에서 표지판을 보고 좌회전을 하면 논 사이로 곧게 난 길을 지나 중부고속 도로 지하 통로로 들어서게 된다. 이 통로를 벗어나면 산척리 산직마을이 나타나는데, 이곳에 이상설 선생의 생가 터와 기념관이 있다.

낳아 우리 민족에게 꺼지지 않는 횃불로 남겨 준 것은 분
명한 사실이다.

　점심을 먹고 쉬고 있는데, 진천에 살면서 오늘의 답사
에 길라잡이를 하는 서상석 회원이 말을 꺼냈다.

　　"여러분이 잘 알다시피 이상설 선생은 구한말 분
으로 헤이그 밀사 사건과 관련이 있는 분입니다. 그
런데 세상에는 이준 열사가 더 널리 알려졌는데, 당
시 선생이 정사正使셨고, 이준 열사께서 부사副使셨
답니다. 선생께서는 자그마한 체구에 온화한 성품
으로, 남 앞에 나서기보다는 조용히 자신에게 주어
진 일을 묵묵히 해 나가셨던 분이라고 합니다. 그래
서 그분의 평소 성품을 헤아려 생가 터를 이렇게 간
소하게 재건, 조성하였다고 합니다. 선생은 1917년
에 블라디보스톡에서 망명중에 돌아가셨는데, 선생
의 유언에 따라 화장한 유골은 바다에 뿌려졌고, 유
품도 모두 불에 태웠다고 합니다. 나라 잃은 백성이
유골과 유품은 남겨 무엇하겠냐는 선생의 뜻이 담
긴 유언이라고 여겨집니다. 그래서 선생의 묘소는
현재 남아 있지 않고, 저쪽의 기념관에도 선생께서
노년에 직접 지니고 계셨던 물건은 하나도 없습니
다. 간혹 친척들 가운데 선생과의 사연이 담긴 물건
들을 보관하고 있다가, 기념관에 기증하였다고 합
니다. 그리고 숭렬사는 본래 저 앞 운동장에 있었는
데, 생가 조성 때 현 위치로 옮겨오게 되었습니다."

기념관은 아직 개관 준비가 덜된 탓일까 굳게 닫혀 있
었다 ▪

∿ **수이대지**(水而代之) : 넓은 평
야나 해변에서 안산 또는 청룡
이나 백호가 없을 경우 앞에
보이는 물이 그 역할을 대신한
다는 말.

∿ **암공수**(暗拱水) : 육안으로는
잘 보이지 않지만, 먼 곳에서
혈을 보듬어 주는 물.

3. 이정 선생 부부의 묘소

다음 방문지는 이정李挺 선생 부부의 묘소이다. 사양리 우경마을에서 우회전을 해서 2㎞쯤 들어오니, 산자락에 동네 하나가 나타났다. 사미마을이다.

마을 중앙 뒤쪽에 사양영당思陽影堂이 서 있고 그 뒤쪽 언덕배기에 양촌 선생이 찬술한 신도비가 우뚝 솟아 있다. 사양은 이정 선생의 호이고, 영당은 초상을 모신 사당을 뜻한다. 그 맨 뒤쪽에 이정 선생 부부의 묘소가 눈을 흠뻑 뒤집어쓴 채 봉분을 올리고 있었다.

오르는 길이 무척 가파르고 미끄러웠다. 버려진 비닐 포대 두세 개가 눈에 띈다. 아마도 동네 아이들이 이걸 타고 눈썰매를 즐겼던 모양이다. 눈썰매 놀이에 퍽 안성맞춤의 자리이다. 짜릿한 각도의 경사면에 거침없이 매끄러운 잔디 위 눈밭이니, 얼마나 신이 났으랴?

용은 산세를 따라 뻗은 강룡岡龍으로, 방위로는 신룡辛龍이다. 이 용은 기세가 좋고 힘차지만, 너무 급하게 쏟아지듯 내려와 후덕하거나 푸근한 맛이 없다. 본래 강룡은 조산에서 뻗어 나온 이후로 형세가 매우 강하고 생기가 약동하여 마치 맹호가 먹이를 낚아채는 듯, 목마른 용이 바다로 들어가는 듯 힘이 넘치는 모양을 가리킨다.

이 묘소 역시 장방형의 고려시대 양식의 무덤으로, 신좌을향辛坐乙向을 하고 앉아 있으며, 이수를 한 비가 있다.

앞에는 우측에서 물길이 내려와 왼쪽의 간인艮寅 방향으로 빠져나간다. 간인파

艮寅破이다. 좌청룡은 그저 그런 모습인데, 우백호가 큰 형세로 뻗어내려 안산 역할까지 하고 있다. 이상설 선생의 생가처럼 백호안산이다.

우백호는 다시 몇 줄기로 나뉘어 묘를 향해 뻗어 내리면서 명당을 싸 주는 듯하지만, 실은 싸 주지 못하고 있다. 힘이 흩어지는 형국이다. 그래서일까, 선생의 아들 이거이李居易가 조선 초기에 가장 큰 사병私兵 세력을 지니고 있었는데, 혁파되고 만 역사의 기록이 남아 있다.

그런데 진천 지역에서는 이 자리를 **복치혈**伏雉穴이라고 한단다. 복치혈은 꿩이 엎드린 형국을 한 명혈의 이름이다. 그러나 복치혈이 되려면 꿩을 노리는 매의 형세를 한 매봉이 혈에서 보이지 않는 곳에 있어야 하고, 또 매를 노리는 사냥개 형세를 한 봉우리가 혈에서 보이지 않는 곳에서 세모꼴로 버티고 있어야 한다.

≋**복치혈**(伏雉穴) : 꿩이 엎드린 형국을 한 명혈.

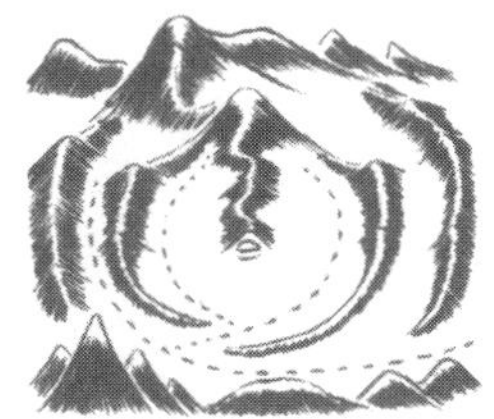

안산 좌우에서 흘러내린 산줄기들이 첩첩이 늘어섰다. 그 줄기들 사이마다 계곡들이 어두운 빛으로 숨어 있다. 육곡구수六谷九水가 명당에 흘러 모여 부를 이루는 형국으로, 명당이 평평해서 썩 괜찮은 모습이다. 육곡구수는 여섯 계곡에서 흘러내리는 아홉 줄기의 물이란 뜻인데, 꼭 여섯 골짜기와 아홉 물줄기가 아니라도 그렇게 쓴다.

그런데 명당이 왼쪽으로 살짝 몸을 돌린 것이 흠이다. 이를 **반배**反背라고 하는데, 명당이 등을 돌리고 반배를 하면 모인 재물이 흩어진다는 것이다. 그리고 안산 너머로 **규봉**窺峰이 몇 개 솟아 있다. 재산을 탐하는 무리가 나타나게 된다는 규봉이다. 규봉이란 능선 너머에서 명당을 들여다보는 듯한 봉우리를 가리킨다.

이정(1297~1361)의 초명은 춘길春吉, 본관은 청주淸州이다. 1325년 과거를 거치지 않고 바로 팔관보판관에 제수되었는데, 이듬해 다시 문과에 급제하여 벼슬이 형부상서까지 올랐다. 그의 넷째 아들 이거이는 뒷날 조선 건국에 많은 공을 세웠다.

차에 오르기 직전, 이곳 분의 얘기를 들으니 여기는 진천에서 썩 꼽는 자리는 아니라고 한다. 그러나 사실은 이런 자리도 아주 흔치 않은 자리이다 ■

》가는 길

이정 선생 부부의 묘는 진천군 문백면 사양리 산58번지에 있다. 중부고속도로 진천나들목에서 나와 일단 진천 읍내로 들어가 3번 국도를 탄다. 그리고 나서 문백면 쪽으로 3.5km를 내려가면 신정교를 지나 문상초등학교가 있는 사양리 우경마을이 나온다. 여기서 우회전을 해서 2km쯤 들어오면, 산자락에 동네 하나가 나타난다. 이 마을이 사미마을인데, 이곳 뒷산에 이정 선생 부부의 묘가 있다.

풍수지리의 시조 도선 국사(1)

도선道詵은 신라 말엽 덕흥왕 2년(827)에 지금의 전라남도 영암군 월출산 아래에서 태어났다. 속성은 김씨 혹은 최씨라고 전해지며, 호는 옥룡자玉龍子이다.

그가 태어나고 자란 영암 지방은 당나라와 교역이 활발했던 곳으로, 당나라의 선진 문물을 빨리 받아들일 수 있는 교역의 요충지였다. 그러므로 당시 당에서 유행하던 풍수지리설 역시 다른 지방보다 먼저 이 지방에 전래되었을 것인데, 이런 배경 아래 도선이 성장 과정에서 풍수지리에 관심을 가지게 되었다고 여겨진다.

도선은 15세에 지리산 화엄사에 들어가 승려가 되었고, 불문에 정진하여 4년 만인 문성왕 8년(846)에 대의大義를 통달하였다. 그는 이때부터 수도 행각에 나서 동리산桐裡山의 혜철惠哲을 찾아 무설설무법법無說說無法法을 배웠으며, 23세에 천도사穿道寺에서 구족계具足戒를 받았다.

이 과정에서 풍수지리에 통달하게 된 도선은, 전국을 답사하면서 한반도 산천의 순역順逆을 삼국도三國圖로 그려 작성하였다. 이는 산수의 형세에 따라 명당을 정한 다음, 그곳을 중심으로 작성한 삼한三韓의 지도다. 이때 도선은 쇠퇴해 가는 신라의 국운을 회복하기 위해, 전 국토에 비보裨補의 성격을 띤 사찰을 건립하고, 나아가 허약한 땅에는 탑을 세웠다.

4. 꽃술로 핀 남지 선생 부부의 묘소

남지南智 선생 부부의 묘소가 있는 문백면 평산리 안릉마을에 들어서면, 250년
된 팽나무와 충간재忠簡齋란 이름의 재실이 성큼 얼굴을 내민다. 마을 앞길을 돌아
오른쪽 야트막한 고개 위에서 오른쪽 10여 미터쯤에 두 기의 묘가 나란히 서 있다.

먼저 부인의 묘로, 오른쪽으로 축대를 쌓아 혈판을 돋우었는데, 역시 장방형 묘
에 비석은 없다. 건방乾方으로 주산主山이 있는데, 말 어깨에서 엉덩이 쪽으로 완만
한 곡선을 이룬 **천마사**天馬砂이다. 아주 멋들어지게 잘 갖추어진 모습이다. 천마사
는 말의 등 모양으로 늘어진 능선을 지니고 있는 산을 가리키는 말이다.

이곳에 묘를 조성할 때의 일이다. 흙을 파 내려가던 사람들의 삽에 무언
가가 걸렸다. 조심조심 파 보니 관 하나가 나왔다. 뚜껑을 열자, 한 마리의
학이 퍼뜩 나와 푸른 하늘로 날아갔다고 한다. 깜짝 놀란 인부들이 얼른 뚜
껑을 덮었는데, 또 한 마리가 날아가려다 관 뚜껑에 치였고, 한 마리는 그대
로 관에 갇혔단다.

신비한 일화가 이렇게 남아 있다. 이런 자리는 하늘과 땅이 감춰둔 비밀스런 자
리 곧 천장지비天藏地秘의 자리란다. **비룡승천형**飛龍昇天形의 자리라고 하는데, 처
음에는 그 자리가 왜 좋은지 깨닫지 못했다. 다만 묘의 테두리석이 그대로 보존된
것을 보고, 혈일 수도 있겠다 여긴 정도였다. 만약 혈지가 아니라면 테두리석이 엇

갈리거나 틀어지기 일쑤이기 때문이다. 비룡승천형은 날으는 용이 하늘로 오르는 형국을 지닌 명혈의 이름이다.

어쨌든 이곳은 천장지비의 자리인지라 우리네 범인들의 눈으로는 알아볼 수 없는 모양이라고 자위하면서, 아래편 남지 선생의 묘소로 내려갔다.

20m쯤 내려가자 결인속기처가 나타났다. 좌우로 영송사가 늘어섰는데, 특히 오른쪽의 것이 더욱 분명한 모습이다. 그 아래에 예상대로 혈이 확 펼쳐졌다가 중앙에 가서 다시 좁혀졌다. 여기 또한 비룡승천형의 명혈인데, 감의 방향에서 내려온 감룡坎龍이다.

우백호가 뻗어내려 오방午方에 안산을 이뤘는데, 정확하게 반원형을 한 봉우리 네 개가 안산을 이룬 아주 재미있는 모습이다. 이는 곧 비룡승천형의 터가 갖추어야 할 여의주이다. 그런데 이곳은 네 개나 되는 여의주이다. 큰 반원형 봉우리 하나는 감사監司 정도의 자리를, 작은 반원형 봉우리 셋은 판서判書 정도의 자리를 가리킨다.

이렇게 상서로운 구름 모양을 한 안산의 이름을 **상운사**祥雲砂라고 하여, 아주 귀하게 친다. 이곳의 안산은 크게 보면, 천마의 형국이기도 하다. 그리고 명당이 없이 안산이 바싹 다가앉았으니. 복이 속히 찾아드는 이른바 속발지지速發之地이다.

남지 선생 부부의 묘는 진천군 문백면 평산리 안릉마을에 있다. 중부고속도로 진천나들목에서 나와 진천읍으로 들어간 다음 17번 국도를 이용해 청주 방향으로 11.5km를 직진하면 옥성교가 나온다. 이 옥성로터리에서 좌회전하면 500m쯤에 오미마을 삼거리가 나오고, 여기서 다시 좌측 길을 택해 8km 정도 가면 옥산저수지 옆에 삼거리가 나온다. 여기에서 우회전해서 4.5km 가면 안릉마을이 나온다. 이 마을 앞 길을 돌아 오른쪽으로 야트막한 고개 위에서 우측 10여 미터쯤에 두 기의 묘가 나란히 서 있다.

묘소는 임좌병향壬坐丙向에 진파辰破이다. 따라서 화국火局으로, 가장 똑똑한 자식을 치고 나가는 것이 흠이다. 촉망받는 자식이 병약해서 단명한다는 말이다.

모두가 좋은 자리라고 찬탄을 하는데, 정 선생이 우스개 삼아 한마디 한다.

"보시듯이 물이 혈을 싸고 우에서 좌로 흐르는데, 나가서 반배反背(등지고 서 흐름)를 하고 있습니다. 이런 형국이면 선길후흉先吉後凶으로, 처음은 좋다가 나중에 나쁜 운이 따릅니다. 오늘날의 황혼 이혼이라고나 할까요?"

서쪽으로 묘방卯方에 붓끝처럼 뽀족한 봉우리 하나가 서 있다. 문필봉文筆峰으로, 좌청룡이 뻗어가다가 중간에 다소 허약해진 부분에 서 있다. 묘방은 삼길방三吉方에 속하는데, 허약한 용의 기상을 채워 주어 아주 좋다. 후손들이 크게 부를 이루고 귀하게 되며 장수를 한다는 형국이다. 그런데 이 묘소는 비가 특이하다. 10대손 남익엽南益曄이 1728년 4월에 세운 아주 자그마한 비로써, 묘소의 우측에서 서향西向을 하고 서 있다.

다시 부인의 묘소로 되짚어 올랐다. 좌청룡 우백호가 무성한 송림으로 이루어져 마치 천마가 두 기의 묘소를 포근하게 둘러 싸안은 듯하다. 포근하고 편안한 맛이 은은하다.

모두들 부인의 자리가 더 좋다고 한다. 비룡승천형이기보다는 맑은 물에 피어난 연꽃 모양의 연화부수형蓮花浮水形이나, 모란이 반쯤 피어난 모양의 모란반개형牡丹半開形 같다고들 하면서, 남지 선생의 묘소보다 훨씬 전망이 좋다고들 떠들고 있을 때였다. 그때 누군가가 외쳤다.

"어, 어! 열 십자야, 열 십자! 주산하고 안산에다, 청룡과 백호가 만나는 열 십자야!"

그러자 정 선생이 깜짝 놀라며 말을 받았다.

"아하, 그렇습니다! **천심십도**天心十道입니다! 천심십도의 기막힌 자리입니다! 정말 천장지비의 터로군요. 보세요! 안산과 주산이 앞뒤로 이어지고, 청룡과 백호의 가장 높은 봉우리를 이은 좌우의 선이 여기 이 묘소에서 정확하게 교차하고 있지 않습니까? 게다가 양수협출兩水挾出! 두 물줄기를 양쪽에 끼고 있는 모란반개의 한가운데 화심花心(꽃술)입니다. 기막힌 자리입니다!"

설명에 따라 고개를 돌리던 나도 일순 탄식이 절로 흘러나왔다. 정말 묘는 천심십도의 한중앙에 똑 떨어지게 자리를 잡고 있었다. 절묘한 위치이다. 그리고 사방이 탁 트인 돌혈突穴이다. 돌혈은 주변보다 튀어나온 곳에 이루어진 혈로써, 태음太陰에 해당하는 자리이다.

아까와는 달리 형언할 수 없는 어떤 느낌 하나가 가슴에 소용돌이치기 시작한다. 역시 아는 만큼 보이나보다!

넋을 잃은 일행들 사이로 일순 침묵이 흐르는데, 누군가가 그 적막을 깼다.

"오대산의 적멸보궁寂滅寶宮과 아주 흡사한 자리입니다."

정녕 신이 잡은 자리일까? 갑좌을향甲坐乙向에 손파巽破의 자리에서 우리는 무언가에 홀린 듯 서 있었다. 산을 내려오며 안릉마을 앞길을 지나며 나는 생각하였다. 그래, 여기 안릉安陵이란 마을 이름이 그저 안릉이 아니지!

남지는 조선 세종에서 세조 때를 살다간 분이다. 본관은 의령宜寧. 많은 관직을 지냈으며, 성절사聖節使로 명나라에 다녀온 후 형조와 호조의 판서를 역임하였다 ■

〰천마사(天馬砂) : 쌍봉이 한쪽은 높고 한쪽은 낮아, 말의 등처럼 생긴 산.

〰비룡승천형(飛龍昇天形) : 날으는 용이 하늘로 오르는 형국을 지닌 혈.

〰상운사(祥雲砂) : 상서로운 구름이 혈의 전면에 서린 듯 둘러싼 산들을 가리킴.

〰천심십도(天心十道) : 사방의 산을 십자형으로 이어 교차되는 곳.

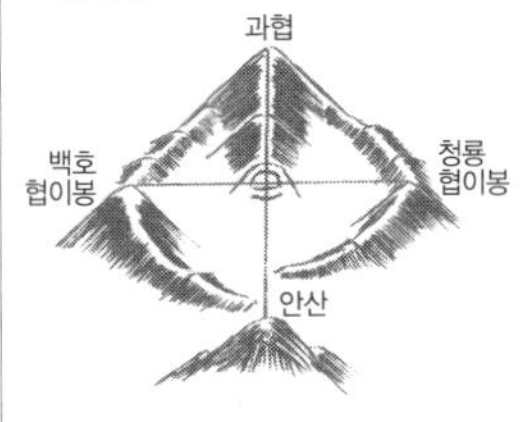

〰돌혈(突穴) : 동종이나 가마솥을 엎어놓은 것처럼 볼록하게 생긴 혈.

5. 추워라, 송강 정철 선생의 묘소

한잔 먹새근여 또 한잔 먹새근여
꽃 꺾어 산 놓고 무진무진 먹새근여
이 몸 죽은 후면 지게 위에 거적 덮어 주리혀 매어 가나
유소보장에 만인이 울어 예나
어욱새 속새 덥가나무 백양 속에 가기만 곳 가면
누른 해 흰 달 가는 비 굵은 눈 소소리바람 불제 뉘 한잔 먹자 할꼬
하물며 무덤 위에 잰나비 파람 불 제야 뉘우친들 어쩌리

송강松江 정철鄭澈(1536~1593) 선생이 남긴 「장진주사將進酒辭」의 전문全文이다. 살아생전 술에다 노래로 풍류를 즐겼던 국문학사의 큰 봉우리 송강 선생을 찾아가는 길은 나 홀로 긴장감마저 들었다. 선생은 어느 곳에 어떻게 누워 계실까?

문백면 봉죽리로 들어선 큰길가에 어느덧 '정송강사鄭松江祠'를 알리는 안내판이 나타났다. 차를 세우자 커다란 느티나무가 보호수로 서 있었고, 그 뒤로 우암 송시열이 찬술한 신도비가 보였다. 그 너머 건물이 정송강사이다.

신도비 앞에서 좌측 산길로 접어들자, 하얀 눈밭 사이로 감나무들이 을씨년스럽게 모습을 드러낸다. 팔뚝만 한 나뭇가지로 상부의 답판을 얹은 다리 앞에 경운기의 통행을 막는 차단목이 누워 있다.

200m쯤 나아가자 또 다리가 나타나고, 이 작은 다리를 지나자 소나무 숲이 시

작된다. 꽤 가파른 고갯길이다. 푹푹 빠지는 눈길로 앞사람의 발자국을 따라 허덕거리며 능선을 바라보고 300m 가량 올랐다.

능선이 나타나고, 다시 능선을 따라 50m쯤 위에 송강 선생이 모셔져 있다. 부친 종명宗溟의 뒷자리로 역장逆葬이다. 1665년 우암의 공의公議를 왕이 윤허하자, 우암이 선생의 후손 정양鄭瀁과 함께 고양군 원당면 신원리에서 현 위치로 옮겨 모신 묘소이다. 선생의 사후 73년 만의 일이었다.

능선의 한가운데 세워진 선생의 묘는 막아 주는 곳 하나 없이 황량하게 서 있었다. 「장진주사」의 대목처럼 '누른 해, 흰 달, 가는 비, 굵은 눈, 소소리바람'에 '거적 덮어 주리혀 매'인 채로 그냥 내던져진 처참한 느낌이다. 쭉 빠진 능선 위에 자리 잡은 이 묘소는 마치 고압선 위에 세워진 것 같다는 생각에, 비로소 묘소의 좌우 주변을 흐르는 고압선이 보였다.

얼른 보면, **선익사**蟬翼砂가 있는 것 같지만 아니었다. 그저 단독으로 우뚝 솟은 능선인지라 혈을 감싸 주는 **보룡사**補龍砂도 전무했다.

선익사는 매미의 날개처럼 혈의 좌우를 감싸 보호하며, 혈에 어린 기운이 빠져나가지 않도록 해 주는 지맥으로 눈

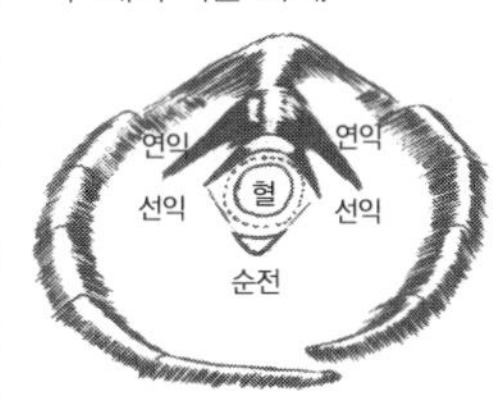

○○ 송강 정철 선생 묘

≋**선익**(蟬翼) : 혈의 뒤편에서 뻗어나와 혈을 좌우로 감싸 주는 두 개의 작은 지맥.

≋**보룡사**(補龍砂) : 용의 좌우에서 용을 싸서 보호해 주는 역할을 하는 지맥.

에 잘 뜨이질 않는다. 보룡사는 용의 좌우에서 용을 싸서 보호해 주는 역할을 하는 지맥을 일컫는 말이다.

청룡과 백호도 그냥 빠져나갔으니, 보룡사 역할을 하지 못하는 것이다. **박룡**薄龍이다. 박룡은 기가 뭉치지 않고 흩어져 빠져나간 힘없는 용을 가리키는 말이다.

묘소 자리도 용진처가 아니다. 용이 지나는 중간 부분의 자리인 과룡처過龍處로, 혈이 되려면 좀더 끌고 내려가야 할 듯싶었다.

한마디로 아주 추운 곳이다. 눈은 수북수북 쌓여 얼었으며, 무덤 옆 소나무는 눈의 무게를 견뎌 내지 못해 꺾이었다. 뒷산에는 한 떼의 노란 구름이 무어 그리 바쁜지 물밀듯이 남진을 하고 있다.

둥근 모양을 한 조선 중기의 이 봉분의 잔디는 뿌리를 내리지 못하고 있었다. 이런 곳의 봉분은 해마다 잔디를 새로 입혀야 한다. 그만큼 춥고 편안한 터가 되지 못하는 것이다.

앞을 내다보니, 전망은 퍽 좋다. 많은 산들이 좌우로 첩첩이 늘어섰다. 멀리 조산격의 높은 산 하나가 흰 눈을 모자로 쓰고 가지런히 누웠다. 안산은 정승을 낳는다는 **일자문성**一字文星이다. 하늘가에 오후 5시의 붉은 저녁 기운이 슬그머니 들었다.

다시 정 선생의 설명이다.

"에, 전하는 말에 '과룡지장過龍之葬은 삼대내三代內에 절향화絕香火'라고 하였습니다. 풀이하면, 과룡처에 무덤을 쓰면 3대 내에 제사를 올리는 향불

》》가는 길

중부고속도로 진천나들목에서 나와 진천읍으로 들어가 21번 국도를 타고 청주 방향으로 4.1km 내려가면 사석삼거리가 나온다. 여기서 다시 400m 가량을 더 직진하면 1번 국도가 갈라지는 삼거리가 하나 더 나온다. 여기에서 우회전해서 1번 국도를 타고 4km 정도 내려가면 길가에 '정송강사'를 알리는 안내판이 나타나고, 이 안내판을 따라가다 보면 보호수로 지정된 커다란 느티나무가 보인다. 그 뒤로 우암 송시열이 찬술한 신도비가 보이고, 그 너머에 정송강사가 있다. 신도비 앞에서 좌측 산길을 따라가다가 다리 두 개를 지나면 소나무 숲이 시작된다. 다시 고갯길을 300m가량 올라가면 능선이 나타나고, 능선을 따라 50m쯤 위에 송강 선생의 묘가 있다.

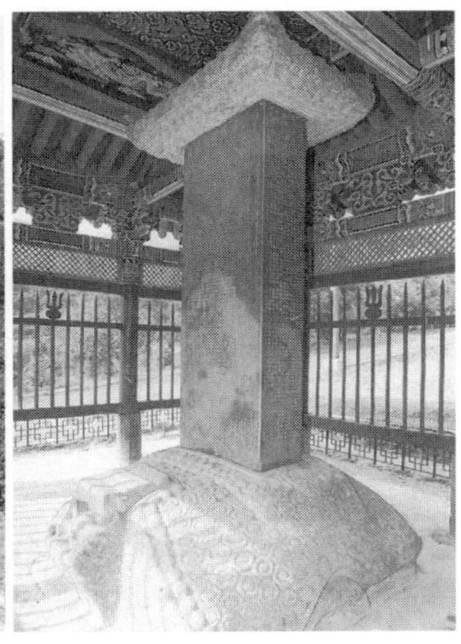

이 끊어진다는 말인데, 후사가 끊긴다는 뜻입니다. 그런데 아까 초입에서 보니 관리소에 후손이 거처하고 있던데, 아마도 선생의 본손本孫은 끊어지고 양자로 계보가 이어졌을 겁니다."

송강 선생의 묘소가 이토록 황량한데 그 후손까지 양자로 이어졌다면 하는 생각이 들자, 무연한 느낌이 그 뒤를 따른다.

내려오는 길에 사당을 보니, 여기도 좋은 자리가 아니다. 사당 앞에 좌우의 두 줄기 산들도 안으로 오므리지 않고 등 돌려 밖으로 벌려서 기가 빠져나가는 모양새로 곧 비주飛走하는 형세이다.

도대체 우암은 어떤 안목에서 송강 선생을 이 자리로 옮겨 모셨을까? ■

≋**박룡**(薄龍) : 기가 뭉치지 않고 흩어져 빠져나간 힘없는 용을 가리킴.

≋**일자문성**(一字文星) : 산 정상이 일(一)자 모양으로 평평한 것.

6. 이거이 선생의 묘소

이제 오늘의 마지막 답산지인 진천읍 상계리에 있는 이거이 선생의 묘소를 찾아 가는 길이다. 서석리를 지날 무렵이었다. 앞창으로 둥글납짝하게 단정한 모양의 산 하나가 눈에 가득 들어왔다. 마치 생 텍쥐페리의 『어린 왕자』에 나오는 코끼리를 잡아먹은 보아뱀 그림인 듯, 2차대전 당시 독일군 특유의 철모 모양인 듯 아주 단 아한 산세이다. 한 귀퉁이는 깎인 채로 머리에 미사일 부대를 이고 있다.

이는 선녀가 사방으로 머리를 늘어뜨린 모습을 하고 있는 **옥녀산발형**玉女散髮形 의 산세이다. 옥녀산발형은 많은 혈을 지니고 있는데, 늘어뜨린 옥녀의 머리카락 끝마다 혈을 품고 있기 때문이다. 아니나 다를까? 산기슭에는 수없이 많은 무덤들 이 빼곡히 차 있었다.

어느 결에 상계리가 다가온다. 도로 가에 청운사淸雲寺 표지판이 먼저 우리를 반 긴다. 일행 중의 하나가 내게 묻는다.

> "맑을 청(淸)은 아닌데, 저 청 자가 무슨 청 자입니까?"
> "이수 변이니까 서늘할 청, 차가울 청입니다."

서늘한 구름이 떠가는 계곡에 오롯이 절 하나가 잠겨 있고, 그 주변 어디인가에 이거이 선생의 묘소가 있으리라 생각하며 내다보는 창 밖의 경치가 그럴 듯하였다. 오른쪽으로 연달아 늘어선 문필봉들을 끼고 얼마를 달렸을까? 또 청운사 표지판이

나타났고, 그 표지를 따라 좌회전
을 하였다.

먹빛으로 농담 처리를 한 주황
색 구름들이 줄지어 떠간다. 그 구
름을 바라보고 또 얼마를 달리자
니, 어머니의 젖가슴 같은 봉우리

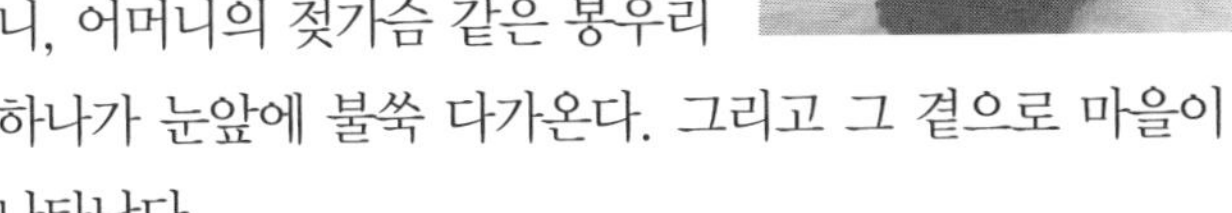

하나가 눈앞에 불쑥 다가온다. 그리고 그 곁으로 마을이
나타난다.

○ 이거이 선생 묘

마을 끝에서 서쪽의 계곡을 따라 오르는데, 계곡에 **수
구사**水口砂가 보인다. 수구사는 혈 앞의 물길 속에 단단히
박혀 혈의 기가 빠져나가는 것을 막는 역할을 하는 바위나
작은 산을 가리키는데, 수구사가 보인다면 그 앞에 좋은
혈이 있다는 증거이다.

어둑어둑해지기 시작하더니, 눈앞의 능선에 그 많은 구
름들이 어느새 먹빛이 되어 버렸다. 늙은 고목 하나가 나
타나고, 물길이 오른쪽으로 굽어 돈다. 길도 따라 굽는다.
우측으로 잣나무 조성지가 끝나는 곳 사이로, 둥두렷한 봉
분 하나가 자신의 존재를 알린다. 하얀 눈에 덮였다.

선생의 묘는 살아 있는 용이 한번 S자 모양으로 몸을 뒤
틀고 내려가 결지한 아래쪽의 혈에 자리 잡고 있었다. 혈
장은 대체로 다이아몬드 형이었다. 묘소의 우측에 요석曜
石이 단단히 박혀 있으니, 좋은 혈처임을 보여준다.

그리고 선녀가 자신의 용모를 단장하고 있는 모양이라
는 **옥녀단장형**玉女丹粧形이란 혈의 이름에 걸맞게 안산이
네모스름한 거울 모양이다. 거울 모양은 묘 앞에서보다 뒤
쪽으로 갔을 때가 더욱 또렷한 형상으로 나타난다.

또 혈의 뒷부분 북쪽에 솟은 야트막한 산인 현무玄武는
쪽 지은 머리 형상이기도 하고, 커튼을 내린 듯한 형상이

≋**옥녀산발형**(玉女散髮形) : 선녀
가 사방으로 머리를 늘어뜨린 모
습을 하고 있는 혈.

≋**수구사**(水口砂) : 물이 흘러나
가는 파구破口에 있는 작은 산이
나 바위.

≋**옥녀단장형**(玉女丹粧形) : 선녀
가 자신의 용모를 단장하고 있는
모양의 혈.

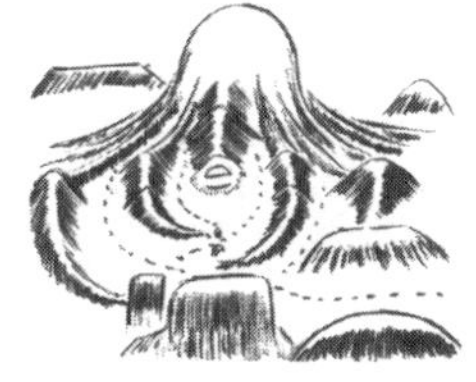

기도 하다. 옥녀가 단장을 하니까 쪽 지은 머리 형상이 되기도 하며, 커튼을 내렸으니 **장하귀인**帳下貴人이 되기도 하는 것이다. 장하귀인이란 커튼 속에 가려진 귀한 신분의 여인이란 뜻이다. 그런데 후자 쪽의 설명이 더 로맨틱하지 않은가?

안산은 백호가 안산을 이룬 백호안산이다. 그런데 명당은 숫제 없이 안산이 바짝 다가서 있어, 혈이 안산에 고압高壓을 당하는 느낌이다. 이런 자리에서는 1인자가 나오질 못한다. 2인자가 나오는 자리이다. 그리고 딸이 잘되고, 아들은 처가의 덕을 보는 형세이다.

그리고 백호의 안쪽으로, 단정한 지맥 하나가 따라 내려오다 멈춰 서 있다. 선익사이다. 백호가 있는 오른쪽에 발달되어 있으니, 이 또한 딸과 지손支孫이 잘 되는 형세이다.

물줄기는 좌에서 우로 그냥 내질러 빠졌다. 물이 을진의 방향으로 빠져나간 을진파乙辰破이다. 오므리거나 아우른 느낌이 없으니, 큰 재산은 모이지 않을 것이다.

해좌사향亥坐巳向의 묘로, 건룡乾龍이다. 뒤편으로 **중조산**中祖山에 해당하는 길상산吉祥山이 보이고, 조산인 만뢰산萬雷山은 보이질 않는다.

그리고 묘소 앞에 있던 해태상과 갓비가 지방문화재로 지정되었다는데, 눈에 띄질 않는다. 두 차례에 걸쳐 도둑을 맞았단다.

산을 내려오는데, 어느덧 세상은 시나브로 빛을 잃어 버렸다. 흑백 사진이 되어 버린 산길을 따라 일행들이 앞서 내려간다. 서쪽 하늘에 뜬 초생달 위로 한 뼘 되는 곳에 별 하나가 매우 밝다.

개울가의 늙은 고목 뒤에 왼쪽으로 빗겨진 하수사가 혈을 인 채로 그곳에 숨어

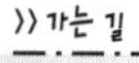

이거이 선생의 묘는 진천읍 상계리에 있다. 중부고속도로 진천나들목에서 나와 진천읍에 진입한 다음, 21번 국도를 타고 청주 방향으로 4.1km 내려오면 서석삼거리이다. 여기서 우회전을 하면 1.5km 전방에 보탑사삼거리가 나온다. 안내판을 보고 보탑사 방면으로 뻗은 9번 도로를 타고 1.2km 가량 가면 상계리이다. 상계리에 이르면 '청운사' 표지판이 나타나고, 그 표지를 따라 좌회전을 하면 1km 전방의 길 끝에 마을이 나타난다. 이 마을 끝에서 서쪽의 계곡을 따라 150m 가량 오르면 잣나무 조성지가 끝나는 곳 뒤쪽에 선생의 묘가 나타난다.

있는 게 보인다.

　마을이 가까워지는데, 앞에서 웅성웅성 큰 소리가 들린
다. 마을 사람들이 일행을 석물石物 도둑으로 취급하는 것
이다. 하긴 두 차례나 그런 일을 당했으니, 마을에 사는 후
손들의 신경이 날카로워질밖에. 그런데 일행에 속해 있던
이거이 선생의 후손이 나서서 소란은 끝이 났다. 마을 사
람들과 그분이 마침 같은 항렬이라서 쉽게 오해가 풀린 것
이다.

　　이거이(1348~1412)는 고려 말 과거에 급제하여 조
선시대에 여러 벼슬을 거친 인물이다. 태종 2년
(1402)에 서원부원군西原府院君에 봉해졌으나, 사병
私兵을 가장 많이 거느린 사실로 대간臺諫의 탄핵을
받고, 아들 저佇와 함께 진천에 은거하였다. 뒷날 다
시 벼슬에 나가 영의정을 지냈다 ▋

≋**장하귀인**(帳下貴人)：장막사
아래 귀인봉이 있는 것.

≋**중조산**(中祖山)：조산과 혈 중
간쯤에 솟아오른 산.

7. 역시 죽어서도 진천

이제 깜깜한 밤이다. 상계리를 벗어나자, 앞서 가던 차들의 전조등이 길가에 차례로 멈춘다. 늦은 저녁을 위해 호젓한 식당에 들르기 위해서다. 예약을 해 둔지라, 미리 식탁에 정갈하게 차려진 저녁을 모두가 달게 먹었다.

식후의 포만감에 젖어 있는데, 어떤 분인가 진천의 서 회원에게 질문을 던진다. '살아 진천'이라 했는데, 진천에 왜 이렇게 좋은 혈이 많은가? 하고. 오늘 보니, 오히려 '죽어 진천'이 아니냐며.

그런데 서 회원의 답이 조목조목 명쾌하였다. 나 혼자 듣고 버리기에는 매우 아까운 설명이다. 그래서 여기에 그분의 대답을 그대로 옮긴다.

"…진천은 남북으로 미호천이 흐르고, 동쪽에 두타산, 동북쪽에 소속리산, 북쪽에 칠현산, 서북쪽에 서운산, 서쪽에 만뢰산, 남쪽에 환희산 등이 팔방으로 한 폭의 병풍인 양 펼쳐져 장막을 이루었으니, 마치 호수 같은 형국을 하고 있습니다.

우리 고장의 기후는 전국 연평균 기온과 약 5~7℃의 차이가 납니다. 그래서 여름은 무더운데다가 겨울은 아주 추우며, 특히 장마철에는 장대비가 집중적으로 쏟아져 강우량이 다른 곳보다 50㎜ 이상 더 많습니다. 대구의 기후와 대체로 같다고 보시면 됩니다. 이런 기후적인 특성을 지닌 이곳의 평야에서 생산되는 농산물은 영양분이 충분하고 맛 또한 뛰어납니다.

넓은 평야에서 생산되는 농산물은 진천인이 먹고 남을 정도로 충분한 식량을 공급하고 있으니, 우리 진천은 자급자족이 가능한 도시라고 할 수 있겠습니다.

또한 주민들은 외풍外風을 받는 일이 거의 없어 모두가 순박하고 온후한 성품을 지닌 까닭에, 외지인들을 배타심 없이 쉽게 받아들이는 곳이기도 합니다. 그래서 외지 사람들이 별다른 어려움 없이 정착을 하곤 합니다.

우리 고장 주민들 가운데 더 많은 돈을 벌기 위해 기왕에 모아 두었던 재산을 정리해서 타향에서 사업을 새로 벌린 사람 치고 성공한 사람은 거의 없습니다. 아마도 외풍이 전혀 없이 살다가, 낯선 타 도시의 거센 입김에 견딜 수 없어 파산한 듯합니다.

진천의 용은 속리산에서 북으로 치솟아 두타산과 소속리산을 거쳐 마이산에서 힘차게 오른쪽으로 돌아 칠현산에 이르고, 다시 서운산에서 오른쪽으로 굽어 돌아 만뢰산과 환희산으로 돌아듭니다.

이렇게 오른쪽으로 돌아든 용맥은 진천을 중심으로 부드럽게 장막을 이루었으니, 외풍이 들어올 수 없는 천하의 **보국**保局입니다. 여기에 10개가 넘는 커다란 혈과 수십 개의 작은 혈들이 자리를 잡고 있다고 여겨집니다.

그래서 진천은 충 · 효 · 예의 본당이 되었으니, 가는 곳곳마다 충신, 효자, 열녀 등의 **정려문**旌閭門이 서 있는 모습에서 쉽사리 증명해 볼 수 있겠습니다. 이러한 증표는 번듯한 혈 자리에 조상을 모셔서, 그 음덕으로 곧고 바른 인물들이 벌써 배출되었

≋**보국**(保局) : 주변의 산들이 다 정하게 터를 감싼 모습.

≋**정려문**(旌閭門) : 충신, 효자, 열녀 등에 대하여 그들이 살던 고을에 나라에서 세워 준 문.

고, 또 배출되고 있다는 뜻이 아니겠습니까?

우리 고장은 바르고 고운 심성과 후덕한 인심이 끝없는 시냇물처럼 굽이쳐 서로 정답게 살아가는 곳이기도 하며, 도타운 산세가 부드럽게 감싸고 있어 죽어서도 편안히 쉴 수 있는 안식처를 널리 제공하고 있는 곳이기도 합니다.

우리 진천 땅에는 아직도 주인을 찾지 못하고 널려 있는 대지大地가 많이 남아 있습니다. 이러한 땅에 3대에 걸쳐 적선한 아름다운 분들께서 자리를 정하시어, 그 기운을 받은 강직하고 청렴한 인물들이 배출되어, 혼란한 국가 기강을 바로 잡고 누구나 살기 좋은 이 나라를 건설할 수 있었으면 하고 기대를 해 봅니다…." ■

Ⅱ 계룡산 자락의 논산과 대전

계룡산의 천황봉은 하늘나라 상제께서 머무시는 신성한 봉우리이자,

선계의 해맑은 영기가 뿜어져 나오는 영험한 봉우리이다.

1. 전주가 그리운 견훤왕릉

첫번째 방문지 견훤왕릉甄萱王陵으로 가는 도중의 버스 창가에 논산 탑정리 저수지의 맑은 물이 출렁인다. 겨울에는 많은 철새들이 날아와 눈을 즐겁게 해 주는 곳이다. 따뜻한 봄볕에 한가로움을 낚는 조사들의 모습이 제법 많아졌다.

버스가 전주 방향으로 난 국도로 몸을 올리더니, 이내 견훤왕릉이라는 표지판을 보고 우회전을 하였다. 표지판 세 개를 따라가면 마을 곁 우뚝 솟은 언덕 위에 자리 잡은 견훤왕릉이 나타난다.

연무읍 금곡리의 왕릉 입구에서 하차하자, 왼쪽으로 언덕을 향해 쭉 뻗은 콘크리트 포장길이 깨끗하다. 30m 가량 누워 있는 길 좌우로 미처 떨어지지 못하고 매달린 꽃잎 몇 개를 물고 벚나무가 늘어섰다. 새순이 고운 빛으로 돋았다.

언덕에 오르자, 좌측으로 견훤왕릉이 웅장하게 솟았다. 묏등 위로 제비꽃이 보이고, 무릇도 싹이 꽤 올랐다. 벌금자리는 하얀 별꽃으로 듬성듬성 깔렸다.

1970년 후손들이 세웠다고 하는 '後百濟王甄萱陵(후백제왕견훤릉)' 이란 비가 묘소 앞에 외롭게 서 있다. 멀리 오른쪽 앞으로 논산과 강경 사이에 펼쳐진 논산평야의 일부가 시원스럽고, 전면에 전주의 조산인 완산팔봉이 붓끝으로 날렵하게 솟았다. 전주의 고호古號는 완산인데, 견훤 자신이 세웠던 나라 후백제의 도읍터이다.

견훤(?~936)의 성은 본래 이씨李氏로, 신라 장군 아자개阿慈介의 아들이다. 경북 상주군 가은에서 태어난 그는 타고난 장사로 협객의 기상을 지니

며 자랐다고 한다. 그는 36세의 나이에 후백제를 세워 40년을 다스렸는데, 후삼국 가운데 가장 큰 세력을 지녔었다.

그런데 안동 전투에서 8천의 병력을 잃고 세력이 약해지자, 그를 따르던 공주의 호족 세력들이 왕건에게로 옮겨갔다. 이에 견훤은 이곳을 내주고 북진北進할 계획을 세웠는데, 그의 신하 능환能奐이 이를 반대하였다. 마침내 능환은 견훤의 아들 신검神劍을 보위에 오르도록 하고는, 견훤을 금산사金山寺에 유폐시키기까지 하였다.

뒷날 왕건에게 투항한 견훤은 슬프게도 아들 신검과 싸우다가 인근에 있던 황산불사黃山佛寺에서 한 맺힌 죽음을 맞이하였다. 이때 그는 완산이 그립다는 말을 하고 최후를 맞았는데, 그가 남긴 말에 따라 전주가 보이는 이곳으로 장지를 결정하였다고 한다.

견훤의 탄생과 죽음에 관련해서는 재미있는 이야기가

전해져 내려온다.

　　본래 견훤의 어머니는 광주 호족의 딸이었다 그런데 밤마다 그녀의 침소에 자주색 갑옷을 입은 사람 하나가 찾아오면, 무슨 까닭인지 그녀는 몸을 꼼짝할 수가 없었다. 사내는 그녀를 마음대로 농락하다가 새벽이 되면 훌쩍 사라지곤 하였다. 도대체 그 사내가 누군지 알 수 없어 고민하던 그녀는 드디어 꾀를 하나 내었다. 한밤에 남자의 옷깃에 명주실을 꿴 바늘 하나를 슬그머니 꽂아둔 것이다. 다음날 날이 밝아 실을 따라가 보니, 그 실에는 다름 아닌 지렁이 한 마리가 꿰어 있었다. 이에 잉태한 아이의 성을 '지렁이 견(蚓)'으로 삼았는데, 나중에 음音이 같은 '견甄'으로 바꿨다고 한다.

다음은 견훤이 최후를 맞을 때의 이야기이다.

　　아들 신검과의 싸움을 앞두고 그는 문득 전투 장소가 계족산鷄足山(우리말로는 '닭다리 산')이라는 말을 들었다. 이에 자신의 죽음을 예견하고, 완산이 보이는 곳에 묻어 달라는 유언을 미리 남겼다고 한다. 지렁이의 천적이 닭이기 때문이다.

견훤의 묘는 산상혈山上穴에 위치한다. 산꼭대기의 산상혈은 아주 좋은 혈이거나, 흉한 자리로 확연하게 양분된다. 그래서일까? 이 묘에 대해서도 의견이 둘로 나뉘었다. 대부분은 혈이 되지 못한다는 견해이다.

이 묘의 용은 백두대간의 영추산에서 나뉜 금남정맥의 지맥으로, 마이산과 대둔산을 거쳐 계룡산으로 내려오다가 논산 톨게이트 부근의 신사산으로 갈라 뻗은 맥이다. 묘소의 뒤쪽에 있는 마을 뒷산의 능선을 따라 달려온 용은 다시 우리가 버스에서 내려 걸어 올라왔던 길을 따라 곧장 오르다가, 언덕 위에서 좌측으로 직각이 되도록 몸통을 홱 꺾었다. 견훤의 묘는 그곳에 있다.

그런데 이 용진처가 혈이 되지 못한다는 주장은 다음의 몇 가지 이유에서이다.

먼저 이 정상혈을 보호해 줄 만한 같은 높이의 산이 주변에 없다는 점이다. 사방이 모두 평야라서 이 자리를 보호해 줄 사격砂格이 없으니, 이곳은 바람을 피할 수 없는 태풍받이요, 돌로突露라는 것이다. 돌로는 우뚝 솟아 그냥 노출된 나쁜 터를 가리키는 말로, 천옥天獄과 정반대의 형상을 가진 터를 가리킨다.

두번째로는 보국保局이 확실치 않다는 점이다. 앞쪽이나 옆쪽이 모두 평야이고, 기껏해야 구릉 지대로서, 보국의 기본적인 틀조차 갖추지 못하고 있다는 것이다.

세번째로는 용맥을 따라 쓰지 않고 우향右向으로 묘를 썼기 때문이다. 용의 진행 방향과는 상관없이 오로지 견훤의 유언만을 따라 쓴 것이란다.

네번째로는 여러 가지 형세로 보아 이곳은 현무봉의 역할을 해야 할 곳이니, 혈은 아래쪽의 구릉처럼 나지막한 능선 자락에서 찾아야 한다는 것이다. 그래야 옳은 혈을 찾아 쓴 것이란다.

이 묘소를 조성한 주역은 물론 고려 태조 왕건이다. 그는 우리나라 풍수의 시조라고 일컬어지는 도선 국사의 제자이자, 귀순해 온 견훤을 상부尙父로 대우하고 모셨던 인물이다.

따라서 이 자리가 혈처가 아니라면, 왕건의 저의는 다음과 같다고 볼 수 있다.

먼저 그는 후백제의 부흥 세력이 일어날 수 없도록 지기地氣가 나쁜 자리, 그러면서도 일반인의 눈에는 좋아 보이도록 전망이 탁 트인 자리, 여기에다 전주를 보고 싶다는 견훤의 유언에 매우 합당해 보이는 이 자리를 일부러

※돌로(突露) : 우뚝 솟아 주변 산세들의 보호가 없이 그냥 노출된 나쁜 터.

골라 쓴 셈이다. 일견 좋아 보이는 자리지만, 따져 보면 결국 역사의 패자에게 비바람 들이치는 춥고 서러운 자리를 골라 준 것이다.

소수의 의견이었으나, 이 자리가 비룡향천형飛龍向天形의 명혈이라는 주장 또한 만만치 않은 논리를 갖추고 있었다. 참고로, 소개하면 다음과 같다.

먼저 이 묘역이 사유四維를 갖추고 있다는 점이다. 솟아오른 이 용진처의 전후좌우 사방에서 능선이 뻗어나가 이 혈처를 받쳐 주고 있다는 것이다. 이는 **횡룡입수**橫龍入首한 비룡향천형의 혈이 갖추어야 할 필수 조건으로, 아주 잘 갖추어진 모습이라는 것이다. 그리고 하늘을 향하는 비룡은 횡룡입수한 다른 용들과는 달리 용맥을 받쳐 줄 **낙산**樂山이나 **귀성**鬼星이 필요 없다는 것이다. 우뚝 서서 하늘을 바라보는 그 자리의 네 귀퉁이를 안전하게 받쳐 주면 되는 것이지, 용맥의 뒤쪽에서 낙산이나 귀성으로 받쳐 줄 하등의 이유가 없다는 것이다.

둘째, 평야로 뻗은 용은 외로운 산의 형세를 지니게 마련으로, 보국에 필요한 청룡과 백호가 필요 없다는 점이다. 더 나아가 살펴보면 이곳은 멀리 강경 쪽으로 누운 평야를 외보국外保局으로 보아야 한다는 것이다. 물길도 안 좋다고 하는데 승천하고자 하는 평야의 장룡長龍은 수기水氣를 꺼리기 때문에 물길도 그다지 문제가 되지 않는다는 것이다. 그리고 좌선룡左旋龍과 우선수右旋水가 외당수外堂水와 만나 파구破口를 이루는 삼합三合의 좋은 형세라는 것이다. 이는 좌측으로 돌아든 용과 우측에서 돌아든 물길이 바깥 명당에서 흘러내린 물과 셋이 만나 빠져나가는 자연스러운 형세라는 말이다.

셋째, 하늘을 향하는 용은 그 힘찬 기세로 인해 풍살風煞을 받지 않는다는 점이다. 따라서 견훤의 묘는 해마다 손질한 것으로 보기도 힘들 뿐더러, 그 큰 묘가 어

》가는 길

①호남고속도로 논산 톨게이트를 빠져 나와 곧게 난 길을 달리다 보면 검문소가 나타나고, 곧 국도와 고속도로 진입로가 만나는 삼거리가 나온다. 이 삼거리에서 전주 방향의 국도로 계속 가다 보면 이내 '견훤왕릉' 표지판이 나온다. 이 표지판 세 개를 따라가면 마을 곁 우뚝 솟은 언덕 위에 자리잡은 견훤왕릉이 나타난다. ②천안논산고속도로를 이용해 연무 톨게이트를 빠져 나와도 된다.

느 한곳 바람에 깎이거나 패인 흔적이 없다는 것이다.

그리고 마지막으로 능의 뒤쪽이 결코 허전하지 않다는 점이다. 기세 좋은 용이 힘 있게 올라와, 묘의 바로 뒤에서 다시 한번 오른쪽으로 몸을 틀어 묘가 있는 쪽으로 들어갔기 때문에 뒤쪽 언덕바지가 탄탄하다는 것이다. 이는 결국 용의 진행과 묘의 향이 일치한다는 말이기도 하다.

나는 어느 쪽 주장이 옳은지 알 수 없었다. 다만 역사의 뒤안길에서 허망하게 사라지고 만 후백제의 한이 견훤의 무덤으로 표상될 뿐이었다. 다음 답사 예정지가 비운의 계백 장군 묘소라서, 저절로 그런 느낌이 한층 북받쳤는지도 모를 일이었다 ■

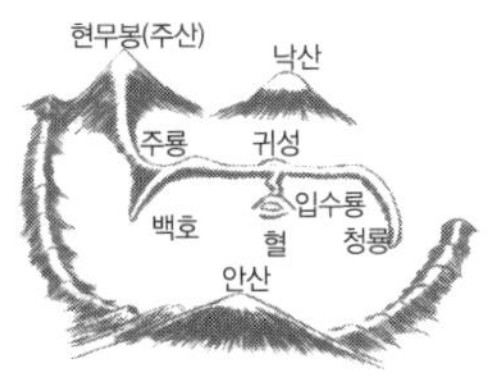

≈**횡룡입수**(橫龍入首) : 행룡하던 용이 몸을 크게 꺾어 입수도두를 해 혈을 맺는 것.

≈**낙산**(樂山) : 횡룡입수하는 용의 뒤를 받쳐 주면서 서 있는 산.

≈**귀성**(鬼星) : 입수룡의 반대 측면에 붙어 있는 작은 지각으로 용과 혈을 지탱하고 기운을 밀어 줌.

≈**용의 좌우선법**

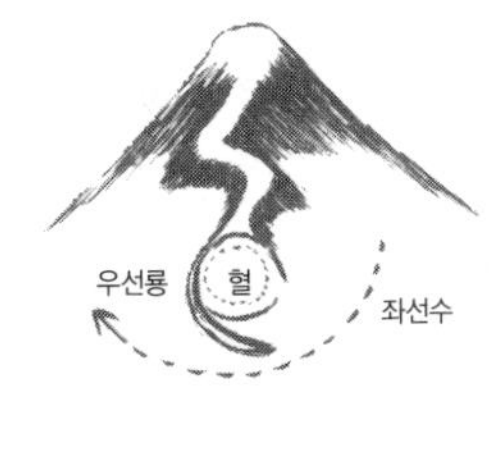

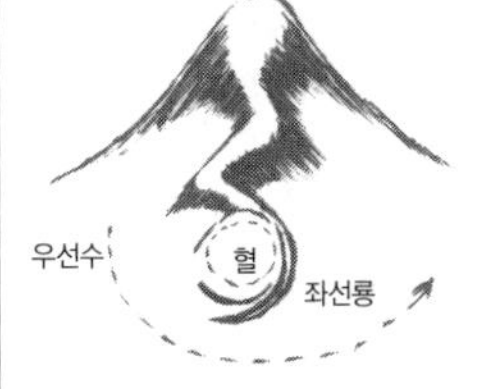

2. 면모를 일신한 계백 장군의 묘소

　　논산의 옛 이름은 '놀뫼' 였다. 누런 황토로 덮인 산이라는 우리말 '누루뫼' 가 줄어들어 그렇게 불렸던 것이다. 그 후 일제 때 행정구역이 개편되면서 '놀' 이란 음은 한자의 '논할 논(論)' 으로, '뫼' 란 뜻은 '뫼 산(山)' 으로 바뀌어 논산이 되었다. 그런데 우리는 지금의 논산論山이란 이름처럼, 산을 논하러 이제 이곳에 왔다. 기묘한 느낌이다.

　　놀뫼는 백제의 계백階伯(?~660) 장군이 마지막 숨을 거둔 슬픔의 땅이기도 하며, 북진하던 동학군들이 관군을 맞아 황산현 전투의 큰 승리를 일구어 낸 기쁨의 땅이기도 하다. 그런데 우리의 소년 시절에는 유독 계백의 이야기만을 입에 올렸다. 동학혁명의 역사적 의의가 별다른 조명을 받지 못하던 시절 탓이기도 하였지만, 계백 장군의 불굴의 투혼과 장수다운 아량 및 인정이 우리들의 어린 가슴을 뭉클하게 만들기에 충분하였던 때문이다.

　　그리고 내 고향 부여군 충화면의 팔충리에는 백제의 마지막 세 충신을 모신 삼충사三忠祠가 있다. 청년 시절 이곳에서 함께 무예와 학문을 닦던 계백과 성충成忠, 흥수興首가 힘을 자랑하다 주워 온 돌로 세웠다는 고인돌이 지금까지 그 곁을 묵묵히 지키고 있기도 하다.

　　계백 장군에 관한 기록은 『삼국사기三國史記』 「계백열전」이 가장 앞선다. 아주 짧은 글이지만, 5,000 결사대의 맹장 계백의 비장한 각오와 투혼이 뛰어나게 묘사된 글이다. 이 글은 풍전등화의 국운 속에 목숨을 내건 전투를 목전에 두고 비장한 각오로 처자의 목을 친 다음, 병사들에게 결의를 다지는 대목이 거의 전부이다. 그러나 아주 충성스럽고도 용맹한 장군의 풍모가 저절로 떠오르는 명문名文이다. 계백 장군의 묘소는 충청남도 논산시 부적면 신풍리에 있다.

중학교에 다닐 때의 일이다. 이곳에 사는 친구들이 복숭아 서리를 해먹자고 꼬드기는 바람에, 어느 토요일 나는 자전거를 얻어 타고 이 부근의 충곡리에 온 적이 있다. 서리도 좋았지만, 장군의 묘소가 근처에 있다는 말에 얼른 따라나섰던 것이다. 그때 나는 일부러 장군의 묘소를 찾아뵌 일이 있다.

당시 장군의 묘소는 공동묘지 한가운데 쓸쓸하게 자리하고 있었다. 온전한 시신으로 묻히지 못한 채, 수급인지 투구인지가 묻혀 있다는 친구들의 말에 마음이 미어지듯 아팠던 기억이 지금도 새롭다.

역사 속의 패자에게 주어지는 서럽고 슬픈 장소로 각인되던 무덤이었으며, 망국의 한이란 게 이런 것이로구나 하며 가슴이 저릿했던 무덤이었다. 다만 한 가지, 주변의 여느 봉분보다는 다소 큰 모습이어서, 어린 마음에 그나마 위안이 되었던 무덤이었다.

이렇게 장군의 묘소라고 구전되던 것을 고증한 사람은 부여박물관장을 지낸 홍사준 선생이다. 그분 덕택에 이 묘소는 1989년 충청남도 지정 기념물이 되었다. 이곳을 장군의 묘소라고 지목한 것은 다음의 네 가지 이유에서이다.

먼저, 장군의 묘소가 정남향으로, 전형적인 백제식 장묘법에 따른 향이라는 점이다.

둘째, 묘소 뒷산이 장군의 충성심을 기린 충장산, 충혼

산, 충훈산으로 불리기도 하며, 장군의 목이 떨어진 산이라 해서 수락산首落山으로 불린다는 점이다.

셋째, 이곳의 지명이 시신을 가매장했다는 뜻을 지닌 가장假藏골이며, 바로 곁에 충곡리가 있고, 마을 주민들이 장군의 무덤이라고 구전口傳하며, 장군의 넋을 기리기 위해 해마다 묘제墓祭를 지낸 관행이 있었다는 점이다.

마지막으로, 최후의 결전장이었던 황산벌이 가까운 거리에 있으니, 패퇴하던 장군이 이곳에 이르러 전사했을 가능성이 무척 크다는 점이다.

묘소 앞에는 '百濟階伯將軍之墓(백제계백장군지묘)'라는 이름표를 단 비석이 우뚝하다. 얼마 전까지는 '傳(전할 전)'이란 글자가 앞에 붙어 있었다. 이제는 그 글자를 떼어 냈으니, 기정사실화하는 모양이다. 따져 보니, 장군이 자신의 이름을 분명하게 단 이 비석 하나를 얻는 데 무려 1,300년이 훨씬 넘은 세월을 소모한 셈이다. 당시 신라의 처지에서 보면 장군은 분명 상대하기 어렵던 적장이었으리라. 그러나 시신조차 거두어 주지 않은 처사는 사뭇 야속키만 하다.

장군의 묘는 대둔산을 조산으로 한다. 그런데 대둔산은 기이한 암벽이 절경을 자랑하는 산으로, 아주 험하고 거센 기를 지닌 산이다. 그런데 이 거친 용은 월성봉과 함박봉을 거치면서 점차 유순해지다가, 이곳 수락봉에 이르러 진행을 멈추었다. 논산시의 탑정 저수지를 만나 멈추어 선 것이다.

탑정 저수지는 일제 때 조성된 것으로, 이전에는 물길이 꽤 도도한 논산천이었다고 한다. 논산천은 대둔산 수락계곡에서 흘러내린 물이 양촌리를 지나 탑정리를 거쳐 논산시를 싸고 도는 샛강이 되어, 강경에서 금강 본류와 합쳐진다.

장군의 묘는 은진미륵과 연무대 어름에 솟은 산을 바라보며, 조산 대둔산에서

》가는 길

호남고속도로의 서대전이나 논산 나들목에서 빠져나와 1번 국도를 이용한다. 논산에서 대전 쪽으로 8km쯤이자, 연산에서 논산 쪽으로 6km쯤에 계백 장군 묘역을 가리키는 표지판이 나타난다. 표지판을 따라서 우회전을 해 10분가량 달리면 앞쪽에 논산 저수지가 잔잔한 수면을 드러낸다. 계백 장군의 묘는 이 저수지 옆 왼쪽 능선에 널찍한 모습으로 누워 있다.

흘러내린 물을 바라보는 형국이다. 전혀 풍수지리가 적용된 자리가 아니다. 아직 풍수이론이 정립된 시기도 아니지만, 살벌한 정복군의 눈을 피해 장군의 수급 혹은 투구를 가매장하느라 경황없던 백제의 유민들에게 좋은 자리를 바란다는 것 자체가 어불성설인 것이다.

이 용진처가 맺은 혈은 장군의 묘 아래쪽에 잔디가 깔린 빈자리이다. 장군의 묘역을 사적지로 조성하는 과정에서 이장해 나간 묏자리이다. 모두들 좋은 자리라고 감탄해 마지않는데, 일행이 한마디 한다.

"어떤 사람인지 이 좋은 자리에 정혈을 못 찾아 썼구만, 그러니 끝내 이장의 화를 입었지!"

장군의 묘는 이 용의 과룡처에 자리를 잡았다. 3대 내에 절손絕孫의 화를 면치 못한다는 과룡처이지만, 결전의 의지를 불태우기 위해 손수 처자의 목을 친 장군에게는 별다른 의미가 없는 자리이다. 오히려 좋지 않은 자리임에도 불구하고, 오늘날까지 수많은 참배객을 불러 모으고 있으니, 참으로 자리보다는 사람의 크기가 문제인가 보다! ▮

3. '광김' 과 사계 김장생 선생의 묘소

흔히 우리나라의 역대 명가名家를 꼽을 때 가장 먼저 꼽는 집안이 광산光山 김씨 金氏이다. 광산 김씨는 통상 '광김光金' 이라고 약칭하기도 하는데, 말 그대로 '빛나는 김씨' 가문인 것이다.

광산 김씨의 시조는 신라의 왕자였다고 하는 김흥광金興光이다. 그는 신라가 멸망의 길을 향해 내달리자, 가족들을 이끌고 오늘의 광주 근처인 무진주武珍州 서일동으로 피신해 자연을 벗 삼아 여생을 마쳤다고 한다. 그 후 후삼국을 통일한 고려 태조 왕건이 그를 광산부원군光山府院君으로 봉하자, 그때부터 후손들이 광산을 본관으로 삼았다는 것이다.

시조 김흥광이 모셔진 자리는 그가 살던 담양군 대전면 평장리로, 묘소는 없고 제단만이 남아 있다고 한다. 그곳에 다녀온 사람들의 얘기로는 천하의 대지大地라는 칭찬이다.

고려시대에 이미 8대에 걸쳐 연달아 '평장사平章事' 를 배출해서 담양군에 '평장리' 란 지명을 낳은 빛나는 가문 '광김' 은 조선조에 들어와 더욱 이름을 떨치게 된다. 이 과정에 결코 잊을 수 없는 인물이 사계沙溪 김장생金長生 선생의 7대 조모 양천陽川 허씨許氏 할머니(1377~1455)이다.

연산의 '광김' 들은 사계 선생의 8대조 김약채金若采에게서 시작되는데, 허씨 할머니는 바로 이분의 자부이셨다. 허씨 할머니는 태조 때 대사헌을 역임한 허응許應의 따님으로, 김문金問에게 시집을 왔다. 김문은 어린 나이로 과거에 급제해 한림

○ 양천 허씨 정려각

원을 드나들며 가문의 촉망을 받았으나, 불행히도 요절하고 말았다. 겨우 17살의 나이로 청상과부가 된 그녀를 불쌍히 여긴 친정에서 그녀를 개가시키려는 움직임이 보이자, 그녀는 유복자로 태어난 아들 철산鐵山을 등에 업고 개성에서 연산까지 500리나 되는 길을 걸어서 내려왔다.

그런데 전설에 따르면, 처음부터 호랑이 한 마리가 나타나 할머니를 호위하다가, 할머니가 연산 시댁에 무사히 도착하자 곧바로 사라졌다고 한다. 그래서 그때부터 마을 이름을 호유촌虎踰村이라고 불렀다고 한다.

허씨 할머니의 아들 철산은 국광國光 등 4형제를 낳았는데, 국광은 사계 선생의 5대조이다. 김국광은 세조와 예종 때에 병조판서, 우의정, 좌의정을 역임하면서 훗날 조선의 통치제도의 기틀이 된 『경국대전』의 편찬에도 참여하여, 조선시대 '광김'의 위상을 공고하게 했다.

그 후 '광김'의 후예들은 정치가나 세력가들보다는 학자적인 기풍을 지닌 인물들을 수다하게 배출하였다. 그 중에서도 '광김'을 우리나라 최고의 명가로 일으켜 세운 분은 바로 사계 김장생 선생이다.

　문묘文廟에 배향된 18현 가운데 부자가 함께 배향된 것은 선생과 아들 신독재愼獨齋 김집金集이 유일할 뿐더러, 사제師弟 세 사람이 함께 배향된 것도 선생과 제자들인 우암尤庵 송시열宋時烈, 동춘당同春堂 송준길宋浚吉의 경우가 유일하기 때문이다. 참으로 자랑스러운 기록인 것이다.

　'광김'의 영광은 선생의 사후에도 계속되는데, 만기萬基와 만중萬重의 형제 대제학에다가 만기, 진규鎭圭, 양택陽澤에 이르는 삼대 대제학이라는 진귀한 역사의 자취를 거푸 남겼기 때문이다.

　사계(1548~1631) 선생은 당시 대사헌을 지냈던 김계휘金繼輝의 아들로 태어나, 과거도 제쳐둔 채 율곡栗谷 이이李珥와 구봉龜峰 송익필宋翼弼 문하에서 예학禮學 연구에 전념하였다. 그러다가 몇 차례 학덕學德으로 추천되어 벼슬에 나가기도 하였는데, 선생의 뜻은 한결같이 학문의 연마와 후진의 양성에 있었다.

　그런 소신으로 인해 선생은 많은 세월을 초야에서 보냈지만, 그의 위치는 언제나 커다란 '산림山林'으로 조정에 인식되었다. 선생을 중심으로 기호 지방의 산간에 묻혀 학문에 주력한 일군의 학자들을 당시 조정에서는 '산림'이라고 일컬었는데, 이들의 여론은 조정 중진들의 의견보다도 훨씬 무게가 실리곤 하였다. 선생 이후로도 이 '산림'의 존재는 국가적인 중요한 사안에 적지 않은 영향을 끼치기도 하였다.

　아무튼 선생이 남긴 『가례집람家禮輯覽』과 『상례비요喪禮備要』 등의 예학 관련 저술은 조선 성리학의 큰 보배가 되었으며, 선생의 학문적 완성도를 보여주는 증거가 되었다. 선생은 또 우암과 동춘당은 물론이오, 이유태, 강석기, 이후원, 신미일 등의 많은 산림 학자를 양성하여 한국철학사를 찬연하게 빛냈다.

　선생의 아들로는 장남 은櫽과 차남 집集, 삼남 반槃이 있었는데, 불행히도 장남 은은 요절하고 선생의 학통은 차남 집이 물려받았다.

　김집(1574~1656)은 호가 신독재愼獨齋로, 18살에 진사과에 올라 1610년에

참봉 벼슬을 지내다가 광해군의 폭정을 보고 낙향
하였다. 인조반정 이후 다시 등용되어 몇몇 벼슬을
거쳤지만, 공서파功西派가 집권하자 다시 낙향을 하
였다. 그리고 효종이 즉위하자 재차 등용되어 예조
참판, 대사헌, 이조판서 등을 역임하였다.

사계 선생의 묘소는 논산시 연산면 고정리에 위치한다.
선생이 후진을 양성하던 돈암서원遯岩書院과 가까운 거리
이다.

선영은 6기의 묘가 두 줄로 늘어선 아주 큰 공간이다.
앞에서 뒤쪽으로 올려다보면, 왼쪽에 4기의 묘가, 오른쪽
에 2기의 묘가 줄을 지었다. 왼쪽 맨 앞에는 김공휘가 합
장되어 있고, 그 뒤에 김철산 부부의 묘가 각각 앞뒤로 섰
으며, 제일 뒤가 사계의 사촌인 김선생金善生의 묘이다. 그
리고 오른쪽 앞자리는 허씨 할머니가 차지했고, 그 뒤쪽으
로 얼마간 간격을 두고 사계의 묘가 섰다. 염수재念修齋란
재실이 그 앞을 지킨다.

옛날 우두산牛頭山으로 불리던 이 묘역의 주산은 오늘
날 고정산高井山으로 불린다. 대둔산에서 내려온 이 용맥
은 바랑산을 지나 곰티재를 넘어 국사봉, 매봉을 거쳐 왕

대골과 동성들을 거쳐 고정산을 솟아 올렸다.

거칠 것 하나 없이 전망 좋은 자리이다. 청룡은 짧지만 힘 있고 단정한 모습으로 귀한 형용이다. 백호는 더욱 좋다. 일자문성一字文星으로 주욱 뻗은 백호는 명당을 다정하게 품고 청룡 끝자락 너머로 유순하게 흘러 내안산이 되었다. 그리고 안쪽으로 곁가지가 너댓 자락 나와 명당을 더욱 포근하게 포개고 감쌌다. 득수처가 많은 형국인데, 이들은 합수가 되어 한 줄기로 빠져나간다.

명당 또한 매우 넓고 평탄한데, 재실 반대쪽의 논 가운데로 물이 솟아 자그마한 연못을 이루었다. 분명 진응수眞應水이다.

멀리 바깥 안산도 온화한 모습이다. 험하거나 사나운 기운을 보이는 봉우리가 전연 없는 편안한 산세이다. 오른쪽 끝으로 조산인 대둔산이 흰 구름을 이고 멀리 수려한 자태를 보인다. 대둔산 산정의 그 험한 바위들은 통 보이질 않는다. 선생의 성품이 그랬을까? 점잖은 학자적 기품이 가득 넘쳐 나는 분위기이다. 대단한 국세이다. 대대로 거유巨儒와 석학碩學을 낳은 가문이거늘, 단지 문필봉 하나가 없는 게 내심 섭섭할 뿐 아주 좋은 전방이다.

서운한 내 심정을 들은 정 선생의 설명에 의하면, 사계 선생은 '말 명당' 으로 유명한 순창의 김극뉴金克忸 묘소의 발복이란다. 그곳에는 아주 잘 생긴 문필봉이 대신 우뚝하게 솟아 있다는 것이다. 김극뉴는 김국광의 아들이다.

묘역의 뒷자락에 오솔길이 시작되는 언저리가 용이 몸을 꺾은 **박환처**剝換處이

다. 갑자기 몸을 꺾어 허전한 반대쪽에 귀석鬼石이 단단하게 받쳐 주었다. 그 너머로 박환처에 드는 바람을 막아 주기 위해 낙산이 봉긋하게 솟았다.

오르면서 좌우를 보니, 진행하는 용의 좌우를 받쳐 주고 찬바람이 드는 것을 막아 주는 지맥인 **요도지각**橈棹枝脚이 희미하지만 용맥을 따라 연이어 나타난다. 기세가 장엄하거나 힘찬 용은 아니고, 밝고 순하며 후덕한 용이다. 이는 **순룡**順龍과 **복룡**福龍에 해당하는 용이다. 묘역의 전방과 썩 잘 어울리는 매우 점잖은 용이다.

선생의 묘는 앞을 향해 오른쪽으로 몸을 튼 용의 왼쪽을 차지하고 곤좌간향坤坐艮向으로 앉았다. 물이 빠져나가는 파구破口의 방위는 계축향癸丑向이고, 오른쪽에서 흘러내린 물이 혈을 감싸며 명당의 왼쪽 앞으로 빠져나가는 우수도좌右水到左의 물길이다. 이를 88향법에 비추어 보면, 자생향自生向에 해당한다.

자생향은 물이 우수도좌하여야 하며, 정미파丁未破에 곤신향坤申向이거나, 신술파辛戌破에 건해향乾亥向, 계축

≋ **박환처**(剝換處) : 용이 몸을 트느라고 진행 방향과 반대쪽이 약간 튀어나온 곳.

≋ **요도지각**(橈棹枝脚) : 물살을 헤치고 나가는 배의 노처럼, 용의 진행 방향에 따라 몸통의 좌우에서 앞으로 뻗은 작은 지맥

≋ **순룡**(順龍) : 봉우리가 위에서부터 아래로 내려올수록 낮아지면서 좌우의 지맥이 본줄기를 감싸는 모양의 용을 가리키는데, 여러 신하들이 임금을 보좌하는 듯한 형세임.

≋ **복룡**(福龍) : 아주 귀한 형용의 조산에다 좌우에서 호종하는 산들이 조밀해서 복 있는 사람

파癸丑破에 간인향艮寅向, 을진파乙辰破에 손사향巽巳向이 이에 해당한다. 자생향은 고립무원의 어려운 지경에서도 살길을 만나 스스로 일어서는 향이다. 아침에는 가난해도 저녁이면 곧 부를 이룰 정도로 발복이 매우 빠르고, 자손이 번창하며 부귀를 이룬다는 좋은 향이다.

바른쪽으로 꺾은 용맥을 따라 4기의 묘가 나란히 섰다. 구슬을 꿴 듯 줄지어 혈을 맺은 연주혈連珠穴이다. 꼼꼼하게 살펴보면, 김선생의 묘가 세워진 자리의 기세가 가장 좋다. 그 아래로는 기세가 한풀 꺾여 내려갔다.

김선생의 자리가 이 묘역에서 가장 좋은 이유는 다음과 같이 설명할 수도 있다.

아래쪽에서 솟는 진응수와 위쪽에 선 낙산을 한 줄로 그어 보면, 이 선이 용맥과 교차하는 지점은 정확하게 김선생의 묘이다. 이것으로 보아도 김선생의 자리가 가장 좋은 혈이 된다.

버스가 농로를 따라 내려간다. 왼쪽 산자락이 '광김' 들의 산소로 일색이다. 모두 갓비에 문인석을 앞에 두었으니, 이것만 봐도 이 집안의 번영을 충분히 짐작하고도 남음이 있다.

그리고 사계 선생의 조부 김호金鎬(1505~1561)와 부친 김계휘(1526~1582)를 모신 곳은 허씨 할머니의 정려문이 서 있는 아랫마을 뒷자락이다. 김량金粱의 묘도 그곳에 있는데, 모두가 좋은 자리이다. 우리나라 제일의 가문 '광김' 들의 풍수지리에 관한 안목이 엿보인다 ■

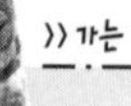

사계 선생의 묘는 논산시 연산면 고정리에 위치한다. 연산에서 논산 쪽으로 4㎞쯤 내려간 1번 국도 안쪽으로, 선생께서 후진을 양성하시던 돈암서원遯岩書院과 가까운 거리이다. 돈암서원에서 대전 쪽으로 100m쯤 올라가면, 오른쪽에 한전리 버스 정류장이 있다. 그 옆에 사계 선생의 묘역을 가리키는 표지석이 서 있는데, 여기서 안내에 따라 냇가에 조성된 콘크리트 포장의 농로로 접어들어 2.5km 가량 계속 직진하면, 길 끝에 묘역 앞의 주차장이 나온다.

풍수지리의 시조 도선 국사(2)

도선 국사가 풍수설을 누구한테서 배웠는가 하는 설은 여러 학설이 있다. 도선이 입적한 후 252년이 지난 고려시대 최유청崔唯淸이 지은 비문에 의하면, 도선이 출가하여 지리산 구령에 머물 때 이인異人에게서 배웠는데, 그는 도선에게 모래를 쌓아 산천의 순역順逆을 보여주면서 풍수를 전수했다고 한다. 또 다른 주장은 도선이 당나라에 유학하여 승려인 장일행張一行(712~756)에게서 배웠다고 한다. 그러나 도선은 신라 덕흥왕 2년(827)에 태어나 효공왕 2년(898)까지 살았고, 일행은 당 현종 때의 인물로 도선과는 약 100년 정도 시대 차이가 난다. 또 도선의 전기傳記에도 당나라에 갔다는 기록이 없다.

도선은 37세가 되던 경문왕 4년(864)에 지금의 전라남도 광양군인 희양현曦陽縣에 있는 백계산白鷄山 옥룡사玉龍寺에 35년간 머물면서, 전국에서 구름처럼 모여드는 학도들을 가르치다가, 효공왕 2년(898)에 72세로 입적하였다.

4. 개태사와 새 도읍터를 차지한 계룡대

1번 국도로 접어든 버스가 연산면을 지나 계룡대를 향한다. 조선시대의 연산은 현縣이 있던 고읍古邑이었는데, 지금은 신흥 도시인 논산과 대전 사이에 끼어 치이고 말았다.

오른쪽 창으로 개태사開泰寺가 지나간다. 고려 태조 왕건의 복전福田이었던 사찰이다. 당시만 해도 수많은 승려들이 머물러 수행 정진하던 사찰이었는데, 이곳도 연산처럼 퇴락하고 말았다. 그러나 아직도 경내에는 한 가마니의 밥을 하고도 남을 만치 커다란 무쇠솥이 보전되어 옛 영화를 되새기게 한다.

'아, 그렇구나! 바로 그거로구나!'

문득 나는 무릎을 치고 말았다. 여러 가지 정황으로 볼 때, 견훤의 묘는 필시 많은 사람들의 의견대로 아주 좋지 않은 자리라는 심증이 순간 굳어졌다.

새롭게 넓고 큰 세상을 연다는 이름의 '개태사'가 하필 이곳에 세워진 연유는 어떻게 설명되어야 하는가? 왕건과는 전연 관련이 없는 이 계룡산의 저 한쪽 끝자락에 개태사가 세워진 연유는 도대체 무엇인가? 더욱이 이곳은 견훤이 비통한 죽음을 맞이했다고 여겨지는 '황산불사'가 아니던가? 황산불사黃山佛寺를 고유명사라기보다는 '누루뫼'에 있는 불교 사찰이란 뜻의 보통명사로 본다면, 개태사는 필시 견훤이 최후를 맞은 곳이다.

개태사의 그 많은 승려는 분명 순수하게 도를 닦는 학승이나, 선승이 아니었으리라. 이들은 무예를 겸비한 이른바 승군僧軍으로서, 후백제의 부흥군이 일어나는 것을 사전에 막기 위해 이곳에 상주해 있었으리라.

그래서일까? 이곳에 모셔진 부처의 얼굴은 인자한 모습이 아니다. 놀랍도록 험상궂은 표정이다. 확대 해석하면, 부흥을 꿈꾸는 이곳 유민들을 윽박지르는 형상이다.

참으로 대적하기 힘들었던 견훤이 이곳에서 죽자, 왕건은 얼씨구나 이 절을 자신의 복전으로 삼아 개태사란 새로운 이름을 내린 다음, 이 절을 크게 일으켜 수많은 승군을 주둔케 하여 후백제의 부흥군 세력이 결코 일어날 수 없도록 고려의 복전으로 삼은 것이다.

그리고 견훤의 성씨인 견甄은 '질그릇 견'이라고도 읽지만, '바로잡을 진'으로도 읽히는 글자이다. 그런데 일부 역사 학자들은 '견훤'을 '진훤'으로 읽어야 한다고 주장한다.

후삼국을 호령하던 가장 강력한 진훤을 운명적으로 결코 용이 될 수 없는 지렁이(견蚓)로 깎아내리기 위해서는,

'甄'을 반드시 '견'으로 읽어야만 했기 때문이다. 이런 음모의 배경 속에서 나온 것이 날조된 '견훤'의 탄생설화였고, 또 사망설화였던 것이다.

그리고 또 하나, '견'으로 읽어야만 세상을 교화敎化시켜 바로잡겠다고 후백제로 일어선 진훤의 웅대한 꿈과 의지를 말살시킬 수 있기 때문이다. 살아생전 자신의 원대하고 고결한 꿈을 한시라도 잊지 않기 위해, 스스로 이李씨에서 진甄씨로 바꾼 진훤이 아니었던가?

이렇게 철저하게 짓밟고도 왕건은 진훤의 후예들이 끝내 무서웠던 모양이었다. 그래서 그는 임종을 앞두고 남긴 「훈요십조訓要十條」에서, 차현車峴 아래쪽 금강錦江 이남의 사람은 절대 등용치 말라고 못을 박았다. 이들은 나라를 위태롭게 하는 존재들이라고까지 덧붙였다.

결국 훈요십조 8항은 진훤에 대한 한없는 탄압이자, 복수의 표현이었다. 나아가 죽은 진훤에 대해서도 왕건의 두려움이 얼마나 컸는가를 역설적으로 보여주는 표현이었던 것이다.

그러니 왕건이 과연 진훤에게 좋은 자리를 주었을까? 필시 씨를 말리는 극히 흉악한 자리를 주었으리라.

비참한 패배의 역사 속으로, 하찮은 닭에게 속절없이 잡아먹히고 만 한 마리 지렁이가 되어 한없이 추락해 버린 진훤의 참모습은 언제나 다시 밝혀질는지? 1,400년이 넘는 세월의 강을 넘어, 비로소 자신의 이름을 단 비석 하나를 얻은 계백과 같

은 슬픔을 지닌 역사의 패배자이자, 비운의 진훤이다.

원정고개를 지나면 계룡대이다. 널리 알려졌듯이, 계룡대 자리는 본래 조선 태조 이성계가 도읍코자 했던 곳이다. 그 역사의 자취는 원정고개 안쪽에 신도新都라는 이름의 간이역을 남겼다.

우리가 어린 시절에는 계룡대 안쪽의 무속 천지를 '**신도안**'이라고 불렀다. 신도의 안쪽에 있는 마을이란 뜻으로, 그렇게 부른 것이다. 이전의 신도안은 사이비 종교 단체와 무속이 극성을 부리던 곳이다. 비결서秘訣書에 등장하는 새 시대의 선지자, 불경에서 말하는 내세의 미륵불, 혹은 성경 속의 재림 예수를 자칭하는 인간 군상들이 들끓었던 곳이다.

70년대 중반 대학 초년 시절에 나는 이곳을 방문한 적이 있었는데, 200여 가구에 얼추 150개의 종교 · 종파가 이곳을 차지하고 있었다. 그러나 그들은 결국 계룡대의 건립 계획과 함께 대전의 보문산, 대구의 팔공산 등으로 뿔뿔이 흩어져 버리고 말았다.

계룡대 앞쪽으로 달리던 버스가 마지막 사거리를 바로 지나 멈췄다. 더 이상 진입할 수 없도록 바리케이트를 친 곳이다. 삼군三軍 본부 쪽에서 흘러내리는 개천의 다리 위이기도 하다. 군사기밀 지역인 까닭에 부득이 그곳에 버스를 세운 것이다.

신도안의 주산은 계룡산의 주봉인 천황봉天皇峰이다. 우리나라의 명산 가운데 천황봉이란 매우 큰 이름의 봉우리를 지니고 있는 산은 지리산, 태백산, 속리산 등이 있다. 모두가 선계仙界의 기운이 감도는 명산들인데, 이 산들의 제일 높은 봉우리가 천황봉이다. 하나같이 신령스럽게 모시는 봉우리들이다. 간혹은 천왕봉이라고도 한다.

계룡산의 천황봉 역시 하늘나라 상제께서 머무시는 신성한 봉우리이자, 선계의 해맑은 영기가 뿜어져 나오는 영험한 봉우리이다. 신도안 후면에 떡 버티고 선 이 계룡산 천황봉은 좌우의 균형이 아주 잘 잡힌 수려한 자태인데, 꼭대기에 군사용 통신 시설이 솟아 있다.

그리고 서쪽으로 마치 한 일(一)자를 그은 듯한 능선이 가지런히 앞을 향해 백호가 되어 뻗었다. 이는 상제의 주변에 둘러쳐진 병풍의 역할을 하는 **어병사**御屛砂로, 아주 귀한 형용이다.

이 어병사의 앞쪽이자 팔각형 건물의 뒤에는 자로 그은 듯 반듯하게 일자로 선 야산이 또 하나 있다. 이곳이 중봉中峰이라고 불리는 봉우리인데, 어안御案의 모습으로 **어대사**御臺砂이다. 상제께서 집무를 보시는 병풍 앞의 책상에 해당하는 진기한 모습이다.

이 어병사와 천황봉 기슭이 만나는 곳에 암용추 계곡이 숨어 있다. 천황봉을 따라 내린 맑은 물이 용소龍沼를 이룬 곳으로, 승천을 앞둔 용이 잠시 머무는 곳이다. 그 옆으로 숫용추계곡이 따로 있다. 모두가 비경인데, 지금은 일반인들의 출입이

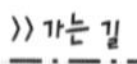

>> 가는 길

개태사는 논산시 연산면 천호리에 있다. 1번 국도를 타고 논산에서 대전 방향으로 가다 보면 개태사역에 조금 못 미처 오른쪽으로 개태사가 보인다. 계룡대는 논산에서 대전 방향으로 가거나, 대전에서 동학사 입구 쪽으로 가면 도로 안내판이 친절하게 서 있다. 지금은 계룡시로 승격되었다.

제한되어 아쉬운 곳이다.

그리고 암용추계곡에서 오른쪽으로 살짝 비껴 얼마간 내려오면 아래쪽에 시커멓게 누운 조그만 야산 하나가 보인다. 서울을 향해 진격하던 동학교도들이 짚신에 묻은 흙을 털다가 만들어졌다는 신털이봉이다.

이 신털이봉의 뒤쪽이자 천황봉 중앙의 기슭에는, 아직도 신도를 건설하려다 만 흔적이 주춧돌로 남아 있다. 지난날의 내 기억으로는 엄청나게 크고 많은 양이었는데, 지금은 상당수가 없어졌다고 한다.

천황봉의 왼쪽 어깨인 청룡 너머에 기이한 형용으로 얼굴을 내민 봉우리가 삼불봉三佛峰이다. 마치 부처를 닮은 듯한 세 개의 봉우리라는 뜻에서 이름 붙여진 동학사東鶴寺 뒷편의 연봉連峰이다. 하늘나라 상제를 보필하는 세 분의 부처님이시니, 참으로 존귀한 형용이다.

앞에서 살펴본 대로, 신도안은 **상제봉조형**上帝奉朝形의 명혈이다. 하늘나라 상제께서 몸소 조회를 주관하시는 모양을 한 대길지大吉地이다.

좌우의 청룡과 백호는 기울어지거나 끊어진 곳 없이 온화하게 혈을 감싸고 있다. 험상궂거나 패려궂은 모습은 어디에도 찾아볼 수 없다. 유순하고 친근한 산세로, 대체로

≋**어병사**(御屏砂) : 병풍을 펴놓은 듯 원형의 봉우리들이 여러 개 연결되어 있는 것.

≋**어대사**(御臺砂) : 임금의 책상처럼 생긴 산.

≋**상제봉조형**(上帝奉朝形) : 상제가 조회를 주관하는 모양을 한 형세를 지닌 혈의 이름.

같은 높이에 같은 길이를 하고 양쪽으로 감돌고 있다. 모두가 차별 없이 정답게 살아가는 밝은 내일을 기약하는 형세이다.

돌아보니, 군인아파트 단지 뒤쪽으로 완만하게 생긴 야산들이 겹쳐져 부드러운 이랑을 이루었다. 상제봉조형의 혈에 걸맞도록 신선들이 둘러 선 모습이다.

신도안은 조산인 대둔산을 돌아보는 회룡고조형回龍顧祖形의 형세이기도 하다.

대둔산은 두계역 쪽의 들판 끄트머리에 누워 있는 능선 뒤로 보인다. 해발 845m의 계룡산보다 다소 높은 878m의 대둔산은 하늘에 떠 있는 구름 모양이니, 신선들이 타고 다니는 상운사祥雲砂이다. 신도안 방향에서 내다보면, 깜짝 놀랄 만큼 수더분한 대둔산이다.

신도안을 새 나라의 새로운 도읍터로, 천 년의 길지로 잡은 사람은 권중화權仲和였다. 그러나 이 계획은 곧바로 수포로 돌아가고 말았다. 하륜河崙, 정도전鄭道傳을 위시한 일군의 신하들이 강력하게 반대를 한 까닭이다.

하륜은 신도안이 도읍터로 적당치 않은 이유를 다음과 같이 들었다.

먼저 너무 남쪽으로 치우쳤고, 여기에 물길까지 없어 원활한 운송 체계를 구비할 수 없다는 약점 때문이다. 그리고 송宋나라 호순신胡舜申의 풍수 이론에 따르면, 파구가 손파巽破이니 건해룡乾亥龍과는 전혀 어울리지 않는 흉한 방위라는 주장이었다.

내 기억으로, 암용추와 숫용추 계곡에서 흘러내린 물은 중봉 앞에서 만나 차도 곁을 따라 흘러내려 두계역 앞으로 빠져나간다. 그러나 현재 서 있는 위치가 제 위치가 아닌지라, 정확한 파구 방위를 재 볼 수 없어 막연하였다. 게다가 관개수로 공사를 거쳐 그 위에 조성된 신시가지인 탓에 물길 또한 옛 모습을 잃었다. 원형을 얼마간 상실한 것이다.

아무튼 신도안은 조선 왕조를 위한 땅이 아니었다. 그래서 한양으로 새로운 도읍터가 결정되었고, 이곳에는 중지된 공사로 남은 주춧돌만 나뒹굴게 되었다. 그저 비기秘記 류의 예언처럼 '정도령'으로 집약되는 선지자의 출현을 기다리는 땅이 된 것이다.

서울의 지기地氣가 사라진 다음에야 그 빛을 발할 터로 600년 전에 신도안은 한 발 물러섰는데, 1983년 이곳에 계룡대가 불쑥 들어섰으니 이 어찌된 까닭인가? 21

세기 초반에 나타날 선지자를 위해 어느 누구도 함부로 손 댈 수 없도록 군 시설물이 들어선 것일까? 계룡산이 품은 신령한 정기를 그때가 되면 한꺼번에 마음껏 쏟아내라고, 먼저 군 시설물을 들어오게 하여 잡인들의 출입을 봉쇄하 고 계룡산으로 하여금 그 기운을 갈무리시키고 있는 것은 혹 아닐까? ▩

5. 호국의 영령들이 편히 잠든 현충원

동학사 입구에서 대전을 향하면 곧바로 박정자고개가 나온다. 그 아래에 박세리 선수로 인해 유명해진 유성골프장 있는데, 맞은편이 제2국립묘지 현충원顯忠苑이다. 서울의 동작동 국립묘지가 과포화 상태에 이르자, 자리를 옮겨 새로이 조성한 곳이다. 신도안이나, 유성 톨게이트에서 10분가량 걸리는 거리이다.

박정희 대통령이 작고하기 전 해에 지창룡池昌龍 씨와 함께 도면을 보고 이곳을 점지한 다음, 헬기를 타고 상공에서 결정한 자리라고 한다. 이곳은 원래 연안 이씨들의 종산宗山이었는데, 서슬이 시퍼런 군부의 힘 앞에 내줄 수밖에 없었다고 한다.

제단 뒤로 동그랗게 솟은 산이 옥녀봉이고, 그 바로 뒤에 우뚝 솟아 옥녀봉을 떠받치고 있는 문필봉이 갑하산이다. 옥녀봉과 갑하산 모두가 현충원의 정점에 해당하는 주산 노릇을 하고 있다. 이 주산들은 계룡산을 태조산으로 한다. 동학사 앞쪽의 산자락이 길을 건너 공주 쪽으로 흘러 백운봉을 솟아 올리고, 길을 건너 다시 갑하산을 솟아 올렸다. 그리고 갑하산에서 내린 중출맥은 옥녀봉을 기봉하고, 그 앞에다 혈을 맺은 것이다.

위치를 조금 옮겨서 보니, 갑하산에서 내려온 용맥이 매우 가파르다. 옥녀봉의 앞 또한 가파른데, 혈을 맺을 즈음에 이르러서는 기울기를 갑자기 늦추고 천천히 몸을 눕혔다. '급急이면 완緩이라'고, 급한 산세는 아래쪽 완만한 곳에 혈을 맺는 이치이다.

물길이 서에서 동으로 흐른다는 이곳은 연화부수형蓮花浮水形이라는 이름에 어

울리게 사방으로 고운 문필봉들이 연꽃 잎처럼 솟았다. 동남향으로 밝고 따뜻하며, 사위가 고요하고 차분한 느낌이 드는 길지이다. 아늑하고 포근해서 영령들이 편안한 잠을 잘 수 있는 터이다.

그러나 바꾸어 생각하면, 이곳은 대학교가 들어오기에 딱 알맞은 자리이기도 하다. 문필봉들이 사방을 둘러싸서 훌륭한 인재를 기약하기 때문이다. 더욱이 연화부수형에 들어앉은 옥녀는 침착한 사유와 조신한 몸가짐을 상징한다고 볼 수도 있다.

'장군 묘역' 쪽으로 돌아나가자는 제의에, 버스는 육중한 몸을 이리저리 가누기 시작하였다. 먼저 사병들의 묘역이 이어진다. 하나하나 안타까운 젊음이 나라를 위해 목숨 바쳐 한 줌의 재로 이곳에 묻혔다. 문득 떠오르는 몇몇의 얼굴에 코끝이 찡하다. '장군 묘역'은 현충문의 뒤쪽이자 옥녀봉의 오른쪽 앞자락에 위치한다. 계곡에 들어앉은 탓일까? 스치는 차창에서 얼른 보기에는 앞이 막혀 답답할 듯한 자리이다. 빈 자리가 많다.

'애국지사 2묘역'이 이어서 나타난다. '장군 묘역'보다는 훨씬 밝고 널찍한 모습이다. 산자락이 평지처럼 순탄하고, 앞쪽이 가려져 바람이 들지 않는 포근한 자리로 여겨진다 ▪

》가는 길

호남고속도로의 유성나들목에서 나와 좌회전을 해서 100m 가량 야트막한 언덕을 내려가 다시 우회전을 한 다음, 계룡산 쪽으로 2.5km를 가면 오른쪽으로 현충원 입구가 나타난다.

6. 자운대에 가려진 수운교 본부

자운대는 삼군三軍의 대학과 제2국군병원, 통신학교 등등이 들어선 군사시설단지를 일컫는 이름이다. 유성구 자운동에 자리한 탓에 자운대란 이름을 얻었는데, 통상 '숯골' 로 불리던 지역이다.

자운대는 충남대학교 서문을 지나 대덕연구단지와 호남고속도로 사이에 난 유성↔신탄진을 잇는 구도로 중간의 신성동에서 북쪽으로 들어간 곳이다. 이곳이 세상에 널리 알려지게 된 것은 1929년 수운교 본부가 들어온 다음부터이다. 그 후 일사후퇴 때 월남한 실향민들이 모여들었는데, 그들의 솜씨가 빚어 낸 평양냉면과 꿩만두로 대전 시민들에게 더욱 유명해졌다.

그러다가 용산의 미8군이 이곳으로 이전한다는 계획에 반대하는 시위가 연이어 일어나고 시끄럽더니, 1983년 곧장 자운대 건립 계획이 공포되었다. 결국 이곳에 살던 수운교도들은 터전을 잃어버리고 외지로 흩어져 나가고, 수운교 본부만이 산

자락에 외로이 남게 되었다. 그 후 자운대의 시설물에 가려지고, 입구 검문소의 껄끄러운 통제로 인해 수운교 본부는 한층 외로운 곳이 되고 말았다.

수운교는 구한말의 승려 이상룡李象龍이 세운 종교로, 1860년 무극대도無極大道를 대각성도大覺成道한 수운 최제우(1824~1864) 선생을 교조로 모시고 세운 종교이다. 초기에는 동학혁명을 일으킬 정도로 아주 대단한 교세였는데, 일제 강점기를 거치면서 차츰 지리멸렬하다가 교조 문제로 천도교와 내부 갈등을 일으켜 마침내 1923년 분리되어, 이곳으로 일부 옮겨온 종교이다. 1929년에는 본부마저 현 위치로 들어오게 되었다.

그 후 1936년 일제의 압제에 의해 미타교彌陀敎로 개칭되다가, 해방을 맞아 비로소 다시 수운교로 회복하였다. 1961년에는 5·16 쿠데타를 맞아 억지로 민족종교연합인 동도교東道敎로 통합되었다가, 1964년 연합을 탈퇴하여 다시 수운교로 복구되기도 하였다. 그러다가 자운대가 들어서면서 교세가 더욱 위축되었는데, 아직도 자운대 수용 부지 보상 문제로 정부와 법정 싸움이 진행중이기도 하다.

수운교는 동학혁명을 이끌었던 동학東學의 정통임을 자처하는데, 교리는 한마디로 유·불·선의 합일 사상이다.

○ 수운교 본부가 들어서 있는 금병산의 전경

수운교의 삼대원三大願은 세상에 덕을 베풀라는 포덕천하布德天下, 만백성을 널리 구제하라는 광제창생廣濟蒼生, 나랏일에 힘을 쏟아 백성들을 편안케 하라는 보국안민輔國安民으로, 동학의 '사람 공경하기를 하늘 공경하듯 하라'는 인내천人乃天 사상을 견지하고 있다.

수운교 본부는 금병산錦屛山을 등지고 있다. 이름 그대로 능선이 거의 수평을 이루어 비단 병풍처럼 반듯하고 아름다운 산이다. 멀리서도 바라보이는 크기도 크기지만, 수려하고 단아한 기품이 아주 그만인 산이다.

그리고 그 앞쪽으로 또 조그만 일자문성이 자리를 잡고 있는데, 본부를 향해 들어가는 좁은 찻길이 중앙을 가로지른다. 수운교 본부의 자리가 신선이 독서하는 형세를 한 선인독서형仙人讀書形의 명혈이니, 이는 병풍 앞에 펼친 책상에 해당하는 셈이다.

게다가 이곳이 선계의 자주색 구름 피어오른다는 자운동이 아니던가? 푸근하면서도 신령한 느낌이 절로 드는 자리이다.

수운교 본부의 태조산도 계룡산이다. 계룡산에서 나온 용맥은 백운봉과 현충원의 주산 갑하산으로 뻗어, 다시 진행을 계속해 우산봉을 올린 뒤 금병산을 만들고 주저앉았다. 금병산은 해발 340m밖에 안 되는 산이지만, 상당히 넓게 자리를 차지한 산이다.

혈의 정중앙에는 도솔천兜率天이란 현액을 단 건물이 자리 잡고 있다. 지상천국을 건설하려는 수운교의 이념에 따라 상징적으로 세워진 건물이다.

본래 도솔천은 불교의 우주관에서 나오는 하늘의 이름이다. 도솔천은 수미산 꼭대기의 위쪽에 있는데, 이곳에는 일곱 가지 보석으로 단장된 아름다운 궁궐에 한량없는 사람들이 살고 있다고 한다. 특히 사바세계에 나는 모든 부처님들께서 반

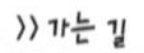

자운대는 대덕밸리나들목에서 나오자마자 좌회전을 한 다음, 1.2km쯤 가다 보면 화암사거리가 나오는데, 다시 여기에서 우회전을 해서 유성↔신탄진을 잇는 도로를 따라 3km쯤 가서 표지판을 보고 우회전을 하면 나온다. 수운교 본부는 자운대의 건물 뒤에 있다.

드시 이 하늘에 계시다가 성불을 한다는 아주 성스러운 하늘이다.

도솔천 좌우로는 내청룡과 내백호가 바짝 붙어서 내려간다. 특히 청룡은 야트막하게 깎여 나갔지만, 이전에는 제법 높은 지세였다고 한다. 내청룡과 내백호가 도솔천을 품은 모습이 여간 아니다. 단단하고도 꼭꼭 여며서 도솔천이 지닌 선기仙氣가 전연 빠져나갈 수 없도록 하였다. 향도 남향이어서, 종교적 숭모 대상을 모시기에도 꼭 알맞은 자리이다.

외청룡과 외백호도 멀찍이 혈을 감싸고 기세 좋게 뻗어 내렸다. 명당도 널찍하고 평평하며 아름다운 모습이다.

가운데 저쪽으로 호남고속도로가 지나간다. 너머로는 대덕대학이 자리 잡은 야트막한 산이 내다보인다. 주변의 산들도 한결같이 편안하게 누워 있다. 대단한 보국으로, 신도안보다 좋아 보인다.

내명당의 끝자락 능선에는 둔산 지역의 아파트들이 머리를 내밀었다. 그곳도 10여 년 전에는 꽤 너른 들이었다. 따라서 아주 좋은 외명당이다.

도솔천 뒤쪽에는 능선을 따라 오솔길이 났다. 밖에서 본 감각으로 미루어서는 아주 가파른 산길일 줄 알았는데, 전혀 의외로 완만하고 평탄한 오솔길이다. 좌우의 송림이 시원하게 그늘을 드리워 산책로로 안성맞춤이다 싶은데, 유모차에 아이를 실은 할머니가 보인다.

병풍처럼 생긴 능선에서 급히 내려온 용이 중간의 어디쯤에선가 유순한 용으로 기울기를 바꾼 모양이다. 평강룡平岡龍이다. 용의 등줄기로는 소나무들이 들떠 있다.

길도 좋고 용도 좋아 과협처까지 가고 싶은 마음인데, 뒤에서 그만 돌아가자고 부른다. 되돌아 발길을 내딛다가 문득 던진 시선 끝에 사철란 몇 포기가 잡힌다. 작아도 고결한 난초인데, 네가 여기 있었구나! 반가운 마음이다. 실제로, 사철란과 옥잠난초는 계룡산 주위에 흔한 난초들이다. 오늘은 영 눈에 띄지 않더니 이제야 만난 것이다.

내려오던 행렬은 봉령각鳳靈閣으로 머리를 향하였다. 봉령각은 수운 선생이 깨달음을 얻은 곳으로, 이 또한 기가 막히게 좋은 자리이다.

봉령각은 수운교 본부의 관리소가 있는 선인교仙人橋에서 바로 숲으로 꺾어들면 나타난다. 다리에서 50m가량 올라간 지점이다. 재미있는 것은 봉령각 뒤쪽에 또 하나의 작은 일자문성이 누워 봉령각을 받치고 있는 점이다.

봉령각의 용 또한 매우 힘이 넘치는 용이다. 그리고 봉령각에서 30m정도 올라가면 눈여겨볼 만한 이 용의 과협처가 나온다. 쏟아지듯 돌진해 오던 용이 이곳에 이르러 시원하게 서너 차례 굽이치며 결인속기를 하였다. 이 용은 좌우에 물길을 거느리고 내려왔는데, 까닭에 과협처가 뚜렷한 형상을 이루었다. 가히 교과서라 이를 만한 형상이라며 모두가 감탄을 한다. 그 왼쪽에는 영송사가 선명하다.

방향을 재 보니, 이 용은 간인艮寅방에서 내려와 병오丙午방으로 들어간 용이다. 봉령각은 혈의 한가운데를 차지하였다.

용의 좌우를 호위하며 내려오던 두 물줄기는 혈을 껴안고 둥글게 돌아 흘러, 다시 제 갈 길을 찾아 내려갔다. 바짝 낀 양수협출이니, 이 또한 혈이 품은 수기秀氣를 물샐 틈 없이 감싸고 있는 형국이다. 이 기운들이 뭉쳐 커다란 깨우침을 불러온 모양이다.

뒤꼍으로 가 보니, 뒷담장 아래에 돌로 새긴 거북이 한 마리가 촛대를 끼고 앉아

있다. 거북이의 꼬리는 담장 너머에서 들어온 용의 방향을 향했고, 머리는 봉령각의 건물 중앙을 향하였다. 뒤울을 만드는 과정에서 깎여 나간 용맥 역할을 이 거북이가 대신하고 있는 중이었다. 새삼 옛사람들의 풍수에 대한 식견과 배려가 어느 정도였는지 몸에 와 닿는다.

봉령각 건물의 내부를 구경하고 앞쪽을 바라보니, 이곳의 전방도 말할 것 없이 좋다. 도솔천에서 보는 것과 크게 다르지 않다. 포근하고 해맑은 분위기가 샘솟는 자리이다. 참으로 깨우침을 주는 장소답다는 느낌이 절로 든다 ▪

7. 금빛 까마귀가 시신을 쪼는 김반의 묘소

　　김반(1580~1640)은 사계 선생의 삼남이다. 광해군이 즉위하던 1601년 사마시에 급제하여 성균관 유생이 되었다가, 계축옥사 때 일시 낙향을 하였다. 10여 년을 은거하던 그는 인조반정 후 문과에 급제하여 형조좌랑, 대사간, 대사헌, 이조판서 등 여러 중직을 역임하였다. 병자호란 때는 인조를 모시고 남한산성에 피난을 가서 아들 익희益熙와 전투를 감독하고 격려하기도 하였다. 그의 부인 서씨와 작은 아들 익겸益兼은 강화도에서 순절하였다.

　　엑스포 톨게이트에서 대덕연구단지로 들어오다 보면, 호남고속도로가 고가도로가 되어 머리 위로 지나는 화암사거리가 나온다. 이 사거리에서 좌회전을 해서 국립과학수사연구소와 정보통신대학원 앞을 지나 언덕을 넘어 엑스포아파트 방향으로 곧게 달리면, 잠시 후 왼쪽으로 전민제일교회가 우뚝하게 나타난다. 그 뒤쪽 능선에 김반의 묘가 있다. 김반의 묘역은 아주 큰데, 대략 축구장 3배 이상은 되는 크기이다.

　　이곳은 **금오탁시형**金烏啄屍形이란 이름을 지닌 혈이다. 금오탁시형이란 금빛 까마귀가 시신을 쪼는 형국을 뜻한다.

　　그런 이름을 갖게 된 이유는 묘소의 뒤쪽으로 적오산이 있고, 앞쪽으로 마치 시신의 모습을 한 구릉 하나가 횡으로 누워 있기 때문이다. 적오산은 대전전자공고 뒷산에 해당한다.

그런데 까마귀가 시신을 앞에 두고 있으니 얼마나 기운이 솟고 구미가 당기겠는가? 그래서일까, 이 묘소의 발복으로 김반은 정승 셋과 일곱 명의 대제학을 후손으로 두었다는 이야기가 전해온다.

전방을 바라보니, 먼저 대체로 다소곳하게 늘어선 일자문성이 안산으로 눈에 들어온다. 그리고 발아래 저쪽에 엎드려 죽은 형상을 한 시신사屍身砂가 잡힌다.

내청룡은 혈을 바라보며 둥그스름한 곡선으로 다가드는데 끝이 다소 좋지 않다. 내백호도 혈을 감싸기는 감싸는데, 대체로 얕은데다가 모양도 울퉁불퉁 순탄치가 않다. **입수도두처**入首倒頭處는 묘의 바로 위에 있고, 순전脣氈은 더 북돋운 형상이다.

그런데 자세히 보면, 안산도 썩 좋은 모습이 아니다. 오른쪽으로 작은 두 지맥이 삐져나와 비스듬히 내백호를 치고 있다. 슬쩍 비껴 나갔지만 결코 좋아 보이지는 않는다. 내백호가 편안하지만은 않은 형상이다. 게다가 중앙의 약간 왼쪽으로 검은빛의 계곡 하나가 웅크리고 있다. 마치 칼로 도려낸 듯한 모습으로 혈을 찌른다. **요풍**凹風이 걱정스럽다.

금오탁시형이라는 특이한 이름의 보기 드문 혈에 대한 지나친 기대 때문이었을까? 안 좋게 보려니까 그런 것일

≈≈ **금오탁시형**(金烏啄屍形) : 금빛 까마귀가 시신을 쪼는 형국의 혈을 가리키는 이름.

≈≈ **입수도두처**(入首倒頭處) : 혈 뒤에 약간 볼록하게 튀어나온 부분을 가리키는데, 용에서 공급되는 생기를 저장해 놓았다가 혈에서 필요한 만큼의 생기를 공급해 주는 역할을 하는 곳.

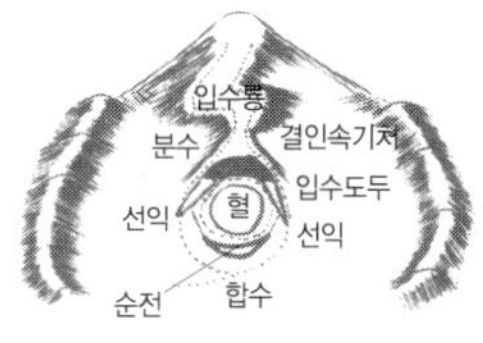

≈≈ **요풍**(凹風) : 계곡이나 골짜기에서 나와 혈에 뭉친 정기를 흩뜨리는 역할을 하는 바람.

까? 내 눈에는 안 좋은 것만이 자꾸 들어왔다. 나와는 잘 맞지 않는 혈이라서 그런지도 모른다. 명당이 좁아 보이고, 평탄치 않은 것도 거슬린다. 명당은 우측에서 좌측으로 기울었다.

묘는 자좌오향子坐午向으로 앉았다. 물은 우수도좌右水到左에 을진파乙辰破이니, 이는 88향법에 의하면 흉살凶煞이 낀 향이다. 모두들 그렇게 썼을 리가 없다고 의아해 하는데, 정 선생이 답을 내렸다.

"득수방향을 보십시오, 신申방이지요? 신申득수에 자子좌, 진辰파를 썼으니, 이는 신자진申子辰 삼합三合의 정좌법定坐法을 쓴 것입니다."

김반 선생 묘소의 위쪽에는 그의 아들 익겸이 잠들었다 ▪

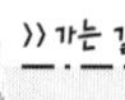

호남고속도로의 엑스포 톨게이트 앞의 사거리에서 우회전하여 대덕연구단지로 들어오다 보면, 호남고속도로가 고가도로가 되어 머리 위로 지나는 화암사거리가 나온다. 이 사거리에서 전민동 방향으로 좌회전을 해서 국립과학수사연구소와 정보통신대학원 앞을 지나 언덕을 넘어 엑스포아파트 방향으로 곧게 달리면, 잠시 후 왼쪽으로 전민제일교회가 우뚝하게 나타난다. 그 뒤쪽 능선에 김반의 묘가 있다.

88향법을 쓰는 방법(1)

의수입향依水入向의 원칙에 의하여 내파를 기준으로 파구破口를 파악한 다음, 좌수도우左水到右 또는 우수도좌右水到左하는지를 고려해서 어떤 향向을 놓을 것인가를 판단한다.

向 破口	壬子	癸丑	艮寅	甲卯	乙辰	巽巳
壬子	壬破: **胎向胎流** (右水到左)	冲祿小黃泉	冲破胎神	壬破: **沐浴小水** (右水到左)	冲破旺位	過宮水 冲破死位
癸丑	**自旺向** (左水到右)	絕水到冲墓庫 (牽動土牛)	**自生向** (右水到左)	不立胎向 冲破冠帶	冲破衰位 吉凶相半	**正生向** (右水到左)
艮寅	過宿水 冲破病位	**正墓向** (左水到右) 細小右水	艮破: **絕向絕流** (右水到左)	殺人大黃泉 冲破向上臨官 冲祿	**正養向** (右水到左)	交如不及 短命水
甲卯	交如不及 短命水	過宮水 冲破胎神	**文庫消水** (左水到右)	甲破: **胎向胎流** (右水到左)	冲祿小黃泉	冲破胎神
乙辰	**正旺向** (左水到右)	不立衰向 冲破向上養位	不立病向 冲破向上冠帶	**自旺向** (左水到右)	絕水到冲墓庫 (牽動土牛)	**自生向** (右水到左)
巽巳	過宮水	冲破向上生位	冲破向上臨官	短命過宿水	**正墓向** (左水到右) 細小右水	巽破: **絕向絕流** (右水到左)
丙午	冲破胎神	丙破: **衰向胎流** 朝入穴後破	向上生來破旺	交如不及 顏回短命水	過宮水	**文庫消水** (左水到右)
丁未	不立沐浴向 冲破向上養位	冲破向上冠帶	不立臨官向	**正旺向** (左水到右)	不立衰向	不立病向 冲破向上冠帶
坤申	旺去冲生	冲破向上臨官	交如不及	過宮水	墓絕冲生大煞	冲破向上臨官
庚酉	庚破: **沐浴消水** (右水到左)	冲破向上旺位	交如不及	冲破胎神	庚破 **衰向胎流** 朝來左水穴後破	向上生來旺破
辛戌	不立胎向 冲破向上養位	冲破向上衰位	**正生向** (右水到左)	不立沐浴向 冲破向上養位	不立官帶向 冲破向上冠帶	不立臨官向 冲破向上衰位
乾亥	殺人大黃泉 冲破向上臨官 冲祿	**正養向** (右水到左)	過宮水	向上旺去冲生	冲破向上臨官	冲破病位

8. 150년 된 자산홍 흐드러진 동춘당

　오늘의 마지막 방문지는 동춘당同春堂이다. 송준길宋浚吉(1606~1672)이 벼슬을 버리고 낙향한 뒤에 자신의 호를 따서 지은 별장이다. 현판은 우암 송시열의 글씨이다.

　동춘당과 우암은 친척 사이인 것으로 아는데, 동춘당이 한 살 연장이다. 그들은 8살 무렵부터 동춘당의 부친 송이창宋爾昌에게 함께 공부하다가, 자라서는 연산의 사계 선생에게 동문수학을 하였다. 그리고는 마침내 문묘에 함께 배향되기에 이르렀다.

　동춘당은 안채와 사랑채 그리고 가묘家廟와 별묘別廟로 구성되어 있다. 입구는 왼쪽으로 새로 세운 솟을대문이다. 이곳으로 들어가면 별묘가 곧 나오고 그 앞으로 150년 된 자산홍이 서 있다.

　마침 때가 때인지라 자산홍이 흐드러지게 피었다. 온통 자주색 물감을 풀어 놓은 듯 한창이다. 요요妖妖한 모습에 모두들 넋을 잃는다. 그리고는 연산홍이 아니라 자산홍이라야 맞다는 둥, 혹 조화造花가 아니냐는 둥 나름대로의 감상을 꺼낸다. 언제나 봄날 같은 집이란 뜻을 지닌 동춘당에 정녕 봄이로다!

　동춘당의 오른쪽 공터 너머에는 송용억宋容億의 가옥이 서 있다. 동춘당의 둘째 손자 병하炳夏가 분가한 뒤 지금까지 11대손이 계속해서 살아오고 있는 집이다.

　송용억 가옥 앞쪽 오른켠으로는 천연의 연못이 있다. 본래는 훨씬 큰 모양이었는데, 이곳을 시민공원으로 조성하면서 축소시켰단다. 주변 어디에도 물이 유입되

⬆ 동춘당
⬅ 동춘당 현판 :
　 송시열의 글씨

는 흔적이 보이질 않는다. 필시 진
응수가 솟아 이루어진 연못이다.

이 집에도 자산홍이 흐드러졌다. 마당 좌우에 아주 큰
자산홍 나무가 각각 버티고 서서 서로 요염한 자태를 다투
고 있다.

집 뒤쪽으로 가기 위해 소나무 앞에서 시작된 계단을
따라 올라가자, 야트막한 구릉이 휴식 공간으로 다듬어져
있다. 한눈에 힘찬 용의 몸부림이 S자가 되어 들어온다.

가장 높은 언덕 바로 아래 매달리기를 위한 정글 시설
물 옆에서 분맥한 용 한 마리가 90도로 몸을 꺾어 송용억
가옥으로 들어간다. 뒷담을 뚫고 100년은 넘어 보이는 목
백일홍과 목련 쪽으로 들어갔다. 넘치는 힘 때문에 불룩
불룩 자신의 존재를 쉬 드러낸 아주 큰 용이다.

능선을 따라 몸을 뒤채던 또 한 마리의 용은 흘러내리
며 굽이치다가 계단과 교차한 후 동춘당으로 들어갔다. 몸
을 나누어준 탓일까? 분맥 전의 기세와는 달리 다소 완만
해지고 힘이 늘어진 용이다.

게다가 동춘당의 뒤뜰은 질퍽거릴 정도로 습기가 가득

하단다. 나중에 내려오다가 담장 너머로 넘겨다보니, 그곳에 옥잠화를 가득 심어 놓았다. 말을 들어서인지, 일견에도 매우 눅눅해 보여 안타까운 마음이 들었다.

이곳은 대규모 아파트 단지를 만든다고 하도 까놓은 탓에 지형이 매우 바뀌었지만, 앞쪽으로 정수탑이 있는 야산이 안산에 해당한다. 그리고 이전에는 첩첩의 청룡이 왼쪽을 감쌌었다. 오른쪽으로도 백호가 도로 사이로 모습을 비춘다. 오래된 기억을 떠올려 보면, 보국도 꽤 너른 논과 밭으로 이루어져 상당히 좋았던 것으로 남아 있다.

사실, 이전의 이곳은 퍽 고요하고 안온한 동네였다. 그런데 '선비마을' 이라는 대형 아파트 단지를 조성하고부터는 아주 소란스런 곳이 되었다.

동춘당과 송용억 가옥은 지금도 후손들이 여전히 가문의 유산을 지키며 살고 있는데, 그 앞은 너나없이 떠들고 까부는 시민공원이 되고 말았다. 시민들을 위한 휴식 공간도 좋지만, 이런 곳들만큼은 옛날의 그 고즈넉한 분위기 그대로 남겨 두는 것이 더 낫지 않을까? 갈수록 삭막해지는 현실을 벗어나 이따금 한번쯤은 슬그머니 가보고 싶은 세상 밖의 그런 풍광 그대로 말이다.

나오는 길 곁에는 멋없이 하늘로만 솟은 아파트 군락이다. 전혀 어울리지 않게 '선비마을' 이라는 이름을 내걸고 뻔뻔스럽게 솟았다. 뉘엿뉘엿 기우는 햇살이 마치 오늘의 선비 정신인 듯, 절로 한숨이 나온다 ▉

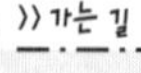

동춘당은 대전시 대덕구 송촌동에 있다. 경부고속도로 대전 톨게이트를 나와 고속터미널 사거리에서 우회전을 하고, 다시 중리동 사거리에서 직진하자 마자 바로 오른편 첫 골목으로 접어들면 선비마을 4단지 아파트와 송촌중학교가 나온다. 동춘당은 송촌중학교 앞에 있다.

88향법을 쓰는 방법(2)

破口 \ 向	丙午	丁未	坤申	庚酉	辛戌	乾亥
壬子	冲破胎神	壬破: **衰向胎流** 朝來左水穴後破	向上生來破旺	交如不及 短命水	過宮水	**文庫消水** (左水到右)
癸丑	不立沐浴向 冲破向上養位	不立官帶向	不立臨官向	**正旺向** (左水到右)	不立衰向	向上冲破冠帶
艮寅	向上旺去冲生	冲破向上臨官	交如不及	過宮水	向上墓絶冲生	冲破向上臨官
甲卯	甲破: **沐浴消水** (右水到左)	向上墓絶破旺	過宮水	冲破胎神	甲破: **衰向胎流** 朝來左水穴後破	向上生來破旺
乙辰	不立胎向 冲破向上冠帶	冲破向上衰位 別無吉凶	**正生向** (右水到左)	不立沐浴向 冲破向上養位	不立官帶向 冲破冠帶	不立臨官向
巽巳	殺人大黃泉 冲破向上臨官 冲祿	**正養向** (右水到左)	交如不及	向上旺去冲生	冲破向上臨官	冲破病位
丙午	丙破: **胎向胎流** (右水到左)	冲祿消黃泉 冲破祿位	冲破胎神	丙破: **沐浴消水** (右水到左)	冲破向上旺位	過宮水
丁未	**自旺向** (左水到右)	絶水到?墓庫 (牽動土牛)	**自生向** (右水到左)	不立胎向 冲破向上冠帶	冲破向上衰位 衰方可來去	**正生向** (右水到左)
坤申	交如不及 短命過宿水	**正墓向** (左水到右) 細小右水	坤破: **絶向絶流** (右水到左)	殺人大黃泉 冲破向上臨官 冲祿	**正養向** (右水到左)	交如不及
庚酉	交如不及 短命寡宿水	過宮水	**文庫消水** (左水到右)	庚破: **胎向胎流** (右水到左)	冲祿小黃泉	冲破胎神
辛戌	**正旺向** (左水到右)	不立衰向	冲破向上冠帶	**自旺向** (左水到右)	絶水到冲墓庫 (牽動土牛)	**自生向** (右水到左)
乾亥	過宮水	向上墓絶冲生	冲破向上臨官	交如不及 短命過宿水	**正墓向** (左水到右) 細小右水	乾破: **絶向絶流** (右水到左)

금강錦江을 우리말로 풀면 비단강이다. 공주시에서부터 대전 쪽 청벽에 이르기까지 약 20리를

질펀하게 누워 흐르는 물살의 흐름을 바라보면, 왜 비단강이란 이름을 얻었는지 저절로 깨우쳐진다.

1. 금강을 구경하리랏다

집을 나선 나는 곧장 공주로 향하였다. 대전↔공주 간의 시원스런 도로를 달리던 나는 청벽에서부터 금강을 따라 나 있는 옛 길로 접어들었다. 차창으로 내다보니, 최근에 내린 비로 금강의 물이 상당히 많이 불어났다. 출렁출렁하다.

금강錦江을 우리말로 풀면 비단강이다. 그런데 비단강이란 말이 가장 실감나는 곳이 바로 이 부근이다. 공주시에서부터 대전 쪽 청벽에 이르기까지 약 20리를 질펀하게 누워 흐르는 물살의 흐름을 바라보면, 왜 비단강이란 이름을 얻었는지 저절로 깨우쳐진다.

전라북도 장수군 안성면의 뜬봉샘에서 발원한 금강은 군산 앞바다까지 흐르는 400㎞ 동안 쉴 새 없이 굽이친다. 그 긴 여정에서 약 20리 길을 직진하면서 유장하게 흐르는 유일한 곳이 바로 이 지역이다. 황혼에 물비늘을 번뜩이며 유순하게 흐르는 비단강의 아름답고 장엄한 모습은 구 도로에서 볼 때 더욱 정취가 있다. 아주 너른 강폭을 가득 채운 유장한 강물이 느긋하게 세월의 흐름을 좇고 있어, 보는 이의 마음을 숙연케 하기도 하고, 잔잔한 감동으로 다가들기도 하는 것이다.

게다가 공주는 옛 왕국 백제百濟의 고도가 아니던가? 지금은 교육 도시로 널리 알려졌지만, 돌아보면 도처가 유적지인 공주이다. 석장리의 구석기 유적지와 공주산성, 무령왕릉, 슬픈 전설 어린 곰나루 등이 유명한데, 이곳을 방문하는 사람들에게 꼭 공주박물관을 추천하고 싶다. 여담이지만, 협소하고 좁은 공간 때문에 박물관 밖으로 쫓겨난 크고 작은 불상佛像들에게서 은은한 백제의 미소를 찾아보라고

권하고 싶다. 한참을 들여다보아야만, 차가운 돌에서 슬쩍 피어오르는 백제인들의 온화한 웃음을 감지할 수 있음을 염두에 두어야 한다.

그리고 한적한 가을날이면, 공주산성을 홀로 걸어 보라고 하고 싶다. 낙엽 지고 비가 내린 뒤끝이면 더욱 좋다. 10여 년 전의 기억이다. 일본인 하마세 히로시 씨에게 이곳을 안내한 적이 있는데, 그는 공주산성이 주는 적막과 허무감에 젖어 저절로 눈물이 난다고 심회를 피력하면서 자리에서 일어설 줄 몰랐다.

비단강은 오늘도 흐른다. 석기시대의 유물에서부터 시작하여 새롭게 일구어지는 오늘의 역사를 보듬고, 강물은 저토록 고운 비단옷을 입고 누워 소리 없이 흐르는 것이다. 인간의 애환을 묵묵히 다 끌어안고 홀로 흐르는 그 외로움이 아파서 이따금 큰 몸통을 뒤챌 뿐이다.

이곳에 와 비단강을 구경하리랏다. 가능하면, 해거름의 백사장으로 내려가 앉아 하염없이 구경하리랏다. 은비늘, 금비늘로 빛나는 비단강의 수면을 고요히 바라보리랏다. 세속에 찌든 때를 말끔히 실려보내리랏다 ■

2. 옥녀탄금형의 윤증 선생 고택

논산과 공주, 대전은 조선시대 산림학자들이 대거 출현하여 한 시기를 풍미한 지역이다. 따라서 이들의 학문이나 사상, 정치적 동향을 대략이나마 이해해 둘 필요가 없지 않아 있다. 그러나 자세히 이야기하면 다소 진부하고 따분할 터이니, 여기서는 그 개략만을 짚고 넘어가도록 한다.

산림의 출현 시기는 대략 인조仁祖가 등극한 1623년을 전후로 한다.

먼저 이이李珥의 심성이기론心性理氣論과 송익필宋翼弼의 예학禮學을 물려받은 사계沙溪 김장생金長生이 정계에 출사하여 많은 공을 세웠지만, 정묘호란 때 화의에 반대하고 논산으로 낙향하여 아들 김집金集을 비롯하여 송시열宋時烈과 송준길宋浚吉 등의 기호학파를 길렀다. 김집은 다시 윤선거尹宣擧와 윤증尹拯, 이유태李惟泰, 유계俞棨 등의 문인을 다수 배출하여, 사계 선생의 부자를 중심으로 한 산림학파가 형성되기에 이르렀다.

이이의 제자들을 중심으로 한 서인西人 세력을 기반으로 반정反正에 성공해 왕위에 오른 인조는 당연히 이이의 학통을 이어받은 산림을 중용하게 되었다. 그로 인해 양송을 영수로 하는 산림이 효종조에 이르러 대거 정계에 등장하였는데, 이들은 대부분 과거를 치르지 않고 '유일遺逸' 이라는 특채의 형식으로 벼슬에 나아갔다.

이들은 효종과 함께 북벌北伐을 꿈꾸었는데, 그 정치적인 목표는 서로 다른 것이었다. 한마디로, 효종은 병자호란의 원수를 갚고 한족漢族이 중국 땅의 주인이 될 수 있도록 목표를 삼아 실제적인 북벌을 기도했지만, 송시열의 경우는 서인의 지배

체제를 존속시키기 위해 대의명분만을 앞세운 입으로만의 북벌을 주장하였던 것이다. 이 과정에서 그들은 불협화음을 일으키다가 마침내 효종의 갑작스런 승하로 북벌의 꿈은 한 시절의 물거품이 되고 말았다.

그러나 효종의 죽음은 그 유명한 예송논쟁禮訟論爭을 낳았다. 예송은 1659년의 기해논쟁己亥論爭과 다시 1674년의 갑인논쟁甲寅論爭으로 두 번에 걸쳐 일어났다. 1차와 2차의 예송은 단순한 예법상의 절차 문제를 따지는 것이 아니라, 모두가 왕가王家의 정통성 문제에 바탕을 두고 일어난 지극히 까다롭고 첨예한 논쟁이었다. 이 과정에서 독단적인 성격의 송시열은 강성한 산림의 세력과 예학 이론으로 무장하여 당시의 정적 남인南人들을 단호히 물리쳤다.

그러나 산림은 끝까지 힘을 모으지 못했다. 윤선거가 1차 예송에서 송시열과 맞섰던 윤휴尹鑴의 학설을 인정하면서 그와의 교류를 계속하자, 송시열이 이를 괘씸하게 여긴 것이다. 그 후 병자호란 때 강화도에서 순절하지 못한 사실을 괴로워하며 은거의 길을 걷던 윤선거가 죽자, 윤선거의 아들 윤증은 부친의 묘갈문墓碣文을 송시열에게 청탁하였다. 이때 문제가 생긴 것이다.

박세채朴世采가 찬술한 윤선거의 행장行狀을 받아든 송시열은 행장의 내용을 그대로 옮기기만 해서 윤선거의 비문이라고 지어 보냈다. 그리고는 말미에 "박세채가 윤선거를 극진히도 칭찬하였기에, 나는 그대로 기술만을 하고 더 창작을 하지 않았노라"고 하여 은연중에 강화도에서의 윤선거의 비겁한 행동을 조롱하였다.

그 후 윤증은 경신환국庚申換局(1680) 후에 보인 송시열의 정치적인 행태에 대해 준열한 내용의 편지를 썼다. 박세채의 간곡한 만류에 윤증은 편지의 전달을 포기했지만, 이 편지는 결국 송시열의 손에 들어가고 말았다. 이를 보고 노발대발한 송시열은 윤증에게 단교를 선언하였다.

이것이 바로 유명한 회니시비懷尼是非로 서인이 노론老論과 소론少論으로 갈리는 일차적인 단초가 되었다. 회니시비란 회덕懷德에 사는 송시열과 노성魯城의 이산尼山 아래에 사는 윤증 사이의 다툼이란 뜻에서 불리어진 사건이다. 그 후 남인의 숙청 문제를 놓고 서인들은 또다시 강·온의 주장으로 갈렸는데, 이로 인해 마침내 강경파의 송시열은 노론의 영수로 추대되고, 온건파의 윤증은 소론의 영수로 추대되기에 이르렀다.

이후에 윤증은 몇 차례에 걸쳐 높은 벼슬로 숙종에게 출사出仕의 권유를 받았지만, 끝내 노성 땅에서 학자적인 지조를 잃지 않고 후진 양성과 학문 연마에 힘을 쏟았다. 반면에, 송시열은 남인들에게 몰려 숙종에게 사약을 받아 유배지에서 세상을 뜨고 말았다.

논산시 노성면은 조선시대 노성현이었다. 노성은 윤증 고택의 **현무봉**玄武峰이 마치 공자가 태어난 이구산尼丘山과 거의 흡사하게 생긴 까닭에 붙은 이름이다. 공자의 이름이 '구丘' 인 것도 이구산에서 기인하는데, 이구산을 이산尼山으로 줄여 부르는 것도 공자의 이름 '구' 를 피한 것이다. 공자의 고향은 오늘날의 산동성山東省 곡부현曲阜縣인데, 옛날에는 노성魯城이라고 불렸다.

이구산은 주변에 별다른 높이의 산이 없어, 쉽게 눈에 뜨이는 봉우리이다. 마치 비구니의 깎은 머리처럼 둥그스름하게 우뚝 솟아 있다. 그래서 저절로 이 지방 사람들에게는 옥녀봉으로 불린다. 옥녀봉은 오행으로 금성체에 해당한다.

금성체를 구성법九星法으로 따지면 **무곡체**武曲體라고 한다. 무곡체의 결지 방법은 본체처럼 똑같이 둥근 봉우리를 중간중간 맺으며 짧게 내려와 **와혈**窩穴을 맺는 특징을 지닌다.

고택으로 들어 가는 입구에서 이 구산을 바라보니, 역시 둥근 옥녀봉 아래쪽으로 서너 개의 봉우리들이 같은 모양에 크기 를 줄여 가며 아 래쪽으로 늘어섰 다. 둥근 달처럼 생긴 산들이 이어져 맥이 되어 내려오는 월사맥月砂脈이 다. 좌우로 능선을 옷소매처럼 벌려 주맥을 지탱하는 **개장** 開帳의 형식이 아니라, 지기地氣를 안으로만 뭉치다가 중 간중간에 넘치는 힘으로 둥근 봉우리를 솟아 올린 **천심**穿 心을 하고 있는 것이다.

왼쪽의 백호를 바라보니, 일정한 높이를 지닌 산자락이 마치 커튼처럼 명당을 싸고 흘러내렸다. 일자문성一字文星 으로, 그 끝이 명당의 중앙을 지나 휘감은 모습이다. 백호 가 안산이 된 백호안산을 이룬 것이다.

윤증 고택이 자리 잡은 혈 이름은 옥녀탄금형玉女彈琴形 이다. 현무봉에서 나온 옥녀가 일자문성의 안산을 거문고 삼아 연주하는 형국이다. 너른 명당을 낀 시원스런 자리에 서 아름다운 여인이 고운 거문고 가락을 연주하는 곳이다.

윤증 고택은 옥녀탄금형이란 혈 이름에 걸 맞게 아주 밝고 깨끗한 곳에 자리를 잡고 있다. 고택마저 정갈하고 빈틈없이 단정 하게 지어져 오늘에 전해지고 있다. 이곳

◑ 윤증
◐ 송시열

▦ **현무봉**(玄武峰) : 집이나 묘 뒤 에 있는 작고 단아한 봉우리.
▦ **무곡성**

▦ **와혈**(窩穴) : 주변보다 꺼진 곳 에 자리를 잡고 있는 혈.

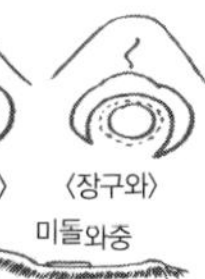

에 들르는 사람이면 누구나 나도 이런 집에서 한번 살아 봤으면 하고 부러워하며 찬탄하는 집이다.

고택의 초입에서 중간쯤 들어오다 보면 오른쪽에 정려문이 하나 서 있는데, 윤증의 모친이자, 윤선거의 부인인 이씨李氏의 순절을 기리기 위해 세워진 것이다. 부인과 함께 목숨을 버리지 못해 마침내 비난의 화살을 맞고 초야에 묻혀 산 윤선거의 한이 남몰래 배어 있을 그 정려문이다.

윤선거(1610~1669)는 호가 미촌美村으로, 김집金集의 문인이다.

병자호란이 일어난 이듬해 1637년의 일이다. 강화로 피난하여 성문을 지키던 윤선거는 숙부 윤전尹烇을 위시해 김반金槃의 아들 김익겸金益兼, 권순장權順長 등과 함께 죽음으로 성을 지키자고 결의하였다. 마침내 성이 함락되어 결의를 맹서했던 이들은 장렬하게 전사를 하였고, 그의 부인 이씨는 스스로 목을 매었다. 그런데 무슨 일이 있었는지 윤선거는 평민의 복장으로 성을 탈출해서 목숨을 건졌다.

그 후 정적들로부터 윤선거는 수차례 비겁자로 몰렸는데, 그는 자책을 하여 처음에는 금산으로 내려갔으나 다시 노성으로 거처를 옮겨 학문에 정진하였다. 사후에 인근의 노강서원魯岡書院 등지에 제향되었다.

고택에 들어서면 먼저 사랑채가 날렵하게 추녀를 들추고 드는 이를 반긴다. 장중하면서도 밝은 표정이 느껴지는 사랑채이다. 사랑채에는 두 개의 현판이 걸려 있다. 먼저 밖을 향해 달려 있는 '이은시사離隱時舍'란 현판이 눈에 뜨이는데, 여기에는 시류를 등지고 숨어살고 싶어 하던 윤선거와 윤증 부자의 결연한 의지가 담겨 있다. 마루의 안쪽으로 붙어 있는 현판에는 '도원인가桃源人家'라고 쓰여 있다. 무릉도원武陵桃源을 차지한 사람의 집이란 뜻이다. 이 현판에도 세상을 등진 윤씨 부자의 의지가 느껴진다. 그리고 자신들이 숨어살던 이곳을 무릉도원처럼 아름답게 꾸미고자 했던 의욕도 물씬 풍겨난다.

그런 때문이었을까? 그 후로 여러 차례 조정의 부름이 있었지만, 윤선거는 다시는 벼슬길에 나가지 않고 학문의 연마와 후진의 양성에 힘을 기울이다가 조용히 여

생을 마쳤다. 비명에 먼저 간 부인에게 속죄하는 뜻에서 재혼도 하지 않은 채로 말이다.

윤증 또한 한번도 벼슬길에 나가지 않았는데, 그의 높은 학식과 명망을 익히 알고 있는 숙종이 두어 차례 벼슬길에 부르기도 하였다. 특히 숙종 5년(1709)에는 우의정을 제수하기까지 하였는데, 임금과 일면식도 없이 우의정을 제수받은 것은 조선 역사상 전무후무한 일이었다.

한편으로 윤증은 고택을 예학자다운 집으로 단장하는 데 힘을 기울였다. 고택은 사랑채와 안채, 가묘家廟로 크게 구분되는데, 하나같이 단아한 모습이다. 안채는 ㅁ자형 구조로 사랑채와 분리되었으면서도, 사랑채에 드는 손들을 접대하기 쉽도록 되어 있다.

널찍한 마루에 다리를 쉬노라 앉아 보니, 안채로 들어올 때 거쳤던 문이 보인다. 마당의 오른쪽에 난 문인데, 굴곡을 만들어 ㄹ자 모양으로 돌아들게 되었다. 이 문 하나에도 풍수적인 배려가 깃들어 있으니, 맞은편에서 불어오는 바람이 안채를 찌르지 못하도록 꾸민 것이다. 이렇게 세심한 마음씀으로 인해 안채에는 전체적으로 온화하고 평안한 분위기가 더욱 샘솟는다.

고택의 특이한 것 중의 하나는 사랑채의 네 짝으로 된 문짝이다. 가운데 두 짝을 평소에 미닫이로 쓰도록 설계하

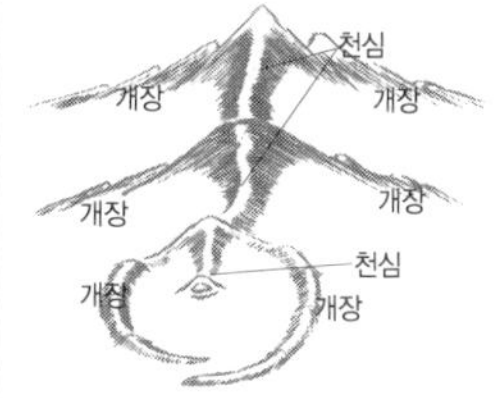

⊕ 윤증 고택 누마루 분합문
⊕ 이은시사, 도원인가 현판

≋ **개장(開帳)** : 소맷자락으로 몸을 감싸듯 용맥의 좌우로 지맥이 뻗어 주맥을 보호하는 형용.
≋ **천심(穿心)** : 개장한 곳의 가운데서 정룡正龍의 중심맥이 힘차게 앞으로 나가는 것.
≋ **용의 개장 천심**

였는데, 큰 교자상 등이 들어올 때를 대비해 바깥의 두 짝 문은 다시 여닫이가 되도록 하였다. 가운데 두 짝을 미닫이로 연 다음, 다시 바깥쪽 문짝과 함께 그대로 여닫이로 열 수 있도록, 간단하지만 교묘한 설계를 한 것이다. 우리나라 전통 가옥 가운데 유일하게 윤증 고택에서만 볼 수 있는 문의 개폐 구조로, 지금 특허 출원중이라고 한다.

고택의 아름다움은 크게 대칭 구조에 있다. 가만히 들여다보면 고택의 문짝들이며, 방의 배치, 벽면 등이 하나처럼 대칭 구조이다. 그런데 그 대칭 구조는 기계적인 대칭이 아니다. 눈에 얼른 잘 뜨이지 않도록 양쪽에 조금씩 변화를 주어 숨통을 터놓고 있다. 이런 배려가 주는 효과 때문에, 고택은 보는 사람들에게 예학자의 집다운 단아한 면모와 함께 접근해도 괜찮을 것 같은 편안한 느낌을 동시에 준다. 약간의 변화를 가미한 대칭 구조 속에 엄격함과 부드러움이 적절히 섞여 있는 것이다.

또 벽면을 보면, 기가 막힌 황금분할을 볼 수 있다. 너른 벽의 중간에 나무를 대어 둘이나 셋으로 나눈 벽면이 그것이다. 전체를 그대로 회칠해서 통일성을 기한 벽면의 위나 아래 혹은 좌우의 두 벽면 중 한쪽 면을 택해 다시 둘, 셋으로 면 분할을 해서 시각적인 변화를 주고 있는 것이다. 그 분할이 아주 정확하고 아름다워서 보는 이들에게 역시 단아함과 편안함을 준다.

윤증 선생의 손길은 고택에만 멈추지 않는다. 곳곳마다 늘어선 나무들의 종류와 크기는 물론이고, 하나하나 정성이 배어 있는 수석들을 보면 저절로 감탄사가 나온다. 모두가 있어야 할 제 자리를 찾아 자연스럽고도 은은한 자태를 드러내고 있다.

기화요초와 기암괴석은 주로 사랑채 앞마당의 우물 주변과 연못 둘레에 줄지어 있다. 모두가 선비다운 고아한 풍취를 지니고 서 있는데, 여기서 우리는 윤증의 예학자다운 풍모와 화훼에 대한 깊은 취향과 탐미적인 안목, 수준을 엿볼 수 있다.

그리고 빠뜨릴 수 없는 것이 석가산石假山이다. 석가산은 사랑채 토방에 놓여 있는 자그마한 괴석들을 이르는 이름이다. 본래 옛사람들에게는 마당가에 기묘한 형상의 돌들이나 고사목 가지들을 모아 산맥의 형세가 되도록 꾸며 감상하던 취향이 있었다. 이를 각각 석가산이나 목가산木假山이라고 불렀는데, 윤증 고택에는 소재가 나무가 아닌 돌이다. 그래서 이름을 석가산이라고 붙인 것이다. 이 석가산을 들여다보아도 윤씨 두 부자의 수석에 대한 취향과 심미안, 그리고 석가산을 꾸미기

위해 오랜 세월 동안 돌 하나씩을 주
워 모았을 남다른 열성을 알 수 있다.

그래서 나는 이곳을 올 때마다 동
행하는 사람들에게 주문을 하곤 한
다. 먼저 건성으로 흘려 넘기는 것 없
이 하나하나 꼼꼼하게 살펴보라고.
두번째로는 무언가 아름다운 점을 하

⬆ 윤증 고택의 석가산

나라도 더 찾아 낼 수 있도록 공격적인 감상을 하라고.

아무튼 이번 방문에서도 고택은 아름다웠다. 녹음이 우
거지고 목백일홍이 붉게 피어나는 고택은 '도원인가'를
꿈꾸었던 윤씨 부자의 꿈 한 자락을 넘겨다본 느낌이었다.
'역시 모범생들의 집은 다르구나!' 하는 그런 느낌이었다.

집안을 대강 돌아본 뒤 가묘를 왼쪽으로 끼고 집 뒤로
올랐다. 용맥을 보기 위해서이다. 키 작은 대나무 숲 옆으
로 난 오솔길을 따라 오르자 송림이 우거졌다. 그 사이로
밝고 환한 용의 힘찬 모습이 보인다. 옥녀봉에서 내려오던
용은 두 기의 묘가 있는 곳에서 몸을 꺾었다. 큰 몸통을 좌
우로 휘저으며 기세 좋게 변화를 한다. 그리고는 고택을
향해 거침없이 내려갔다. 생왕룡生旺龍이다. 아주 왕성한
기를 지닌 살아 있는 용이다.

담장을 넘어다보니, 울 안으로 들어간 용은 장독대 바
로 뒤에서 품을 벌리기 시작했다. 오른쪽으로 뻗은 선익사
는 안채를 보듬었다. 왼쪽의 선익사는 사랑채로 내려 뻗었
다. 안채가 조금 내려앉은 느낌이 든다.

청룡은 가묘와 사랑채를 두르고 흘러 마당가에 조성된
쉼터 뒤쪽까지 싸안았다. 백호는 힘차게 흘러 넓은 명당을
빙 두르고 큰길까지 내려갔다. 주변의 사격들도 모난 데가
없이 대체로 단정하다. 명당은 약간 앞쪽으로 숙였지만 퍽

환하다. 너머에는 외명당이 활짝 열려 있다.

고택은 계좌정향癸坐丁向으로 향을 보았지만, 패철의 8층으로 보면 오향午向이 분명하다. 자좌오향子坐午向으로 향을 쓰고 싶었지만, 슬쩍 피한 것이다.

오향은 본래 왕이나 부처가 마주하는 향이다. 흔히 왕을 '남면南面'이라고 부르기도 하는데, 항상 남쪽을 바라보는 탓이다. 경복궁에 가서 용상龍床이 마주하는 향이 어디인가를 보면 쉽게 알 수 있다.

아무튼 겉으로는 계좌정향으로 향을 썼지만, 자좌오향을 염두에 두었음이 패철의 8층에서 확연해진다. 물은 좌수도우하면서 정미방으로 빠졌다. 정미파이다. 88향법에 대입해 보니, 자왕향自旺向에 해당하는 좋은 향을 골라 썼다.

자왕향은 좌수도우하고, 정미파丁未破에 병오향丙午向이거나 신술파辛戌破에 경유향庚酉向, 계축파癸丑破에 임자향壬子向, 을진파乙辰破에 갑묘향甲卯向이 여기에 속한다. 자손들이 번창해서 남자는 총명하고 여자는 수려하며 부귀와 장수를 불러온다는 향이다.

고택의 바깥마당에는 진응수眞應水에 해당하는 고풍스런 우물이 하나 있다. 진응수는 혈장 앞이나 옆에 있는 샘물을 지칭한다. 용의 기세가 강하면 용의 생기를 보전키 위해 용맥의 좌우를 따라 흘러내려 오는 수기 또한 강하다. 입수도두처에서 갈라 뻗은 수기는 혈장의 옆과 아래를 보호하고 남은 기운으로 지상에 분출되는데, 이것이 진응수이다. 진응수가 있으면 이는 빼어난 자리라는 증거로써, 큰 부자와 귀인, 현인이 기약된다. 이 진응수는 사시사철 마르지도 넘치지도 않으며 물맛이 감미로워 우물로 안성맞춤이다.

몇 년 전까지만 해도 이 우물은 그냥 노출되어 있었는데, 지금은 쓰지 않는 모양이다. 덮인 뚜껑을 열어 보니, 물빛이 옛날만 못하다. 샘을 청소하고 계속 쓰는 것이 좋을 듯싶다.

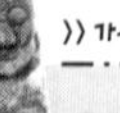 **》》가는 길**

윤증 고택은 논산시 노성면 교촌리에 있다. 논산시내에서 논산대교를 건너면 나오는 삼거리에서 오른쪽의 23번 국도를 따라가면 노성농협을 지나 작은 다리를 건너게 된다. 다리를 건너 노성중학교의 맞은편으로 뻗어 있는 마을길을 따라가면 윤증 고택이 나온다.

우물 반대편에는 상당한 크기의 연못이 있다. 한가운데 봉래섬이 있고 그 사이를 작은 다리로 걸쳐 놓았다. 일견에 **지당수**池塘水 같지만, 자세히 보면 아니다. 인공적으로 조성한 연못이다. 물빛도 탁하다.

지당수는 혈 앞에 있는 작은 저수지나 연못 혹은 물웅덩이에 고여 있는 물을 말한다. 이 물이 청정하면 길하지만, 오염되어 더러우면 흉하다. 지당수의 형성은 혈 주변의 모든 물이 모여 이루어지는 경우와 용맥을 따라 흘러내린 수기가 혈 앞에서 모여 샘물로 용출되는 경우가 있다. 지당수는 천연적인 것이 아니라면 가능한 한 인공적으로 파지 않는 것이 좋다. 또 천연의 지당수를 매몰하는 것도 좋지 않다. 모두가 물길의 흐름을 변화시켜 재앙을 불러올 수 있기 때문이다.

사랑채 앞의 쉼터에 앉아 쉬노라니, 이 집안의 종부宗婦이신 노할머니께서 외출을 하신다.

나는 노할머니의 성씨조차 모른다. 단지 이 댁으로 시집 온 지가 60년이 넘었다는 사실만을 안다. 내가 이곳에 들를 때마다 항상 안방의 앞마루에 그림처럼 앉아 자잘한 일을 하시거나 오는 손들을 웃음으로 맞는 할머님이다. 65년 전 기품 있는 자태로 몸종들을 주욱 거느리고 시집오셨을 할머님이 이제는 쓸쓸히 이곳을 지키고 계시는 것을 보노라면, 이제는 찬밥 신세가 되고 만 인문과학 속에서도 더욱 찌들고 초라해진 국학國學의 현실을 보는 것 같아 슬프다.

그래도 오늘만큼은 즐거운 외출을 하시는 듯 웃음이 얼굴에 그득한 할머님의 모습이다. 재잘대는 손자·손녀들과 무슨 말을 그리도 정답게 나누시는지, 이를 바라보는 내가 더 즐겁다 ▬

3. 비봉포란형의 윤돈 선생 묘소

노성에 뿌리를 내린 파평坡平 윤씨의 입향조立鄕祖는 윤돈尹暾(1551~1612)이다. 윤돈이 처음 자리를 잡은 곳은 이구산의 서쪽 자락 비봉산飛鳳山 아래이다.

파평 윤씨의 시조는 고려 태사 윤신달尹莘達이다. 그리고 고려 때 여진족을 정벌하여 함경도를 개척한 윤관尹瓘 장군이 5대가 되고, 15대 윤곤尹坤은 2차 왕자의 난 때 이방원李芳遠의 편에 가담하여 파평군坡平君으로 봉해졌다. 윤돈은 21대에 해당하는데, 주로 선조 때 정치적으로 활약하여 공조판서와 예조판서를 역임한 인물이다. 그는 장마로 인해 자신의 책임하에 조성되었던 선조의 능이 무너지자, 마침내 파직되어 이산으로 내려와 파평 윤씨 노종파魯宗派를 열었다.

파평 윤씨 노종파는 흔히 노성 윤씨라고도 한다. 그들의 자존심이 드러나는 표현인데, 그도 그럴 것이 윤돈 이후로도 아들 창세昌世, 수燧 · 황煌 · 전炬의 세 손자가 있었고, 그 뒤를 이어 문거文擧 · 선거宣擧 · 순거舜擧 세 증손자가 이름을 날렸으며, 급기야는 소론의 거두 윤증까지 큰 정치가와 학자들이 연이어 나온 탓이다.

노성면 면소재지의 삼거리에서 죽림, 장마루 방향의 표지판을 보고 우회전을 하면 육군항공학교가 나타난다. 아름다운 들을 왼쪽으로 보고, 늘어진 이구산 자락을 오른쪽으로 보며 2~3㎞가량을 달리면 오른쪽으로 저수지 하나가 나타난다. 저수지가 시작되는 삼거리에서 우회전을 하면, 왼쪽으로 저수지 가에 비가 하나 우뚝 서 있다. 그리고 오른쪽 마을 뒤편으로 커다란 묘역이 고가古家와 함께 나타난다.

저수지에 즈음했을 무렵이다. 모두들 앞 차창으로 나타나는 잘 생긴 **귀인봉**貴人

峰을 보고 감탄을 한다. 군더더기 하나 없이 깨끗하고 단정하게 생긴 삼각봉이다. 저렇게 잘 생긴 봉우리는 필경 자신을 안산으로 하는 자리 하나쯤은 갖기가 십상이다.

저수지 앞에는 윤창세(1543~1593)의 묘비가 커다랗게 서 있다. 윤창세는 이곳에 의창義倉을 세워 배고픈 사람들을 구제하였으며, 자신의 땅에 저수지를 조성해 매년 계속되던 가뭄 걱정을 없앤 명망 높은 인물이다. 마을 입구에 그 기념비가 서 있어 오가는 이들의 눈길을 모은다.

마을로 들어서는데, 곱게 핀 능소화가 우리를 반긴다. 그리고는 이내 덕포德浦 선생 고택이 재실과 나란히 등장한다. 덕포는 윤진尹搢의 호이다. 선생의 고택은 아담하고 단정한 모습이다.

재실은 ㅁ자형으로 된 다섯 동의 건물로 구성되어 있다. 앞쪽은 최근에 다시 지어졌는데, 6·25 전쟁 때 소실된 때문이란다. 이 재실은 본래 덕포의 집이었는데, 나중에 문중의 재실로 내놓은 것이다.

묘역을 바라보는 바깥채에는 '병사丙舍'라고 쓴 현액이 높다랗게 걸려 있다. 본래 병사는 영의정이나 좌의정, 우의정이 사는 집을 가리키는 말이다. 따라서 이 재실은 본래 윤돈에게 물려받아 살았던 집이었음이 분명하다.

왕의 처소는 '갑사甲舍'라고 부르고, 세자나 부마의 처

≋**귀인봉**(貴人峰) : 산 정상이 원형이며 산신山身에 지각地脚이 없다.

소를 '을사乙舍'라고 부른다. 그리고 족보에 보면 '병사파丙舍派'가 심심치 않게 등장하는데, 이는 통상 영의정을 지낸 어른에게서 분파한 파를 가리킨다.

묘역은 엄청나게 넓다. 주맥에는 네 기의 봉분이 저마다 문인석과 석등을 앞세우고 줄을 이뤘다. 그리고 묘역 앞쪽으로 아주 큰 신도비가 세 개나 서서 파평 윤씨 노종파 가문의 당당한 힘을 상징하고 있다. 묘역의 하단 귀퉁이에는 지당수가 연못으로 고여 있다. 주변으로 갈대가 무성하게 둘리어 있어 눈에 잘 뜨이지 않는 연못이다. 지당수로 미루어 이곳이 좋은 혈처인데 과연 누구의 무덤이 꼭 그 자리일까? 묘역의 제일 위에서부터 아래쪽으로 입향조 윤돈, 창세, 수, 순거 4대가 차례로 누워 있다. 이 가운데 순거는 황燵의 아들로 수燧에게 입양되어 대를 이은 인물이다. 그리고 이 지맥의 좌우로 몇 기의 무덤이 드문드문 자리를 잡았다.

예상대로 윤돈의 묘가 이 지맥이 낮은 혈에 자리를 잡았다. 윤돈의 묘는 **비봉포란형**飛鳳抱卵形이다. 현무봉의 이름이 비봉산인데다가 앞쪽에 동그란 알 모양의 동산 셋이 나란해서 붙여진 이름이다. 고만고만한 알 세 개가 희한하게도 생겼다. 이 알들 때문에 이 집안은 세 손자와 세 증손이 잘 풀렸나? 세 개의 알 가운데 하나가 이 묘의 **안대**案對를 하고 있다.

전방의 산세도 묘하게 생겼다. 특히 숲이 만들어 내는 선을 이어 보면, 엎드린 호랑이 형국, 곧 복호伏虎의 형세다. 또 전방 아래쪽의 작은 계곡 하나가 혈을 치고 있는데, 이 또한 별 문제가 되지 않는다. 다행히 뒤쪽으로 높은 능선 하나가 지나면서 뒤를 막아 주고 있기 때문이다. 저절로 비보裨補의 역할을 하고 있는 것이다.

청룡과 백호도 겹겹이 혈을 감싸며 흘러 내렸다. 묘 바로 옆의 내청룡과 내백호는 선명하게 자신의 존재를 드러내면서 혈에서 솟는 정기를 감싸고 있다. 가운데 백호는 재실 바로 뒤를 지나면서 묘역의 아래쪽까지 빙 돌아 흘렀다. 바깥 백호는 고택과 재실을 완전히 감싸면서 마을 입구에까지 정답게 감아 내렸다.

》가는 길

윤돈 묘역은 논산시 노성면 병사리에 있다. 논산 시내에서 논산대교를 건너면 나오는 삼거리에서 오른쪽의 23번 국도를 따라가면 노성농협이 있는 삼거리가 나온다. 여기서 왼쪽의 645번 도로를 타고 죽림 장마루 방향으로 4km를 가면 병사저수지가 나오는데, 병사저수지 오른쪽으로 고가古家들과 함께 넓은 묘역이 보인다.

가운데 청룡은 지당수에 해당하는 연못 쪽으로 감싸 내
렸다. 외청룡은 쭉 뻗어 저수지 가에 있는 창세의 묘비에
까지 흘러, 물과 맞닥뜨렸다. 그래서 한결 아늑하고 포근
한 자리가 이뤄졌다. 묘 앞에는 하수사가 좌에서 우로 뻗
어 흘러내렸다. 용맥을 따라 정기를 보호하며 흘러 내려와
마침내 혈 하나를 맺도록 하는 임무를 마친 물기를 이제
하수사가 거두어 주고 있다. 사실 용맥보다도 하수사가 잘
이루어졌나를 먼저 보아야 한다고 옛사람들은 강조하지
않았던가?

좌우의 선익사들이 묘소를 둘렀다. 문인석이 서 있는
묘 앞은 복토를 했다고 여겨진다. 굴러 보니 땅이 무르다.
탓에 순전을 찾기가 용이하지 않다. 순전이 있을 만한 곳
옆으로 윤순거가 쓴 비문이 서 있다.

묘소 뒤쪽 송림으로 들자, 용맥이 보인다. 펑퍼짐해서
잘 드러나지 않는 평맥平脈이지만, 한쪽으로 나 앉아보면
두두룩하게 나타나는 용맥이다. 용맥은 오르락내리락 하고
몸을 좌우로 이리저리 틀면서 작은 변화를 보이고 있다.

기세가 넘치는 활달한 용은 아니다. 순룡順龍이자 후룡
厚龍이다. 순하면서 점잖은 순룡이라서 이 집안에 많은 학
자를 낳았나 보다. 덕을 갖춘 후덕한 후룡이라서 덕망 있

비봉포란형(飛鳳抱卵形) : 날으
는 봉황새가 알을 보듬고 있는
형상의 혈.

안대(案對) : 혈 앞쪽으로 안산
이 솟아서 혈을 마주하고 있다
는 말.

는 인사들을 많이 낳았나 보다.

묘 앞에 서서 향을 재어 보았다. 을좌신향乙坐辛向이다. 물은 우수도좌를 하였는데, 파구는 외파와 내파가 일치한다. 내파로 보면 왼쪽의 연못이 파구이고, 외파로 보면 저수지의 뚝인데 이들의 향이 신파申破로 일치한다. 88향법에 대입해 보면 정양향正養向이다. 정양향은 물이 우수도좌하고 곤신파坤申破에 신술향辛戌向이거나, 건해파乾亥破에 계축향癸丑向, 간인파艮寅破에 을진향乙辰向, 손사파巽巳破에 정미향丁未向이 이에 속한다. 정양향은 자손과 재물이 왕성하게 번창하고, 공명현달功名顯達하는 자손이 나오는 향이다. 그리고 탐랑성이 유방酉方에 있다. 육수사에 해당하는 방위이다. 삼길육수사三吉六秀砂는 묘의 좌향坐向에 상관없이 고정되어 있는데, 진辰 또는 묘卯·경庚·해亥 방위에 귀한 형용을 한 봉우리를 삼길사三吉砂라고 하고, 간艮·병丙·손巽·신申·태兌 또는 유酉·정丁 방위에 귀한 형용을 한 봉우리를 육수사六秀砂라고 한다. 삼길사는 크게 부귀하고 장수를 한다는 길한 사격이며, 육수사는 벼슬아치는 권력을 얻고, 선비는 이름을 이루며, 재물을 얻고 장수하며 복을 누린다는 뛰어난 사격이다.

정면에 있는 앞산은 **아미사**蛾眉砂에 해당한다. 아미사는 여자의 눈썹 또는 반달 모양을 한 낮고 작은 원형의 태음금성체의 산을 가리킨다. 맑은 기운이 빼어나고 단정하며 주로 들판에 있는 산으로 아래쪽에 반드시 물이 있어야 한다. 혈의 주변에 뛰어나게 아름다운 아미사가 있으면, 신동이 나와 장원급제를 해서 명예가 높아지고, 특히 여자가 귀하게 되어 왕비가 되거나 아주 높은 신분을 얻게 된다. 그래서 흔히 아미사를 **왕비사**王妃砂라고도 부른다.

윤돈의 자리가 이렇게 좋은데, 애석하게도 바로 아래에 있는 창세의 자리는 혈이 아니었다. 윤돈의 묘에서는 내백호 노릇을 하던 지맥이 창세의 묘에 와서는 옆구리를 찌르는 나쁜 형국이 되어 버렸다. 바로 위아래의 봉분이거늘 내백호의 역할이 아주 정반대가 되어 버린 것이다. 그런데 이 묘역에서 기가 막힌 와혈 하나를 발견하였다. 창세의 묘에서 백호 쪽으로 건너다보이는 윤진의 묘소가 바로 그곳이었다.

윤진(1631~1698)은 순거의 아들이고, 윤증의 사촌이다. 문과에 급제한 후 승지와 대사헌을 역임하고 경기관찰사를 거쳐 부제학에 이른 인물이다.

그의 묘소는 와혈도 아주 큰 와혈로, 두 선익사가 매우 가깝게 만나 잘 품어 준 **장구와**藏口窩에 해당한다. 안쪽도 넓어서 **활와**闊窩에 해당한다. 그리고 30미터쯤의 거리인데도 윤돈의 묘역에서는 유방酉方에 보이던 문필봉이 정안正案이 되었다. 그리고 안산 아래에는 봉황의 알 하나가 또 자리를 잡고 있다.

묘는 묘좌유향卯坐酉向이고 물은 우수도좌에 경파庚破이다. 88향법에 비추어 보면 태향태류胎向胎流에 해당하는 향법을 골라 쓴 것이다. 태향태류는 물이 우수도좌하고 경파庚破에 경유향庚酉向이거나, 임파壬破에 임자향壬子向, 갑파甲破에 갑묘향甲卯向, 병파丙破에 병오향丙午向이이에 속한다. 태향태류는 크게 부자가 되고 매우 귀하게 되며, 자손이 번창하는 향이다.

윤진이 차지한 혈은 또렷하게 흘러내린 용맥을 등지고 왼쪽으로 완전히 돌아앉았다. 그리고 우백호는 가까이서 몇 번을 감쌌다. 아래 줄기는 저 아래쪽 재실의 뒤로 해서 윤순거의 묘 앞에 서 있는 신도비까지 흘러내렸다. 참 좋은 자리이다.

내려오며 보니, 묘소의 아래쪽 풀숲이 질퍽거린다. 와혈을 넘지 못한 물기들이 아래로 흘러내린다는 증거이다. 그리고 윤진의 묘소는 하수사가 단단하게 받치고 있다. 묘소를 완벽하게 감아 준 내백호 줄기도 더욱 선연하게 보인다. 까닭에 묘소의 안쪽은 전혀 질퍽거리지 않은데다 밝고 환했던 것이다.

마을을 나서는 길이다. 마을 입구에 거의 다 와서 오른쪽을 보니 퇴락한 재실 하나가 더 보인다. 병자호란 때 강화도에서 순절한 윤전을 기리는 재실이다. 나는 그 앞에서 남몰래 잠시 고개를 숙였다 ▪

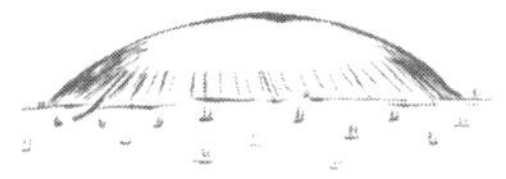

≋**아미사**(蛾眉砂) : 여자의 눈썹 또는 반달 모양을 한 낮고 작은 원형의 태음금성체의 산.

≋**왕비사**(王妃砂) : '어병사'가 뒤에 있고, '아미사'가 안산이 되면 왕비가 남.

≋**장구와**(藏口窩)

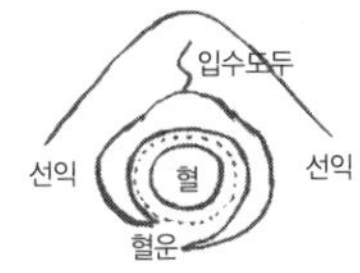

≋**활와**(闊窩)

4. 계룡산 자락을 지나 이유태 선생 고택으로

윤돈 선생 묘역을 나온 뒤 호암으로 가서 다시 구암리 쪽으로 방향을 틀었다. 이윽고 이구산을 한바퀴 돌아 상월휴게소 쪽으로 뻗은 고개를 넘어설 때였다. 나는 차내의 마이크를 손에 들었다.

"전방을 보십시오. 여러분은 지금 계룡산이 왜 계룡산이라는 이름을 얻었는지 한눈으로 보고 계십니다. 먼저 좌측으로 보면 북으로 향한 용의 머리를 볼 수 있습니다. 닭의 벼슬을 한 용의 머리입니다. 그리고 일자문성으로 곧게 늘어진 용의 허리가 중앙에 보입니다. 남쪽에는 늘어진 용의 꼬리가 있습니다. 아주 큰 용 한 마리가 한눈에 들어옵니다. 그리고 중앙의 허리 아래쪽으로 붉게 까진 부분을 보실 수 있을 것입니다. 그곳이 바로 한국 불교 천태종 종단에서 건립하고 있는 금강대학교 신축 공사 현장입니다."

계룡의 허리가 같은 높이를 하고 둥그렇게 감아드는 한중앙이 금강대학교 자리이다. 아당峨堂 이성우李性雨(초려 이유태 선생의 12대 후손) 선생의 말로도 개인이 쓸 수 없는 자리로써 큰 기관이나 학교를 위한 자리란다. 그 자리를 이제 대학이 들어서고 있다.

다른 종단도 크게 다르진 않겠지만, 천태종은 풍수지리를 매우 중시하는 종단이다. 그래서 본사인 제천의 구인사도 초대 종사께서 오랜 시간을 두고 전국을 다니

면서 고른 터이다. 구인사는 **봉황포란형**鳳凰抱卵形의 뛰어
난 자리이다.

나아가 천태종은 승속 모두에게 육식을 금하지 않음에
도 불구하고, 닭고기만큼은 먹지 못하도록 한다. 구인사
자리가 봉황포란형이기 때문이다. 봉황을 닮은 닭은 먹어
서는 안 되는 탓이다.

그리고 대전 유성의 광수사와 금강대학교의 자리를 잡
은 2대 종사께서는 '이제 내 생전에 할 일을 끝냈구나!' 하
셨다고 한다. 많은 자리를 사찰과 캠퍼스 후보로 올려 놓
고 풍수지리 이법론理法論을 대입해 가며 고심한 끝에 현
부지 두 곳을 찍은 뒤, 안도의 한숨을 내쉰 것이다.

버스가 신원사로 들어가는 갈림길 어름을 지난다. 논산
과 공주 사이에 자리 잡은 이곳을 초포草浦라고 부른다.
예로부터 계룡산 주변에는 다음과 같은 예언이 입에서 입
으로 떠돌았다.

> "무너미로 물이 넘어가고, 계룡산의 돌들이 하얘
> 지고, 초포에 배가 들어오면 구세성인救世聖人께서
> 세상에 납셔 새 세상을 여신다."

무너미는 계룡면 면소재지에서 갑사 입구의 저수지 사
이에 있는 고개 이름이다. 무너미로 이제는 물이 넘는다.
70년대에 조성한 갑사 저수지의 물이 농업용수가 되어 계
룡과 상월의 들녘을 적시는 것이다. 돌들도 하얘지는 속도
가 80년대에 들어서는 무척 빨라졌다. 이제 초포에 물이
불어 배가 들어오기만 하면, 예언이 들어맞게 되는 것이
다. 사실 이곳의 물도 많이 늘었다. 금강 하구에서 군장댐
이 들어서고, 논산에서 강경으로 흘러드는 샛강과 금강 본

※**봉황포란형**(鳳凰抱卵形) : 봉황
이 알을 품고 있는 형상의 혈.

류가 합수되는 지점에 댐이 들어섰다. 그리고 나서부터 제법 수량이 늘은 것이다. 이 물이 더 불어나 언제 배가 다닐 수 있으려나?

우리는 신원사 입구를 지나쳤다. '새 신(新)'에 '으뜸 원(元)'을 쓰는 신원사이다. 대부분의 비결서가 말하듯이, 계룡산에 새로운 세상이 열릴 때 그 정점이 되고자 신원사는 저런 이름을 쓰는지도 모를 일이다.

오늘의 답사에서는 빠졌지만, 신원사도 선인단좌형仙人端坐形의 명당이다. 선인들이 단정하게 앉아 있는 형상을 한 혈이라서 그런지, 오늘의 신원사에는 '국제선원國際禪院'이 조성되어 전 세계의 수행자들을 불러 모으고 있다.

그리고 신원사 하면 빠뜨릴 수 없는 것이 '중악단中嶽壇'이다. 지리산의 '남악단南嶽壇'·묘향산의 '북악단北嶽壇'과 함께 삼악단三嶽壇으로 조성된 곳이다. 조선시대까지만 해도 국가적인 차원에서 나라의 안녕을 위해 산신제를 지내던 중요한 곳이다.

아무튼 신원사도 한번쯤은 방문해 볼 것을 권하고 싶은 곳이다. 아주 고즈넉하고 차분한 분위기로 참다운 수행자들을 불러 모으는 가슴 서늘한 절집이다.

갑사 입구의 중장리를 거쳐 중장주유소 앞에서 우리는 좌회전을 하였다. 갑사 또한 '으뜸 갑(甲)'자를 쓰는 계룡산 인근의 최대 사찰이다. 이곳도 아주 명당인데 주변에 좋은 혈을 따로 차지한 암자들을 많이 거느리고 있다. 여느 거찰巨刹들처럼 번잡스런 사하촌이 눈에 거슬린다면 거슬리는 곳이기도 하다.

중장주유소에서 좌회전을 해서 한참을 달리면 왼쪽으로 왕흥초등학교가 나타난다. 여기에 2~300미터쯤을 가면 곧 작은 다리가 하나 나오고 왕촌을 알리는 표지판이 나온다. 다리를 지나자마자 좌회전을 하면, 계곡을 따라 구불구불 뻗은 도로가 끊어질 듯 이어진다.

지금도 그렇지만, 옛날에는 더욱 심산유곡이었을 이곳이 왕촌이다. 왕촌은 새로 일어선 이씨 왕조의 칼날을 피해 숨어 들어온 고려 왕족 왕씨들이 뿌리를 내린 곳이다. 그래서 왕촌이란 이름을 얻었는데, 지금도 상왕촌과 하왕촌은 거의 다 개성

開城 왕씨王氏들로 이루어져
있다.

길이 좁고 굽어 돌아서인지
버스 기사가 짜증을 낸다. 그
만큼 험하고 외진 곳이다. 구
곡수九曲水들이 구불구불 행보
를 하는 양옆으로 겨우겨우 논
들이 붙어 있다. 많은 산서山書들이 계룡산에는 만대피난
지지萬代避難之地가 있다고 하였는데, 바로 이곳이 아닌가
싶다. 사실 이곳은 6·25 때도 무사히 넘어간 곳이란다.

○ 중악단

왕촌을 빠져 나오면 공주와 유성을 잇는 구 도로가 나
온다. 그 도로 가의 약수장 식당이 5~60미터 앞으로 보
이는 곳에서 버스가 우회전을 하였다. 초려 선생을 낳은
경주 이씨들의 세거촌世居村을 찾기 위해서이다.

버스가 마을을 향해 몸을 꺾자, 오른쪽 능선 위로 정자
가 보인다. 몇 년 전에 아당 선생이 주도해서 세운 '난영
정蘭詠亭'이다. 그 앞에서 버스를 세웠다. 산태극 수태극
으로 흐르는 이곳의 지형지세를 쉽사리 살펴보기 위해서
이다.

정자에 오르면, 북으로 금강물의 도도한 흐름이 보인
다. 이 흐름이 금북정맥錦北正脈과 금남정맥錦南正脈을 나
누었다. 그 건너에는 이도李棹의 선조 묘가 자리 잡고 있
는 현무봉도 한 귀퉁이 보인다. 남으로는 우리가 지나온
왕촌 계곡의 흐름이 뱀으로 누어 꿈틀댄다. 이 왕촌천의
좌우로는 계룡산에서 갈라져 내려온 능선들이 함께 꿈틀
거리고 있다. 산태극과 수태극의 대단한 기세이다.

정자에서 내려와 마을을 향해 야트막한 고개를 넘자,
모두가 '와!' 하고 탄성을 질렀다. 아주 곱게 생긴 일자문

성이 우리를 반겼기 때문이다. 그리고 둥그렇게 펼쳐진 마을이 나타난다. 중앙은 모두 논이고, 이 작은 분지의 가장자리로 집들이 연이었다. 그리고 분지는 수성체, 화성체, 금성체, 목성체의 산들을 울타리로 하였다.

밖에서는 이 안쪽으로 마을이 있으리라고 전혀 상상이 안 되는 작은 분지이다. 이 안에 마을이 자리 잡았고, 이곳에서 경주 이씨들이 오랜 세월 살아 왔다. 이전에는 아는 이들만 드나드는 그런 외진 곳이었단다. 가뭄에 콩 나듯이 어쩌다가 산세의 흐름을 따라 우연히 찾아든 지관들이 예정에 없는 손들이었다는 것이다.

이곳에서 초려 선생이 나시고, 그 자손들은 아직도 보발補髮을 한 채 유학자의 정신을 이어가고 있다. 기실 아당 선생도 신학문은 전혀 하지 않은 인물이다. 가학으로 내려온 한문만을 공부하신 분이다.

분지의 안쪽은 저절로 명당이 되었다. 높은 곳이지만 평탄하고 원만한 명당은 논으로 이루어졌다. 초려 선생의 고택은 마을 입구에서 바로 우측 중앙에 자리를 잡고 있다. 널따란 주차장 앞은 용문서원龍門書院이고, 그 아래로 큰집인 초려 고택과 작은집인 아당 선생의 본가가 늘어선 것이다.

마을 입구의 깨밭에는 마침 상투를 틀고 망건에 하얀 모시 등거리 차림을 한 아당 선생의 숙부께서 잡초를 뽑고 계셨다. 총무가 놀란 표정을 하고 내게 묻는다.

"여기는 아직도 옛 차림을 하고 계시네요?"

우리는 먼저 고택으로 들어섰다. 안채에는 중동정사中洞精舍란 현판이 걸려 있다. 모두들 타는 목을 축인 다음, 오른쪽 쪽문으로 나섰다. 쪽문의 앞뒤로는 은행나무가 서 있다. 쪽문을 나서 왼쪽으로 돌아들자, 지금은 배나무 밭이 훤하다.

용맥은 배나무밭 가장자리이자 서원과 고택의 담장 옆을 따라 내려오고 있었다. 그리고는 고택의 담장 끝에 와서 두두룩하게 솟았다. 작은 호박밭이 된 곳이다. 이

곳이 입수도두처이지 않나 싶은데, 이후의 행보가 묘연하다. 아당 선생 본가 바로 뒤껻의 푹 꺼진 밭으로 용이 품을 벌린 것으로 보이는데, 너무 지형을 바꾸어 놓은 탓에 전혀 가늠조차 되질 않는다. 용맥이 혹 아당 선생 본가로 들어간 것은 아닐까? 매미 울음만이 고막을 찢는다.

고택의 뒤껻으로 되돌아갔다. 뒤껻은 축대가 가파르게 쌓여 있는데, 중간중간이 균열을 보이며 무너지고 있었다. 이는 진행하는 용의 몸통을 등에 지고 고택이 앉았기 때문에 일어나는 현상이다.

바로 옆의 서원 뒤껻도 같은 모습에 같은 현상이 일어나고 있었다. 이곳도 기와를 얹은 담장 아래로 가파른 축대가 쌓여 있었고, 축대는 곳곳이 무너지고 있었다. 기대와는 달리 안타까운 모습이다.

아당 선생의 말에 따르면 본래 고택은 앞쪽의 능선 자락에 있었다고 한다. 그곳에는 아래쪽에 샘도 있는데, 그 집에서는 별 다른 재미를 못 보았다고 한다. 그래서 옮긴 곳이 지금의 터인데, 이곳으로 와서는 좋은 일이 많았다는 것이다.

더위에 지쳐 서원의 마루에서 땀을 식히고 있는 일행들을 뒤에 두고, 나는 옛 고택의 자리로 구경을 갔다. 그곳에는 유허비遺墟碑가 서 있었고, 아래쪽에는 과연 샘물이 하나 뚜껑에 덮여 있었다. 위쪽으로는 중출맥이 뻗어 내려왔다. 전방도 가깝지만 썩 좋은 모습이다. 물길도 감돌아 흘러간다.

초려 이유태(1607~1684) 선생은 장현광張顯光 · 김장생 · 김집의 문인으로, '유일遺逸'로 천거되어 세자사부를 지냈다. 그 후 여러 벼슬을 거쳐 이조참의를 지냈으며, 효종의 북벌에 참여하고, 사헌부의 김상헌金尙憲 탄핵을 극력 반대하기도 하였다. 역시 예학에 조예가 깊어 처음에는 양송兩宋과 의견을 함께하였으나, 뒷날 학문상의 의견 대립으로 절교하였다.

다음은 아당 선생의 말씀이다.

"그게 말예요, 같은 값이면 다홍치마라고 안 해요? 기왕 알고 있는 사실이니까, 집안마다 가능하면 좋은 자리를 골라 쓴 겁니다. 울산 김씨들만 해도 전라도 명당은 다 찾아 쓰지 않았습디까? 오늘 들른 노성 윤씨들도 그렇고. 나 또한 말은 잘 안 했지만, 나도 풍수에 관심이 많아요. 꼭 발복을 바라거나, 그걸 해서 남을 후려 돈 벌어먹겠다는 생각이 아니면 이것도 괜찮은 공부지요. 더욱이 똑같은 곳에 가서 같은 경치를 구경해도 남보다 하나 더 재미를 붙이는 거지요. 그리고 오늘 보니까, 회원들이 다 맑고 뿌리가 있는 사람들입디다. 오늘은 나도 집안 자랑을 했고 좋은 와체도 하나 보았으니, 보람도 있고 그래요. 유 선생도 재미 삼아 구경을 계속 다녀보도록 해요."

그렇다! 어떤 특별한 사정이 없는 한, 아는 길을 돌아가는 사람은 없는 법이다.

》가는 길
공주에서 유성으로 가는 금강 가의 옛길을 택하면 왕촌을 알리는 표지판이 나타난다. 표지판을 따라 약수장이란 식당 앞에서 우회전을 해서 50m쯤 가면 왼쪽으로 야트막한 산 위에 정자가 보인다. 그 정자를 바라보며 좌회전을 해서 좁은 길로 직진하면 작은 고개 너머 분지 안에 있는 초려 고택이 나타난다.

그래서 옛날의 선비들도 입에다가는 괴력난신怪力亂神을 올리지 않았지만, 돌아서서는 산서를 읽고 풍수지리를 익혔던 것이다. 풍수지리는 그들의 지리학이었으며, 한 가닥의 사유체계였던 것이다.

오늘의 답산에서 나는 옛 선비들의 사유체계를 엿보았음이다. 윤진의 묘소를 보고는 참으로 잘된 와체라고 미리 애기하던 아당 선생의 안목을 통해서이다. 옛 선비들은 풍수학을 입에 올리진 않았지만, 모두가 풍수학에 깊은 이해를 지니고 있었음이 더욱 분명해진 오늘이다 ■

5. 전의 이씨 시조 선산

전의全義 이씨李氏의 시조는 이도李棹이다. 이도의 처음 이름은 이치李齒로, 충남 공주 출신이다.

고려 왕건이 후백제의 견훤을 치고자 남하하여, 공주에 이르렀을 때의 일이다. 마침 이때 금강물이 홍수로 범람하여 왕건은 더 이상 진군을 할 수가 없었다. 그러자 이치가 나서서 뗏목배를 만들어 도강을 성사시켰다. 이 공로로, 이치에게 배의 노 역할을 잘 해냈다고 하여 '노'란 뜻을 지닌 '도棹'라는 이름이 하사되고, 삼한개국익찬공신삼중대광태사三韓開國翊贊功臣三重大匡太師에 책록되었다. 그는 노년에 전의 북쪽 운주산雲住山에 산성을 쌓고, 이곳에서 여생을 마쳤다. 이에 후손들은 전의를 본관으로 삼았고, 이도를 시조로 모시게 되었다.

그런데 오늘의 답산 예정지는 이도에게 몇 대가 되는지 알 수 없는 조상의 묘소이다. 그래서일까? 묘소의 입구에도 '全義李太師先山(전의이태사선산)'이라고 막연하게 표기되어 있다.

선산은 공주대교에서 대전 방향으로 난 신 도로의 약 2~300미터가량 위쪽에 자리한 금강홍수통제소 뒷산의 중턱에 있다. 공주시 시목동이다.

이곳에는 다음과 같은 전설이 어려 있다.

이도의 선조는 금강 가에 사는 가난한 뱃사공이었다. 그런데 심성이 어찌나 곱던지, 가난한 사람을 보면 있는 대로 털어 주어 인근의 거지들이 아비

처럼 따랐다고 한다. 뱃삯도 행인들이 형편에 따라
주는 대로 불평 없이 받았으며, 남의 일을 자기 일
처럼 돌보아 주었다고 한다.

어느 날이다. 평소처럼 강가에 나온 그에게 남루
한 복장의 행랑승 하나가 다가와 강을 건네 달라고
하였다. 강을 거의 다 건넜을 때이다. 노승은 내릴
생각도 없이 건너편에 물건을 두고 왔으니 다시 건
너가자는 것이었다. 다시 배가 이쪽으로 건너오자,
노승은 또 그냥 저쪽으로 다시 가자고 했다. 사공은
노승의 주문에 따라 불평하는 기색 하나 없이 묵묵
히 노를 저을 뿐이었다.

몇 번을 오고 갔을까? 날이 점차 어두워지는데,
다시 노승이 입을 열었다.

"참으로 소문대로 덕이 많은 군자시구려! 그런데
기색을 보아 하니 상중인 것 같은데, 묏자리는 어떻
게 잡아 두셨소?"

사공이 답을 하였다.

"선친이 작고하신 지 3년이 지났는데 아직 좋은
자리를 얻지 못해 임시로 집 뒤에 모셔 두었습니
다."

노승은 맞은편 산자락의 한 지점을 찍어 주면서
두 가지 다짐을 두었다.

"후일 반드시 이장을 하자는 사람이 나타날 터이
니, 석회 일천 포를 준비해서 단단히 묻도록 하시
오. 그리고 좀 있다 내가 몇 글자 적어 줄 터이니, 그
것을 함께 묻도록 하시오."

사실, 노승은 종일토록 뱃사공이 과연 소문대로
그렇게 덕이 많은 사람일까 시험하면서, 맞은편의

산에 있는 좋은 자리를 정확하게 찍기 위해 배를 타고 강을 오르내렸던 것이다.

사공 이씨는 석회 천 포를 준비하여 마침내 선친을 그 자리에 모셨다. 이때 인근의 거지들이 소식을 듣고 벌떼처럼 달려와 자신들의 일처럼 석회를 지고 산을 오르내렸다. 그리고 노승이 써 준 비문 하나도 무덤 안에 함께 묻었다.

그 후 전의 이씨들은 이 묘소의 발복으로 크게 일어났다. 자손들이 번창하고 부자가 되어 공주 지방의 호족으로 발돋움한 것이다. 이 가운데 가장 큰 이름을 날린 이가 바로 이치였다.

다시 십여 대가 흘러 광해군 때의 일이다. 당대의 명풍名風 박상희朴相熙가 이곳을 찾았다. 그리고는 문중에 건의를 하였다.

"이 자리는 산 뒤의 맥이 내려오다 끊겼기 때문에 일시적으로 발복을 했지만, 곧 지기가 쇠퇴해서 문중에 멸문의 화가 닥칠 것입니다. 그러니 속히 이장하는 것이 좋을 듯합니다."

누구의 말인가? 온 나라에 이름이 떠르르한 명풍 박상희의 말이 아니던가? 그리하여 문중에서는 부랴부랴 회의를 열어 이장을 결정하였다.

이장을 위해 산일이 벌어진 날이다. 그러나 석회로 다져진 묘는 아주 단단해서 삽날이 들어가지 않았다. 겨우 겨우 곡괭이질을 해서 한 층을 걷어내자, 그 안에서 글씨가 새겨진 돌이 하나 나왔다.

돌에는 "南來妖師朴相熙 但知一節之死 未知萬代榮華之地(남래요사박상희 단지일절지사 미지만대영화지지)"라고 쓰여 있었다. 이를 풀이하면, '남쪽에서 온 요사스런 술사 박상희가 단지 용의 한마디가 죽은 것만을 알고, 자손만대로 영화를 누릴 땅인 줄을 모르는구나' 하는 내용이다.

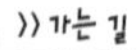

전의 이씨 시조 선산은 공주시 장기면 신관리 시목동에 있다. 공주대교에서 대전 방향으로 난 신도로의 약 2~300미터가량 위쪽에 자리한 금강홍수통제소 뒷산의 중턱에 자리를 잡았다. 낡은 제실의 오른쪽으로 뻗은 산길을 따라 300m 가량 올라가면 누워서 자라는 상록수가 길을 막는다. 바로 위를 차지한 묘가 전의 이씨 시조 묘소이다.

이를 본 박상희와 문중의 사람들은 놀라서 뒤로 자빠질 지경이었다. 이 자리를 잡은 노승이 뒷날까지 내다본 혜안에 혀가 절로 나온 것이다. 그들은 감탄에 감탄을 거듭하면서 도로 묘를 쌓았다.

❶전의 이씨 시조 선대 묘

선산에 올라 낡고 초라한 재실의 오른편으로 난 길을 따라 계속 오르면, 산중턱 오솔길 한가운데에 이도의 조상이 잠들어 있는 봉분이 나온다. 다소 가파른 길이지만, 묘소에 올라 보면 밝고도 상쾌한 느낌이 드는 그런 곳이다.

이곳은 단아한 목성체 산에서 내려온 중출맥이 크게 떨어진 뒤 주저앉듯이 50미터가량을 번번하게 내려오다가 혈을 맺은 곳이다. 그리고는 다시 아래쪽으로 내려가 고개를 만든 뒤 양쪽으로 갈라져 야트막한 봉우리를 만들고 완전히 주저앉았다. 절벽처럼 가파른 산자락 앞으로 도로가 지나고, 또 그 앞으로 이도의 조상이 사공 노릇을 하던 장기대나루가 지금은 추억에 묻혀 강물이 되어 버렸다.

이곳은 행룡하던 용의 등에 혈이 맺인 **기룡혈**騎龍穴이다. 혈이 마치 용의 등에 올라탄 듯한 형상이라서 붙은 이름이다. 기룡혈은 정상적인 혈이 아닌 괴혈怪穴의 하나로, 얼핏 보아서는 진행하는 용의 과룡처 같다. 그러나 용이 잠시 머뭇거리는 사이에 얼른 자리 하나를 맺은 곳으로, 마치 번갯불이 번쩍 하는 사이에 전혀 예상치 못한 곳에다 혈을 맺기 때문에 용은 이후로 더 진행을 해서 좌우로 돌아 끝맺음을 하거나 봉우리를 솟아 올린 뒤 끝맺음

〰️**기룡혈**(騎龍穴) : 주룡의 등마루에 섬룡입수하여 결지하는 것으로, 혈이 용의 등에 올라탄 듯하다 하여 붙여진 이름.

을 한다.

기룡혈은 발복이 매우 커서 공후장상公侯將相이 연달아 나오며, 수없이 많은 자손이 복을 누리게 된다는 대혈大穴이다. 그러나 기룡혈은 입수도두나 선익, 순전, 혈심 등이 뚜렷하지 않아 과룡처로 오인하기가 쉽다. 물도 입수도두처에서는 분명히 나뉘어져 좌우로 흐르지만, 순전 아래에서 다시 합수가 되어 물이 빠지는 방향인 파구도 파악하기 어렵다.

묘소의 앞에는 측백나무가 서고 누워 제멋대로 자라는데, 그 바로 앞을 보면 우에서 좌로 넘어간 얕은 지맥이 있다. 바로 하수사 역할을 하는 지맥이다. 그리고 묘소 뒤로는 작은 공터가 있는데, 그곳에는 입수룡이 길게 휘어 들어가고 있다. 이른바 **곡입수**曲入首로, 한쪽에 앉아서 올려다보면 또렷하게 그 길고 굽은 흐름을 볼 수 있다. 이 두 가지로 미루어 이곳은 분명한 기룡혈이다.

전방을 보면, 멀리 하늘 아래로 기가 막히게 아름다운 능선의 흐름이 보인다. 둥그스름 높이 솟은 봉우리 하나가 좌우로 제 몸보다는 크기와 높이를 낮춘 산을 끼고 있다. 그 곡선을 이어 보면, 마치 고개를 숙이고 좌우에 날개를 펼친 채 날아드는 봉황의 모습이다. 그래서 이곳을 **봉황귀소혈**鳳凰歸巢穴이라고 부르는데, 봉황이 둥지로 날아드는 모양의 혈이란 뜻이다.

문득 나는 그 산이 공주교대 뒷산이 아닌가 싶었다. 실제로 그 산 이름이 봉황산이고, 그 아랫동네가 봉황동이다. 봉황동에는 공주교대는 물론 공주 시청이 자리를 잡고 있다. 전방을 가늠해 보니, 봉황산 아래 오른쪽 끝으로 보이는 곳이 무령왕릉이 있는 능선이다. 그리고 왼쪽 앞으로 공산성이 보인다. 그러면 맞다. 봉황산이 확실하다.

그리고 또 이 혈은 **귀인단좌형**貴人端坐形이라고도 불린다. 주산이 단아한 목성체로 귀인봉에 해당하며, 이 혈의 위치가 인체에 비추면 명치끝의 당심혈當心穴에 해당한다. 당심혈의 자리는 인시寅時에 하관하면 바로 뒤 묘시卯時에 발복한다는 속발지지速發之地가 많다.

그러나 이곳에도 약점은 있다. 우측 인방寅方에 보이는 흉석凶石이 그것이다. 이는 겁살劫煞에 해당하는 지극히 흉한 방위로서, 살상 등의 흉악한 일을 당할 수 있기 때문이다.

그리고 안산도 어째 이상하다. 우리라도 분명 봉황산을 정안正案으로 삼았을 텐데, 이 묘는 어째 약간 왼쪽으로 돌아앉았다. 별다른 특징이 없는 민둥한 야산을 바라보고 있는 것이다. 용맥의 흐름에 따라 그냥 쓴 것이 아닐까 하는 일부의 견해도 일리는 있다. 그러나 그래도 그렇지, 저렇게 아름다운 봉황산을 비켜가기가 쉽지는 않았을 텐데. 혹 1,200년이나 되는 세월의 흐름 속에서 봉분의 각이 슬쩍 달라진 것은 아닌지 모르겠다.

아무튼 묘는 어느 것을 안산으로 하든지, 정좌계향丁坐癸向으로 앉았다. 물은 우측에서 좌측으로 흘러 건해파乾亥破가 되었다. 이는 88향법에서 최고로 길한 향으로 치는 정양향正養向에 해당한다. 정양향은 자손이 크게 번창하고 부귀해지며, 아내는 어질고 자식은 효도하며, 특히 과거에 급제하는 자손이 많이 나와 성인이나 재상이 기약되는 향이다.

이제 모두들 지쳐 파김치가 되었다. 연신 땀을 훔치면서 줄지어 오솔길을 내려간다.

6시가 넘었는데도 작열하는 오후의 늦은 햇살은 여전히 지칠 기색을 보이질 않는다. 그리고 이제 전설로만 남은 장기대나루에는 도도한 금강물이 여전히 흘러간다. 오늘, 우리의 답산을 흘깃 넘겨다보고 아무 일도 없었다는 듯이 강물은 예와 같이 흘러간다 ■

〰 **곡입수**(曲入首) : 곡선으로 입수하는 용맥.

〰 **봉황귀소형**(鳳凰歸巢形) : 봉황이 둥지로 날아드는 모양의 혈.

〰 **귀인단좌형**(貴人端坐形) : 귀인이 단정하게 앉아 있는 모양의 혈.

Ⅳ 울산 김씨의 복된 터 고창군 일대

흥덕은 물길을 헤치고 나아가는 배의 형상을 한 행주형行舟形의 길지로 풍수지리가들에게 손꼽히는 곳이다.

뒷산이 마치 배의 모양이다. 그래서 예로부터 흥덕에는 큰 부자가 많았는데, 이들은 한결같이 초가에서 살았다고 한다.

기와집은 무겁기 때문에 배가 가라앉는 것을 방지하기 위해서였다.

1. 봄빛 드는 전라도 땅

우리를 태운 버스가 서대전 톨게이트로 들어서서, 오늘의 답산 예정지인 전북 고창 쪽으로 향한다. 지난 연말 대전↔무주간 새로 개통된 고속도로가 기존의 호남고속도로와 얽혀 서대전 톨게이트 주변이 매우 번잡해졌다. 그 한쪽에 구봉산이 서 있다.

구봉산九峰山은 작지만, 아주 야무진 모습을 한 산이다. 논산 쪽에서 올라오다 보면, 대전 초입에서 방동저수지와 잘 어우러져 수려한 모습을 보이는 아홉 연봉이 곧 구봉산이다. 고속도로 위에서 보면 고속도로 나름대로의, 국도 위에서 보면 국도 나름대로의 절경을 드러내는 산이다.

구봉산 남쪽 자락은 그 아래에 흐르는 흑석리 샛강과 함께 산태극山太極 수태극水太極을 이루어, 일찍부터 풍수지리가들의 주목을 받아 왔던 곳이다.

전설에 의하면, 언젠가는 서씨徐氏 성을 지닌 인물이 그곳의 정기를 받고 태어나 한 시대를 이끌어 나가리라는 내용이다. 그런데 여기서 서씨는 꼭 '서' 씨의 후손일까? 아니면 대전의 '서' 쪽에 사는 토호土豪를 의미하는 것일까?

구봉산에 올라가 보면, 제일 높은 봉우리에 정자 하나가 서 있다. 그런데 모양이 그 흔한 팔각정이 아닌 구각정九角亭이다. 산봉우리의 수에서 온 구봉산이라는 이름에 걸맞도록 일부러 그렇게 설계, 건립한 것이다.

크기가 작은 것에 마련해선 힘차게 아홉 번 굽이친 구봉산이 오늘은 왠지 엉거주춤하다. 산 아래를 이리저리 어지르며 달리는 고속도로 때문이다. 남쪽 자락은 인간

의 손길이 아직 닿질 않았으니, 그래도 다행이다 싶다.

창을 뚫고 볼에 닿는 아침 햇살이 제법 따갑다. 봄이로구나. 어느 틈에 접어든 전라도 땅은 예의 붉은 황톳빛이다. 겨우내 거무칙칙하던 소나무에도 보일 듯 보이지 않게 푸른빛이 돌았다. 이곳에는 이제 잔설도 눈에 띄질 않는다. 지난달 발목 위까지 푹푹 빠지던 눈밭 속의 답산 길을 생각하니 무척 반갑다.

김제 뜰을 지난다. 어찌나 너른 평야인지, 우리나라에서 유일하게 지평선이 보이는 곳이다. 멀리 야트막한 산 하나가 우뚝 눈에 뜨인다. 김제군에서 가장 높다는 해발 78m의 황산黃山이다. 그 위로 솟은 군용 시설물이 볼썽사납다.

정읍 톨게이트 앞에서 광주, 대구 쪽의 회원들과 합류한 버스는 본격적으로 전라도 들길을 달리기 시작했다. 붉은 황토가 논이며, 밭이며, 산자락에서 이 나라 백성들의 애환을 담고 누워 있다. 한껏 찌푸린 잿빛 하늘과 예상 밖으로 멋진 조화를 이루었다. 이를 배경으로 늙은 소나무들이 그림처럼 서 있다. 역시 아름다운 전라도 땅이다.

"안녕하십니까?"

난데없는 마이크 소리이다. 오늘의 답산에서 안내를 맡은 정읍의 이춘기 회원의 인사와 안내가 시작된 것이다. 자신이 사는 고장의 명혈名穴을 더욱더 많이 보여주고 싶지만, 오늘의 답산이 울산 김씨 집안의 터가 중심인데다가 하루라는 시간이 너무 짧아 아쉽다는 언급이다.

그래도 그냥 지나치기가 섭섭했던지, 오른쪽 차창을 가리키며 저 너머가 진묵眞默 대사 어머님의 묘소란다. 곱게 핀 연꽃이 물에 떠 있는 형상의 **연화부수형**蓮花浮水形으로, 지금도 참배객이 끊이질 않는단다. 후손을 두려고 해야 둘 수 없는 스님을 낳았지만, 오늘날에도 후손의 역할을 대행하는 참배객들의 발길이 이어지니 참으로 명당이란 설명이다. 뒷날 개인적으로나마 한번 꼭 들러보라는 당부도 빠뜨리질 않는다.

진묵 대사는 조선 중기를 살다 가신 큰스님인데, 우리에게는 신비한 기행과 일화로 더욱 널리 알려진 분이다. 다음은 진묵 대사의 행자 시절 이야기이다.

어느 날, 봉서사鳳棲寺에서 쌀을 씻던 행자 진묵이 평소와는 달리 엉뚱한 곳에다 쌀 씻은 물을 끼얹는 것이었다. 이를 괴이 여긴 주지 스님이 연유를 묻자, 해인사에 불이 나서 그걸 끄려고 그쪽으로 물을 버렸다며 대답하는 진묵이었다. 해괴한 소리를 한다고 귓등으로 넘겨들은 주지에게, 며칠 후 해인사 쪽에서 온 객승 하나가 찾아들었다. 그는 얼마 전 해인사에 화재가 있었는데, 뜨물처럼 뿌연 소낙비가 내려 불길이 금방 잡혔다는 소식을 전하는 것이었다. 이 말을 듣고 깜짝 놀란 주지 스님은 날짜를 꼽아 보았다. 그리고는 그날이 바로 행자 진묵이 해인사 쪽을 향해 뜨물을 버린 날임을 깨달았다.

버스가 흥덕興德에서 우회전을 하였다. 흥덕은 조선시대에는 현縣이 있던 큰 도시였는데, 지금은 위축되어 면소재지로 처지게 된 곳이다. 퇴락한 작고 얕은 건물들이 전형적인 농촌의 면소재지를 쓸쓸하게 그려 내고 있다.

흥덕은 물길을 헤치고 나아가는 배의 형상을 한 **행주형**行舟形의 길지로 풍수지리가들에게 손꼽히는 곳이다. 뒷산이 마치 배의 모양이다. 그래서 예로부터 흥덕에

는 큰 부자가 많았는데, 이들은 한결같이 초가에서 살았다
고 한다. 기와집은 무겁기 때문에 배가 가라앉는 것을 방
지하기 위해서였다.

흥덕을 지난 버스가 부안의 농협 앞에서 또 우회전을
한다. 이윽고 김성수金性洙 · 김연수金秊洙 형제의 생가를
알리는 표지판이 나타났다. 마을로 들어서자 위풍도 당당
하게 서 있는 기와집들이 보였다 ■

≈ **연화부수형**(蓮花浮水形) : 곱게
핀 연꽃이 물에 떠 있는 형상
의 혈.

≈ **행주형**(行舟形) : 물길을 헤치
고 나아가는 배의 형상을 한
혈.

2. 울산 김씨와 풍수지리

　　오늘의 답산은 울산 김씨들이 대대로 뿌리를 내리고 살아온 고창 지역이 그 중심이다. 그리고 방문 예정지들도 모두 울산 김씨들과 깊은 연관이 있는 곳들이다. 따라서 이 대목에서는 먼저 울산 김씨 문중의 내력과 풍수에 대한 그들의 관심을 대강이나마 짚어 보기로 한다.

　　울산 김씨는 신라의 마지막 임금 경순왕의 둘째 아들인 학성부원군鶴城府院君 김덕지金德摯를 시조로 한다. 그는 형 마의태자麻衣太子와 함께 신라의 천년 사직을 지켜야 한다며, 고려로의 항복을 끝까지 반대하였다. 마침내 신라가 고려로 넘어가자, 마의태자는 금강산으로 종적을 감추었고, 학성부원군은 가야산 해인사로 은거의 길을 택하였다. 그 뒤 그의 아들이 나주군羅州君으로 봉해지자, 처음에는 나주 김씨로 본관을 정했다.

　　그런데 고려시대 언제부턴가 이들은 전라도 땅으로 거처를 옮기고, 본관도 바꿔 울산 김씨로 불리게 되었다. 나주 김씨에서 울산 김씨로 본관을 바꾼 연유도 기록에 불분명하지만, 울산의 고호古號가 학성鶴城이었던 점으로 미루어 본다면, 시조 학성부원군의 봉호가 직접적인 원인이 아닌가 여겨진다.

　　그 뒤 몇몇 울산 김씨들이 고려 조정에 벼슬을 하였지만, 큰 벼슬을 지낸 분은 없다. 그러다가 중시조인 흥려군興麗君 김온金穩 때에 이르러, 울산 김씨 문중이 역사에 두각을 드러내게 되었다.

김온은 고려 충목왕 4년(1348)에 태어나 우왕 6년(1380)에 갑과甲科에 합격하여 벼슬길에 나서게 되었는데, 뒷날 태조 이성계李成桂를 도와 조선 건국에 일익을 담당하였다. 그는 특히 위화도 회군 당시 이성계의 막하에서 경리 업무를 담당하여, 휘하의 급료給料와 관료官料를 공평하게 집행하여 신임을 얻었다.

조선 건국 후 그는 태종의 비 원경왕후元敬王后 여흥驪興 민씨閔氏의 사촌 자매에게 장가를 들었다. 그리하여 그는 당시의 가장 큰 외척 세력이었던 원경왕후의 아우 민무질閔無疾·민무구閔無咎 형제와 사촌 처남·매부 사이가 되었다.

그러나 태종의 외척 세력 배격으로 민씨 형제가 처형될 당시, 그 또한 형틀에 목숨을 잃었다. 오늘날 울산 김씨들이 중시조로 삼아 극진히 모시는 민씨 할머니는, 당시 남편의 시신을 수습도 못한 채 아들 삼형제를 데리고 장성長城의 맥동麥洞으로 피신하여 홀로 삼형제를 길러 냈다.

사실 민씨 할머니 이전의 울산 김씨들에 관한 기록은 상세하지 않다. 조선 초기의 어떤 사건에 연루되어, 선대의 기록을 모두 불에 태웠던 까닭이다.

우리나라 명가들 중에는 울산 김씨 문중만큼 풍수지리에 관심이 많았던 집안은 흔치 않다. 울산 김씨 문중은 명혈을 찾느라 많은 힘을 기울였는데, 여러 가지 정황으로 미루어 보아 민씨 할머니 묘소의 조성이 그 시작이라고 여겨진다.

그들은 특히 도선道詵(827~898) 국사의 『유산록遊山錄』에 실린 명혈을 찾아내 그곳에 묘를 쓰는 데 많은 힘을 쏟았다. 그래서 그런 터가 나오면 재산의 절반을 선뜻 떼어 주기까지 하여, 드디어는 도선 국사의 『유산록』에 언급된 인근 24곳의 혈이 울산 김씨들에 의해 모두 세상에 소개되기에 이르렀다.

그리고 울산 김씨들은 한 혈에 한 기의 무덤을 쓰는 것으로 유명하다. 부부를 합장하지 않는 것이다. 그 이유는 혈마다 한 분씩을 모셔야만 그 혈에서 나오는 기氣를 온전히 받아들일 수 있기 때문이라는 것이다. 두 분을 모셔 합장하게 되면, 그 기가 반분된다는 것이다. 그 결과, 울산 김씨 문중의 묘에는 부부가 멀리 떨어져 따로 묻히는 현상이 나타나게 되었다.

어찌되었든, 울산 김씨 문중은 이 땅에 많은 인재들을 낳았다. 호남인으로는 유일하게 문묘文廟에 배향된 조선 중기의 성리학자 하서河西 김인후金麟厚(1510~1560)를 비롯하여, 근대사의 큰 인물 인촌 김성수(1891~1955)가 대표적으로 손꼽힌다. 참고로 문묘에는 우리나라의 선현先賢 18분이 배향되어 있다.

오늘의 방문 예정지에는 민씨 할머니의 묘소는 물론이고, 하서 선생의 묘소와 인촌 선생의 생가가 포함되어 있다. 각각에 관해서는 뒤에서 따로 언급한다.

인촌 선생 집안의 흥성은 9대조 김창하金昌夏 묘소의 발복이라고 한다. 그런데 오늘의 답산 예정지에는 인촌 선생의 9대조 묘소가 빠져 있다. 9대조의 묘소는 전남 순창군 복흥면 자포리의 화개산 아래로, 지리적으로 멀리 떨어져 있는 탓이다. 그리고 복흥군에 있는 좋다는 혈은 모두 울산 김씨가 독차지하고 있다고 한다.

인촌 선생 9대조의 묘는 내장산 연좌봉에서 내려온 혈로, 수컷 봉황이 알을 품는 형세를 한 **자봉포란형**雌鳳抱卵形이라고 한다. 자포리雌抱里란 이름도 이 혈의 이름에서 연유한 것이다. 혈은 우백호의 겨드랑이에서 뻗은 **익간혈**翼間穴로 유명하다 ■

지관이란 칭호의 유례

지리와 풍수설에 능통하여 땅의 길흉을 점지하는 사람을 흔히 풍수사, 지사, 지관이라 부른다. 그런데 이 가운데 지관地官이라는 명칭은, 왕릉을 조성할 때 지리를 살피는 소임을 맡은 사람을 가리키던 칭호에서 유래하였다.

왕릉을 선정할 때는 온 나라의 풍수사 가운데서 우수한 몇 명만을 선정하여 상지관相地官으로 임명하였다. 그런데 일단 '지관'으로 임명되면, 이는 나라에서 실력을 인정받은 것이 되기 때문에, 풍수사 중에서 첫째라는 권위가 주어졌다. 다른 벼슬도 마찬가지이지만, 한번 지관에 임명되면 그들은 퇴임 후에도 계속 지관이라는 호칭으로 불려졌다. 그러다가 점차 세월이 흐르면서, 실제 지관에 임명된 일이 없는 사람도 경칭으로 지관이라고 불리게 되었다. 그러나 특별히 나라의 일에 관여하기 위해서 뽑힌 풍수사만큼은 '국풍國風'이라고 불러 남다른 예우를 하였다.

풍수는 한문을 이해할 수 있는 사람이 아니면 공부가 불가능했기 때문에, 주로 승려나 지배 계층이 아니면 풍수사가 될 수 없었다. 따라서 풍수사의 지위는 다른 점복술占卜術을 하는 사람과는 달리, 사회에서 대우와 존경을 받았다.

3. 인촌 김성수 선생 생가

인촌의 생가는 공간적으로도 무척 큰 집터이다. 이 집은 본래 연일延日 정씨鄭氏의 자리였는데, 울산 김씨의 보금자리로 바뀌게 된 데는 다음과 같은 경위가 있다.

인촌의 증조부 김명환金命煥 때의 일이다. 당시 장성의 맥동에 살던 증조부가 무슨 일인가로 고창의 해리에 다녀오던 길이었다. 아픈 다리를 쉴 겸 묵게 된 곳이 지금의 인촌 생가가 된 집이었다.

당시 주인은 천석지기 부자 정계량鄭癸良이었는데, 그들은 그날 밤 술자리를 함께하면서 의기가 통하였다. 그리하여 마침내 서로 사돈지간이 될 것을 약속했고, 이 약속은 실행에 옮겨졌다. 울산 김씨 셋째 아들 김요협金堯莢과 연일 정씨 무남독녀가 부부의 연을 맺게 된 것이다. 그 뒤 김요협은 처가살이를 하면서 더욱 많은 재산을 모으게 되었다.

이 치부의 과정에 대해, 울산 김씨들은 정씨의 근검과 절약을 내세운다. 삯바느질까지 하면서 열심히 모았다고 주장하는데, 천석지기 부잣집 마님의 삯바느질은 글쎄 현실감이 없다. 오히려 전해 오는 다음의 이야기가 옳을 듯싶다.

전하는 말에 의하면, 정씨 부인은 대단한 인물이었던 모양이다. 어려운 사람들에 대한 동정심 때문이었는지, 여장부의 배포였는지, 돈을 꾸러 오는

사람이 있으면 아무 말 없이 그들의 요구대로 내줬다고 한다. 그런데 무슨 복이 그리 많았을까? 정씨 부인에게 돈을 꾸어간 사람들은 그 돈으로 벌린 일이 무조건 잘 되었다는 것이다. 그래서 그들은 원금의 몇 배가 되는 돈을 감사한 마음으로 갚았고, 정씨 부인은 일약 만석지기로 호남의 갑부가 되었다는 이야기이다.

정씨 부인과 김요협은 장남 기중祺中과 차남 경중暻中을 두었는데, 장남 기중은 후손을 잇지 못했다. 그래서 경중의 큰아들인 인촌이 큰집에 양자로 가게 되었고, 작은아들 연수가 경중의 대를 잇게 되었다. 인촌은 뒷날 동아일보와 삼양사 회장을 지낸 상만相万을 낳았고, 연수는 국무총리와 고려대 총장을 지낸 상협相浹과 삼양사 회장 상홍相鴻을 낳았다.

그런데 인촌이 17세 때의 일이다. 집안에 원인 모를 도깨비불이 나타나고 화적떼가 기승을 부리자, 인촌 집안은 줄포면 곰소로 이사를 갔다. 그 뒤 6·25 전쟁 시 퇴각하던 인민군들은 부안군 일대를 들쑤셔 놓았지만, 인촌 일가는 전혀 피해를 입지 않았다고 한다.

》가는 길

인촌 김성수 선생의 생가는 고창군 부안면 봉암리에 있다. 서해안 고속도로 선운사 IC를 빠져나와 선운사 가는 길로 접어들어 가면 부안면소재지가 나온다. 여기서 안내 표지판을 따라 오른쪽으로 734번 국도를 타고 7.7km쯤 가면 봉암리가 나오는데 이곳에 인촌 선생 생가가 있다. 곳곳의 안내판이 친절하다.

도깨비불 때문에 인촌 집안이 부를 축적했다는 말도 있지만, 도깨비불 덕에 인 민군들을 피할 수 있었던 것만은 확실하다고 하겠다.

생가 앞의 잘 다듬어진 주차장에 하차한 다음 곧장 뒷산으로 올랐다. 혈맥을 보기 위함이다. 멀리 고창읍에 있는 방장산에서 방문산을 지나 소요산을 거쳐 힘차게 달려온 지맥이 학산鶴山을 솟아 올렸고, 학산은 그 앞에 기를 쏟아 혈을 맺었다. 학산이 생가의 현무봉玄武峰에 해당하는 것이다.

그런데 학산에서 내려온 용의 아랫부분은 식별이 용이하지 않다. 그러나 자세히 살펴보면, 두 기의 묘소(모두 보룡補龍 위에 자리를 잡았는데, 오른쪽은 해주海州 오씨吳氏의 묘임) 사이로 작은 맥 하나가 굽이쳐 내려오다가 생가의 뒤뜰 대숲으로 몸을 숨겼다.

숨은 용을 찾는 방법의 하나는 물골을 보는 것이다. 낙엽이 잔뜩 쌓인 산기슭을 따라 물골이 꾸불꾸불 나 있는 것이 보인다. 바짝 말랐지만 물이 흘러내린 자국이 여실하다.

두 줄기로 흘러내린 물골 사이를 살펴보니, 용맥이 뻗어 있다. 그런데 용맥이 아무리 숨는다고 해도 물길은 결코 용맥을 타고 넘지 못한다. 물이 용맥의 기를 감싸 보호해 주며 따라 흐르는 까닭이다.

대숲에서 언뜻언뜻 볼록볼록 솟아 존재를 보이던 용은, 맥을 따라 위로 오를수록 더욱 기세가 좋고 힘이 찼다. 그리고 중간 중간에 개장開帳을 하고 있으니, 이는 용맥을 지탱해 주기 위해 좌우로 벌린 요도지각橈棹枝脚이다.

개장이란 소맷자락으로 몸을 감싸듯, 용맥의 좌우로 지맥이 뻗어 주맥을 보호하는 형용을 가리킨다. 요도지각이란 물살을 헤치고 나아가는 배의 노처럼, 용의 진행 방향에 따라 몸통의 좌우에서 앞으로 뻗은 작은 지맥들을 가리킨다. 이 지맥들이 앞으로 뻗어 가는 용의 몸통을 튼튼하게 받쳐 주는 역할을 한다.

우리 회원들은 혈지를 방문하면 으레 용맥부터 찾는다. 물론 용맥이 한눈으로 보아도 분명할 때는 당연히 생략하지만….

용맥부터 찾는 이유는 무엇일까? 결론부터 이야기하면, 용맥이 분명해야 결지가 되고 혈이 맺히기 때문이다.

거대하고 험준한 태조산太祖山에서 나온 용은 수백 리, 혹은 수십 리를 달리며,

중조산中祖山을 지나 소조산小祖山을 거친다. 그 과정에서 용은 몸을 이리저리 뒤채고, 오르락내리락거리고, 넓어졌다 좁혀지기도 하면서, 그 거칠고 험한 기를 고르게 정제하고 순화시킨다. 마침내 끝자락에 혈 한 자리를 맺기 위한 진통이다. 거친 기를 승화시켜 끝자락의 혈 한 자리에 온화한 기를 낳느라고, 긴 여정에서 그리도 많은 변화를 부리는 것이다.

이 과정을 지질학적으로 이야기하면, 험한 악산惡山의 바위투성이가 수많은 변화와 굴곡을 거치는 행룡行龍을 통해, 마침내 일견 단단하지만 손으로도 쉽게 부수어지는 곱디고운 혈토가 되는 이치이다.

아무튼 혈처가 이루어지려면 우선 살아 있는 용이 필연적으로 있어야 한다. 그리고 이런 연유에서, 혈처가 맞는지 안 맞는지 알아보기 위해 우선 행룡을 보는 것이다.

앞에 가던 정 선생이 소나무 뿌리를 가리키며 말한다.

"자, 여기 소나무 뿌리를 보십시오. 소나무가 땅속에 뿌리를 힘 있게 박지 못하고, 이렇게 뿌리 윗부분이 노출되어 있지 않습니까?

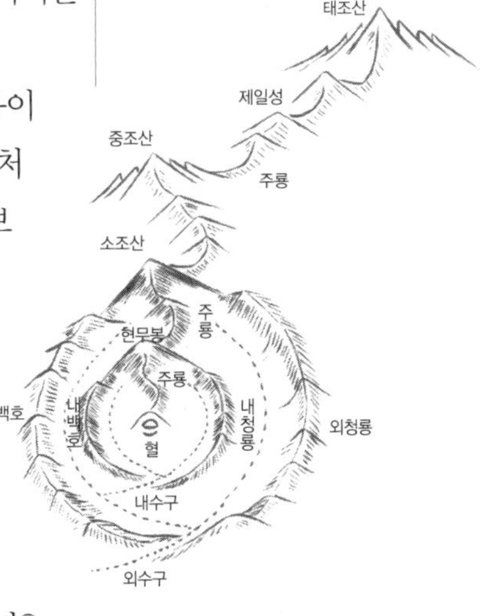

　　이는 용맥이 지니고 있는 힘찬 기 때문에, 단단한 흙 때문에 일어나는 현상
입니다.”

　　그 말에 고개를 주억거리며 용의 등줄기를 따라 솟은 소나무들을 보니, 한결같
이 뿌리의 윗부분을 대기 중에 드러내 놓고 있었다.

　　생가의 내부를 구경하기 위해 오른편 골목으로 내려오는 길이었다. 좌청룡의 한
가운데가 늘어져 쳐진 곳에, 보름달처럼 둥근 봉우리 하나가 얼굴을 반쯤 내밀고
있다. 잘 보니, 또 한 개의 작은 봉우리가 역시 둥근 모습으로 그 사이에 끼어 있다.
마치 동심원 두 개를 그려 놓고 그 절반을 자른 모습이다.

　　뒤쪽에서 모양을 내민 조금 더 큰 봉우리는 귀봉貴峰으로, 망월望月(보름달)이다.
마치 동쪽 하늘에 떠오르는 보름달의 형세이니, 이는 부를 부르는 형국이다. 그런
데 사이에 낀 작은 봉우리는 규봉窺峰으로 보아야할 듯싶은데, 이 규봉 탓에 이 집
에 화적이 그렇게 출몰하였던가?

　　다시 대문 앞에 이르렀다. 대문이 정북향으로 나 있다. 큰집과 작은집도 모두 북
향으로, 전형적인 북향대지北向大地이다.

　　북향대지가 되기 위해 꼭 필요한 조건의 하나는, 절대 뒤가 높아서는 안 된다는
점이다. 뒤가 높으면 남쪽에서 쏟아지는 햇빛이 가려져서 양기陽氣가 차단되는 까
닭이다. 요즘 식으로 단순하게 얘기하면 채광이 되지 않는 단점 때문이다. 뒤가 높
아서는 안 된다는 연유에서, 뒤편의 용맥은 필연적으로 낮게 깔리는 것이다.

　　아주 커다란 울타리를 두르고 있는 인촌의 생가는 위채와 아래채로 나뉘어 있는
데, 위채가 큰집이고 아래채가 작은집이다. 따라서 인촌은 아래채에서 태어나 위채
의 대를 이은 인물이다.

　　대문을 들어서면 작은집의 바깥채인데, 우물이 먼저 눈에 띈다. 지표면과 우물
수면이 거의 같은 높이인 점으로 미루어 진응수眞應水이다. 수맥을 찾아 억지로 판
샘이 아니라 저절로 솟아나는 물이니, 그 수면이 지표와 같은 높이를 지니게 되는
것이다.

　　한쪽에는 김경중, 김연수 부자의 동상이 서 있다. 왼쪽의 김연수는 양복을 입고
서 있고, 오른쪽의 김경중은 한복에 정자관을 쓰고 의자에 앉아 있는 모양이다. 민

족의 근·현대사가 교차하던 시점을 살다간 이들의 인생 행로만큼이나 묘한 느낌을 주는 의상에다 자세이다.

이런 모양과 이런 느낌은 또 큰댁의 바깥채에서도 계속되었다. 다만 김연수 역할을 김성수가, 김경중 역할을 김기중이 하고 있을 뿐이다. 그리고 그들 앞에 김상만·고현남高賢男 부부가 흉상으로 자리를 잡고 있다.

대숲에서 내려온 용맥이 혈을 맺은 곳은 과연 어디일까? 모두의 주된 관심사였는데, 작은집의 안채로 의견이 통일된다. 같은 울타리 안의 윗집과 아랫집이건만, 훈기가 감도는 곳은 단연 작은집 안채이다.

큰집은 과룡처에 자리하고 있었다. 3대 내에 후사가 끊긴다는 곳이다. 도깨비불이 난 곳이라는 팻말이 안채의 창고 기둥에 붙어 있고, 인촌의 부통령 취임사가 사랑채 마루 위에 액자로 걸렸다. 작은집에 비해 서늘한 기운이 감돌고, 아늑한 맛이 없다.

혈판에 자리한 작은집의 안채는, 건물의 무게 중심이 있는 기두起頭 방위가 임자계壬子癸의 감坎으로 동사택東四宅에 해당한다. 건물의 배치 방위는 진손사辰巽巳가 속해 있는 손巽에 해당한다. 이는 가택

◐ 인촌 생가 우물

구성법家宅九星法으로 보면, 생기生氣에 해당한다. 생기는 구성九星 가운데 탐랑성으로, 가운이 번창하고 속히 부귀를 이루는 속발부귀速發富貴의 형세란다.

이런 자리에 양택陽宅을 쓰면 이 집에서 잉태한 자손만이 잘된다. 지기감응地氣感應만이 이루어지는 까닭이다. 쉽게 풀이하면, 땅의 기운이 남자의 정자에 깊고 좋은 영향을 미쳐 훌륭한 후손을 잉태케 한다는 말이다. 이런 자리에 음택陰宅을 쓰면 동기감응同氣感應이 이루어져 모든 자손들이 골고루 잘된다고 한다. 이는 같은 피를 나눈 후손들에게 골고루 좋은 영향을 준다는 말이다.

어려운 설명이 계속된 탓일까? 정 선생이 우스운 얘기를 곁들인다.

"그런데 요새는 신혼여행을 간답시고 한밤중에 술에 취해 제주도 호텔 꼭대기에서 아이를 만드니, 과연 어떤 아이가 나오겠습니까?"

곳곳에서 웃음이 와그르르 터진다.

그런데 정작 논란거리는 이 작은집 안채의 향向과 수구水口였다. 향이 얼마간 모호하게 서 있는데다가, 수구가 첩첩으로 둘려진 청룡과 백호에 가려 육안으로 분명하게 보이지 않는 탓이었다.

정 선생의 견해로는, 계좌정향癸座丁向에 우수도좌右水到左의 건해파乾亥破란다. 이렇게 따지면, 88향 가운데 11개의 길한 향에서 최고 길하다는 정양향正養向이다. 정양향은 물이 우수도좌하고 곤신파坤申破에 신술향辛戌向이거나, 건해파乾亥破에 계축향癸丑向, 간인파艮寅破에 을진향乙辰向, 손사파巽巳破에 정미향丁未向이 이에 속한다. 정양향은 자손과 재물이 왕성하게 번창하고, 공명현달功名顯達한 자손이 나오는 향이다.

그런데 몇몇 사람들은 자좌오향子座午向에 내파內破로 보아 임파壬破라고 한다. 이렇게 보면, 이는 태향태류胎向胎流에 해당한다. 태향태류도 물은 우수도좌하고 경파庚破에 경유향庚酉向이거나, 임파壬破에 임자향壬子向, 갑파甲破에 갑묘향甲卯向, 병파丙破에 병오향丙午向이 이에 속한다. 태향태류는 크게 부자가 되고 매우 귀하게 되며, 자손이 번창하는 향이다.

이 두 가지 견해에 대해, 나로서는 아직 무엇이 옳은지 판단할 처지가 전혀 아니다. 그러나 어느 쪽이 옳건 그르건 간에, 나를 기가 막히게 하는 것은 두 견해 모두 결론은 하나같이 좋은 형국이라는 점이다. 참으로 좋은, 아주 좋은 터는 **나경패철**羅經佩鐵도 필요 없다더니, 인촌의 생가는 길지임에 틀림없다는 생각이 들었다.

대문 밖에서 전방을 바라보니, 학산에서 내려온 청룡과 백호가 부드럽게 혈을 안고 있다. 좌우 모두 등 돌림 없이 포근한데, 특히 백호는 느긋하고 여유스런 품새로 더욱 길게 뻗어 감아든다. 그런데 용맥도 백호 쪽으로 발달해 뻗어가고 있다. 이는 장손長孫보다는 지손支孫이 더 나을 형세이다.

백호 앞으로는 넓은 들녁이 시원스럽다. 많은 부를 불러오는 명당이다. 그 뒤로 멀리 변산반도의 관음봉과 능가산이 안산으로 솟아, 출렁이는 능선의 가운데에서 삐죽거린다. 아, 저 유순하지 못한 안산이 도깨비불을 불러온 것은 아닐까?

인촌 김성수는 1891년에 태어나, 대한민국의 2대 부통령을 지냈다. 정치·언론·교육·문화 각 방면에서 선구적인 역할을 담당하였는데, 동아일보와 고려대학교, 중앙중·고등학교, 주식회사 경방과 삼양사가 모두 그의 손을 빌려 이 땅에 빛을 보았다. 1980년대 학생운동이 치열하던 시기에는 개량적 민족주의자로 분류되어, 학생들에게 거센 비판의 대상이 되기도 하였다. 특히 고려대생들은 그의 묘소와 생가를 찾아 규탄의 장을 열기도 하였다. 1955년에 세상을 떴다 ■

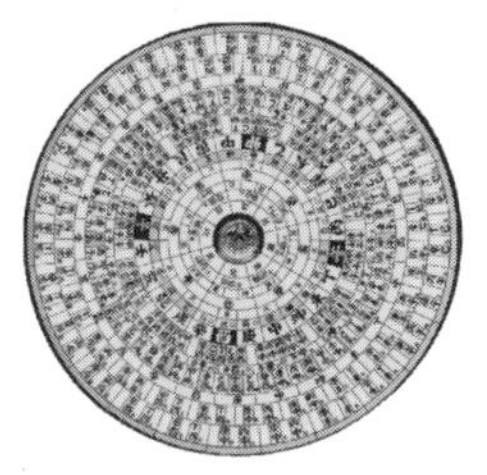

≋ **나경패철**(羅經佩鐵) : 풍수에서 방위를 잴 때 쓰는 일종의 나침반.

4. 미당 서정주와 선운사

내게는 변산반도 일대가 퍽 친숙한 곳이다. 답답한 심정이 들 때면, 혼자서라도 불쑥불쑥 찾아 들던 곳이다. 정갈한 수행 도량 선운사禪雲寺에 오면, 넉넉한 마음이 절로 일고 언제 그랬느냐는 듯 마음이 착 가라앉는다.

또 깎아지른 절벽 위에 자리 잡은 도솔암은 면도날처럼 새파랗게 날을 세우고 수행에 정진하는 수행자들을 그려 볼 수 있어, 내 목덜미까지 서늘해지기도 한다.

그리고 황혼 무렵에 낙조대落照臺에 오르는 날은, 나도 몰래 삶의 희열을 느끼며 몸서리를 치곤 했다. 살아 있다는 이유 하나만으로, 광막한 하늘을 장엄하게 물들이는 신의 존재를 느낄 수 있기 때문이었다.

그런데 선운사로 드는 길목에서 결코 빠뜨릴 수 없는 인물이 둘 있다. 한국 한시사漢詩史에서 보기 드문 여류 시인으로서 아름다운 시를 남긴 계생桂生(1573~1610)과, 현대시의 거두 미당未堂 서정주徐廷柱(1915~2000)가 바로 그들이다.

부안 출신의 기생이었던 계생은 뛰어난 시와 노래와 춤으로 당대의 명사들인 허균許筠·유몽인柳夢寅 등의 사대부들과 재주를 겨루었으며, 그들의 가슴을 설레게 하였다. 특히 중인 출신의 시인 유희경劉希慶과 시를 주고받으며, 둘만의 애틋한 사랑을 나눈 것으로도 유명하다. 계생의 자호는 매창梅窓이다.

고창군 부안면 출신인 미당은 일제 강점기의 행적 때문에 비난을 받기도 하지만, 우리 민족의 정서를 우리말에 대한 특유의 감각과 운율로 엮어낸 탁월한 시인이다. 그래서 우리 현대시에 새로운 지평을 열었다는 평을 얻었다.

미당의 생가는 수광산에서 출맥하여 소요산을 지나 뻗어온 용이 토해낸 혈에 자리하고 있다. 꽤 높은 현무봉의 정상은 험한 바위들이 울퉁불퉁 하얗게 솟아 매우 억세고 사나운 형세이다.

그런데 산허리 부근부터 아래로는 이내 푸른 송림이 우거져 있다. 이것은 험한 살기를 벗어, 곧 탈살脫煞을 해서 거친 기들이 순화되었다는 증거이다. 안산에 해당하는 봉우리는 다소 민둥하지만 그래도 퍽 솟은 문필봉이다.

아쉽게도 버스는 그냥 지난다. 풍천장어집 앞도 그냥 지난다. 풍천장어는 복분자술과 함께 이곳의 특산품이다. 민물과 짠물이 섞이는 풍천에서 나는 장어는 그 굵기도 굵기려니와, 고소한 맛 또한 일품이다. 그리고 여기에 곁들이는 것이 복분자술이다. 복분자는 산딸기를 가리키는데, 그 모습이 뒤집어 놓은 요강과 같다고 해서 한자로 '뒤집힐 복(覆)'에 '동이 분[盆]'을 쓴다. 그런데 이곳 사람들은 복분자술을 마시고 소변을 보면, 요강이 뒤집히기 때문에 복분자라고 설명한다. 복분자술의 정력적인 효능을 강조하려는 의도와 장난기가 맞아떨어진 얘기이다.

삼인리의 선운사 주차장에 버스가 섰다. 언제 와

서정주 생가와 안산

매창 시비
서정주 시비

도 차분해서 좋은 절집이오, 진정한 수행자들의 터인 선운사다.

내륙의 최북단에서 자란다는 '송악(천연기념물 제367호)'을 좌측으로 끼고 선운사를 향하는 길목이다. 한가한 걸음을 흥에 따라 옮기며 산책하기에 알맞은 아름다운 길이다. 냇가에는 크고 작은 단풍나무들이 고즈넉이 눕고 섰다.

가을날 선운사에 오면 이 단풍을 볼 일이다. 맑은 수면 위에 아롱대는 단풍 빛을 뚫고 물고기들이 떼지어 노니는 모습은 참으로 아름답다. 그 시간이 모락모락 물안개가 피어오르는 새벽이면 말할 나위가 없다. 그렇지 않아도 넋을 빼는 경치가 몽환적인 분위기에 휩싸이는 것이다. 그래서 그때쯤이면, 수많은 사진작가들이 그 광경을 잡고자 카메라 렌즈 뚜껑을 열고 늘어서 있는 것을 쉬이 볼 수 있다.

그리고 다 아는 얘기지만, 봄날의 동백꽃도 유명하다. 겨울을 뚫고 방긋 벌린 빠알간 동백꽃의 모습은 요염한 듯, 수줍은 듯 고혹적이다. 진입로 입구 위쪽에 서 있는 미당의 시비詩碑에 새겨진 시「선운사 동구洞口」에도, 동백꽃을 찾은 미당과 동백꽃의 모습이 얼비쳐 있다.

선운사는 서해안고속도로 선운사IC를 빠져나와 22번 국도를 타고 선운사 표지판을 따라 10km 쯤 가면 된다.

미당의 생가는 고창군 부안면 선운리에 자리하고 있다. 인촌의 생가에서 선운사 방향으로 가는 길목에 미당시문학관과 함께 있다.

선운사 골째기로
선운사 동백꽃을 보러 갔더니
동백꽃은 아직 일러 피지 안했고
막걸릿집 여자의 육자배기 가락에
작년 것만 상기도 남었읍디다.
그것도 목이 쉬어 남았었읍디다.

부푼 마음으로 선운사를 찾은 미당에게 아쉽게도 새로 핀 동백꽃은 보이질 않고, 시들어 말라붙은 작년 것만 보인다. 육자배기를 부르던 막걸릿집에 목 쉰 여인의 이미지를 담고 시든 꽃으로 남아 있다.

시든 동백꽃이나 시든 여인의 삶에 대한 안타까운 몸짓은 차라리 처절하다. 어느 누가 거들떠보지 않아도 살아갈 수밖에 없는 운명을 지닌 동백꽃과 여인이다. 삶에 대한 강렬한 이미지가 묻어나는 시이다.

아무려나 나는, 우리는 선운사의 동백꽃을 사랑한다.

그리고 미당의 시비 옆에는 조선 후기의 고승 백파白坡(1767~1852)의 비석이 있다. 추사秋史 김정희金正喜(1786~1856) 선생의 글씨로, 빠뜨릴 수 없는 구경거리이다 ■

5. 암자 터에 자리 잡은 김요협의 묘소

선운사를 끼고 산길을 따라 올라가다 보면, 절이 끝나는 지점에 변압기가 있다. 이 변압기 앞에서 절의 담을 따라 올라가면, 동백나무 숲의 가장자리를 지나게 된다. 그리고 잠시 후면 왼쪽으로 옷 벗은 목백일홍 뒤에 솟을대문을 한 재각齋閣 한 채가 나온다. 그 뒤쪽 산자락에 김요협의 묘가 누워 있다.

김요협의 터는 본래 백련암白蓮庵이라는 암자가 있던 곳이다. 그런데 이 자리가 아주 좋은 혈임을 안 지관 하나가 이 사실을 김요협에게 귀띔해 주었다. 이에 김요협은 자신의 재산 절반을 떼어 주고 이 자리를 샀다. 그리고 여기에 자신의 묘를 쓰도록 하였다. 김요협이 보답으로 지관에게 사례금을 주려 하자, 지관은 사례금 대신 자기 자손 5대를 책임져 달라고 하였다 한다.

올라보니 혈은 마치 천옥天獄의 형태이다. 천옥은 사방이 꽉 막혀 마치 감옥에 갇힌 듯한 모양의 흉한 터를 이르는 말이다.

김요협의 묘소는 전후좌우 사방의 산들이 가까이 꽉 들어차 답답한 느낌이 들기도 한다. 그러나 힘찬 용이 내려와 결지를 하였으니, 이는 좋은 혈이다.

그런데 안산의 모양을 보니, 세 개의 봉우리가 같은 크기로 연꽃의 꽃잎같이 동글동글 선이 곱다. 울창한 나무에 가려 청룡과 백호가 잘 보이지는 않지만, 이들도 대체로 같은 모양으로 묘소를 빙 둘러싸고 있다. 마치 반쯤 핀 고운 연꽃 같은 모습이다. 아마 그래서 이전에 여기 있던 암자 이름이 백련암이었으리라.

혹시 이 혈이 연꽃이 반쯤 피어 있는 형세를 한 연화반개형蓮花半開形이 아닐까

미루는데, 이곳 사람들은 이 혈을 장군이 진중에 버티고 있는 듯한 모습을 한 장군진중형將軍陣中形이라고 한단다. 그러나 정 선생의 말로는, 이곳은 복치혈伏雉穴로 유명한 자리란다.

복치혈은 반드시 매나 독수리 모양을 한 산과 개의 모양을 한 산이 주변에 함께 있어야 붙이는 혈의 이름이다. 복치혈은 꿩이 숲에 엎드린 모양인데, 엎드려서 너무 편하면 게을러지는 게 자연의 이치이다. 그래서 이 꿩을 덮칠 매나 독수리가 있어야 한다. 그래야만 엎드린 꿩이 바짝 긴장을 해서 기가 오르는 것이다. 기가 오른 자리라야만 발복發福을 하기 때문이다.

그런데 또 이 매나 독수리가 날아서 함부로 꿩을 덮칠 수 없도록, 이들을 노리며 지키는 사냥개도 반드시 곁에 있어야 한다. 꿩이 살아남아야 하기 때문이다.

이 혈의 현무봉이 바로 매봉이고, 여기에서 보이지는 않지만 백호 너머에 개이빨산이 있다. 낙조대에 오를 때 보이는 산인데, 마치 입을 벌린 개의 이빨 모양을 하고 있는 산이다. 느긋하게 뻗은 정상의 능선을 따라 듬성듬성 튀어나온 하얀 암석들이 개의 이빨 같다고 해서, 그런 이름이 붙여진 산이다.

묘는 신좌을향辛坐乙向이고, 물은 우수도좌右水到左의

손파巽破이다. 이는 절수도충묘고대살絶水到冲墓庫大煞로 아주 흉하니, 집안이 망하고 손이 끊어지는 흉살이다. 그런데 **당면출살법**當面出煞法을 썼으니, '백보전란百步轉欄에 불견직거不見直去' 의 형세이다.

당면출살법이란 혈의 전면 쪽으로 살을 내보내는 방법인데, '백보전란에 불견직거' 란 백 보 정도의 가까운 거리에서 굽어 도는 난간의 형상을 한 청룡과 백호가 혈을 감싸 안은 모양에다 물이 곧장 빠져나가는 것이 보이지 않는 모양을 뜻한다.

그런데 안산이 상당히 높은 편으로, 혈이 안산에 고압당하는 느낌이 든다. 2인자를 낳는 자리이니, 그래서 부통령과 국무총리를 낳은 것이 아닐까? 그리고 안산을 바라볼 때, 묘가 조금만 더 좌측으로 써졌더라면 더욱 좋지 않았을까 하는 생각이 든다.

그런데 이 자리는 현무봉에서 내려온 용이 물을 만나 진행을 멈추고 혈을 맺은 용진처龍盡處가 맞느냐, 아니냐 하는 논란이 많은 곳이다. 그러나 다음의 두 가지를 보면 대체로 용진처가 맞다고 해야 옳을 성싶다.

먼저 묘 아래쪽을 보면, 급히 내려온 혈지를 받쳐 보호하기 위한 반석들이 여기저기 널려 있다. 특히 묘소로 올라오는 계단에는 수없이 많은 돌들이 박혀 있음을 볼 수 있다.

그리고 묘의 20m 위쪽의 산죽 떨기 앞에 결인속기처가 분명하고, 우선익과 좌선익이 갖추어져 있다. 이곳의 선익사蟬翼砂들은 아래에서 위로 올려다 볼 때 더욱 선명하게 드러난다.

내려오는 길에 혈판 아래를 살펴보니, 몇 겹의 하수사가 좌에서 우로 기울었다. 그리고 커다란 요석 하나가 거기에 단단히 뿌리를 내리고 있다. 모두 이곳이 좋은

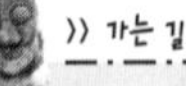

선운사를 끼고 산길을 따라 올라가다 보면, 절이 끝나는 지점에 변압기가 있다. 이 변압기 앞에서 절의 담을 따라 올라가면, 동백나무 숲의 가장자리를 지나게 된다. 그리고 잠시후면 왼쪽으로 목백일홍 뒤에 솟을대문을 한 재각齋閣이 한 채가 나온다. 그 뒤쪽 산자락에 김요협의 묘가 있다.

혈임을 나타내는 증거들이다.

잠시 후 변압기 옆으로 내려와 돌아다보니, 그제야 멀리 매봉이 보인다. 정 선생이 선운사 뒤쪽 능선을 가리키며 설명한다.

"저기 하늘에 닿은 능선의 바로 아래를 보십시오, 중간에 절벽을 이루고 지나가는 맥이 **중출맥**中出脈으로 분명하지 않습니까? 이 중출맥이 내려와 아까 그 자리에 결지를 한 것입니다." ■

〰**당면출살법**(當面出煞法) : 혈의 전면 쪽으로 살을 내보대는 방법.

〰**중출맥**(中出脈) : 현무봉에서 내려온 맥 중에서 한가운데를 차지하는 맥으로, 이 끝에 혈이 맺힘.

6. 오히려 신비로운 정씨의 묘소

19번 국도를 따라 선운사에서 고창 방향을 향해 달리던 버스가 아산면에 못 미쳐 원반암이라는 표지판을 보고 우회전을 하였다. 좁은 콘크리트 포장으로 약 1㎞가량 들어가자, 왼쪽에 예사롭지 않게 생긴 매우 아름다운 풍경 하나가 나타난다. 이곳이 김요협의 아내인 정씨의 묘소가 있는 곳이다.

마을에 서니, 바로 주산主山 차일봉遮日峰 앞이다. 배를 뒤집어 놓은 모양으로 곧 차일과 같은 형상이다. 소나무가 우거진 사이사이에 꽤 많은 무덤들이 자리를 잡고 있다.

주산에서 내려온 중출맥은 마을을 지나 대체로 소로를 따라 달려가다 작은 송림 쪽으로 몸을 틀었다. 송림 끝에 누군가가 묘를 쓰기는 했지만, 여기는 혈이 아니다. 너무 퍼져서 혈을 맺지 못하는 것이다. 역시 열매는 가지 끝에 열린다고, 송림 끝에서 다시 왼쪽으로 몸을 튼 용은 마침내 몸을 세우고 혈 하나를 굳게 뭉쳤다.

기와 담장을 두른 곳이 정씨의 묘이자, 혈이다. 도선 국사의 『유산록』에 나오는 자리이다. 아마도 본래는 집터였기 때문에 남아 있다가, 뒷날 울산 김씨들에 의해 정씨의 음택으로 쓰였을 것이다.

혈의 위치에서는 보이지 않지만, 저 명당 너머로 선운사에서 흘러내린 주지천이 S자로 수태극을 이룬다고 한다. 전면에는 갖은 형상의 상운사祥雲砂들이 사방에 솟아 아늑하게 혈을 두르고 있는 것이 신비한 그림으로 아름답다. 하나하나가 모두 한결같이 수려한 모양의 봉우리들이다.

이 혈에 대하여 도선 국사의 『유산
록』은 다음과 같이 기록하고 있다.

　흥덕으로 길을 떠나니 호암
壺岩이 여기로다. 방등산 일지
맥이 마디마디 기복하여 십리
맥이 옹위, 평지에 떨어졌으니
굴중窟中에 있는 혈을 어느 명
안明眼이 알아볼꼬. 갑묘甲卯십절 간량艮十절에 감계坎
癸성봉 놓고 쌍귀추성雙鬼樞星 특립하여 재결태극하
였으니 선운, 백운 양산간에 호남대지 숨어 있도다.
좌우신선 춤을 추고 옥호玉壺는 뛰는구나. 기고병장
旗鼓屛帳 영송하고 운사雲砂가 나열전후하니 어느 적
선한 사람이 이를 얻을쏘냐. 자손복록 중중하리. 병
반瓶盤을 앞에 놓고 취한 듯 누웠으니 그릇 가서 재
혈하면 대대로 역신逆臣이 나리로다. 수구한문 바라
보니 일점우산一點牛山 새롭도다. 대로는 앞에 있고
삼태三台는 뒤에 있으니 육경봉 자세히 보소. 문천
무만文千武萬 어려울쏜가. 주인봉을 살펴보니 사대
부의 땅이로다. 화토산에 이괘離卦 보소 간수艮水가
귀술歸戌하는구나. 혈성이 원후하여 천재체로 생겼
으니 사대왕비에 칠대장상도 부족하리. 산진수회山
盡水回하였으니 명현재사 간간이 나고 복두모홀覆頭
帽笏 돌아보니 막상막하하리로다. 시대연조 헤아리
니 68대 두 번 하리. 용장혈졸龍長穴拙하여 말없이
묻힌 혈을 적선수덕 아니하고 예사로 얻을쏘냐. 만
일 무식지배가 잘못하여 도두하倒頭下에 영장永葬하
면 당대무후當代無後하리라. 기암은 좌에 있고 운수

는 남쪽에 있도다. 오척하의 사불석四佛石은 비인간지오복이라. 자백황토세 사중에 토석이 상잡하리로다. 이 산 주인을 찾아보니 연일인延日人의 땅이 로다.

우리는 이 기록을 참고로 하면서, 주변을 하나씩 짚어 보기로 하였다.

먼저 정면에 희한하게 생긴 바위가 병바위이다. 마치 거꾸로 처박힌 호리병의 모양이니, 취한 신선이 다 마시고 던져 버린 술병이다. 그 바로 아래로 네모꼴의 반석이 펼쳐 있는데, 이는 소반바위로 술병을 받치고 있다. 그리고 소반바위 위에는 작은 돌덩이들이 박혀 있으니, 술병을 따라다니는 술잔들이다.

여기에 병바위 왼쪽으로 길게 누운 소의 형상을 한 와우봉臥牛峰이 있고, 병바위 저 멀리에 말의 안장 모양을 한 봉우리가 서 있다. 신선의 잔치에 찾아온 객들이 타고 온 말의 안장이다.

그 오른쪽 바로 옆에 두 개의 봉우리가 하늘을 찌르는 모양인데, 이는 가위바위이다. 잔칫집에 들른 엿장수의 가위이다. 또 그 오른쪽에 동그랗지도 네모나지도 않은 바위가 탕건바위이다. 담 너머로 잔칫집을 넘겨보는 객의 형상이다.

그리고 혈의 오른편 뒤쪽에 삼태봉三台峰이 우람하게 솟아 과거 급제를 의미하고, 앞쪽으로는 노적봉露積峰이 버티고 있어 부를 기약한다. 여기에 주산은 차일봉으로, 두 말할 것도 없이 잔칫집의 차일을 의미한다.

신선이 술에 취해 누운 형상을 한 선인취와형仙人醉臥形의 전형적인 모습을 두루 갖춘 혈이다.

놀랍게도, 이곳의 빼어난 절경은 도선 국사의 『유산록』과 대부분 일치한다. 그래서인지, 미적 쾌감은 신비로움을 만나 더욱 증폭된다. 아니, 오히려 경이롭기까지 하다.

담장이 둘려진 묘소 안으로 들어가 보니, 묘 아래 저쪽에 진응수가 솟는다. 묘는 간좌곤향艮坐坤向으로 조성되었는데, 병바위 아래 수구水口는 정미파丁未破로 우수도좌右水到左이다. 그렇다면 이는 자생향自生向에 해당하는 방위이다.

자생향은 물이 우수도좌하여야 하며, 정미파丁未破에 곤신향坤申向이거나, 신술파辛戌破에 건해향乾亥向, 계축파癸丑破에 간인향艮寅向, 을진파乙辰破에 손사향巽巳

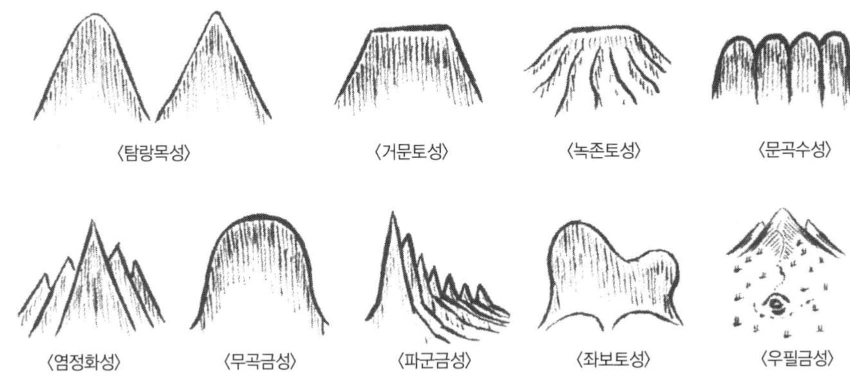

〈탐랑목성〉 〈거문토성〉 〈녹존토성〉 〈문곡수성〉

〈염정화성〉 〈무곡금성〉 〈파군금성〉 〈좌보토성〉 〈우필금성〉

向이 이에 해당한다. 자생향은 절처봉생자생향絕處逢生自生向이라고 하여, 조빈석부朝貧夕富로 발복이 매우 빠르고, 자손이 번창하며 부귀를 이룬다고 한다. 절처봉생자생향은 고립무원의 어려운 지경에서도 살길을 만나 스스로 일어나 살아가게 되는 향이란 뜻이다.

명당은 꽤 넓은데다가 노적봉까지 끼고 있어 큰 부가 기약된다. 청룡은 가깝고, 백호는 멀리 떨어져 있다. 아들보다는 딸이 잘되고, 귀貴보다는 부富를 부르는 형국이다.

묘소에서 나온 우리에게 정 선생이 질문을 던졌다.

　　"저 주산인 차일봉은 그 형상으로 보아 거문성巨門星이라 해야 합니까? 탐랑성貪狼星이라 해야 합니까?"

대부분 입을 모아 탐랑성이라고 답을 한다.

산은 생긴 모습으로 보아, 크게 오행五行으로 분류한다. 굴곡 없이 뾰족하게 홀로 솟은 산을 흔히 **문필봉**文筆峰이라고 하는데, 이는 목성木星에 해당한다. 이에 비해, 여러 개의 뾰족 봉우리들이 마치 불길이 타오르듯 뒤섞여 있는

≋**지상구성**(地上九星)

≋**문필봉**(文筆峰) : 굴곡 없이 뾰족하게 홀로 솟은 산.

형상의 산은 화성火星이라고 한다. 토성土星은 정상 부분이 일一자 모양의 긴 능선으로 늘어선 산들을 가리킨다. 금성金星은 정상 부분이 모가 나거나 각이 지지 않고 둥그스름한 모양의 산들을 가리킨다. 그리고 수성水星은 토성과 비슷하지만, 정상 부분이 일자로 늘어선 형상이 아니라 마치 물결이 일듯 출렁이는 모습을 하고 있는 산들을 가리킨다.

이렇게 크게 다섯 개의 모양으로 분류되는 지상의 산들은, 하늘의 아홉 개의 별들(북극성을 따라 도는 북두칠성과 그 옆의 **좌보성**左輔星, **우필성**右弼星을 가리킴)의 조림照臨을 받으며 상호 이기작용理氣作用을 통해, 다시 지상의 9성으로 봉우리를 이룬다.

9성 가운데 제1성과 제2성이 탐랑성과 거문성인데, 각각 이들은 목성과 토성에 해당한다. 그런데 차일봉은 얼핏 그 둘의 모습을 다 지니고 있기 때문에, 정 선생이 위에서와 같은 질문을 던진 것이다. 차일봉은 정확하게 말하면, **평탐랑성**平貪狼星이다.

주산을 9성으로 나누는 이유는 또 있다. 주산이 9성 가운데 어디에 속하느냐에 따라 혈을 맺는 방법과 혈의 모습이 제각각 다르기 때문이다.

탐랑성은 용진처의 마지막에 이르러서야 여인네의 젖가슴 꼭지 모양을 한 **유두혈**乳頭穴을 맺는데, 혈장은 작고 단단하면서 유연하다. 그리고 튀어나온 모양으로 유혈乳穴에 속한다. 그리고, 거문성은 중간에서 짧은 맥이 나와, 마치 칼날이나 비녀처럼 혈장이 길면서 약간 움푹 들어간 **겸차혈**鉗釵穴을 맺는다.

돌아보니, 정씨의 묘는 역시 여인의 젖가슴처럼 야트막하고 둥그런 언덕바지에 자리를 잡고 있다. 다시 그 뒤로 펼쳐진 아름다운 풍광이 눈에 들어오자, 차마 자리를 뜨기가 싫었다 ■

선운사 입구에서 22번 국도를 따라 고창 방향으로 가다 보면 반암교를 지나 탑정삼거리에 이른다. 여기서 우회전을 해서 1.2km 지점에 서 있는 '원반암'이라는 표지판을 보고 다시 우회전하여 좁은 콘크리트 포장도로로 1km 가량 직진하면 왼쪽으로 담장을 두른 정씨 묘소가 보인다.

〰 **좌보성**(左輔星) : 북두칠성의 여섯번째 별 왼쪽에 있는 별로, 9성 중에 제8성에 해당함.

〰 **우필성**(右弼星) : 북두칠성의 일곱번째 별 오른쪽에 있는 별로, 9성 중에 제9성에 해당함.

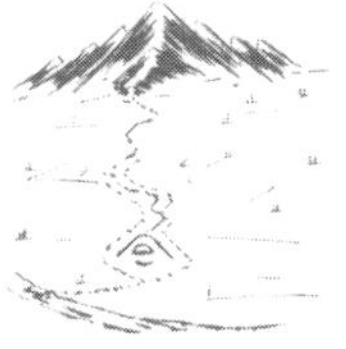

〰 **평탐랑성**(平貪狼星) : 산 정상이 일(一)자 모양이고, 끝부분에서 출맥함.

〰 **탐랑유두혈**(貪狼乳頭穴) : 소조산인 주산이 죽순처럼 생겨 단아하고 수려한 산.

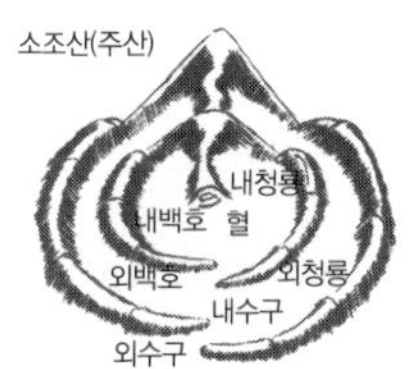

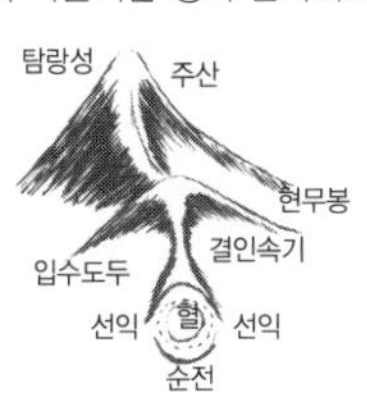

〰 **거문겸차혈**(巨文鉗釵穴) : 주산의 정상이 평평하고 반듯한 형태.

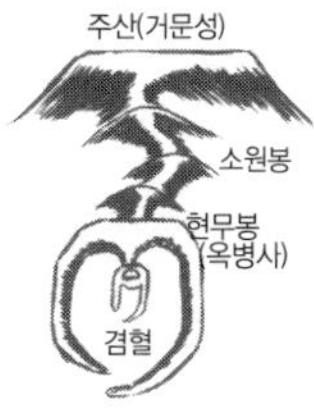

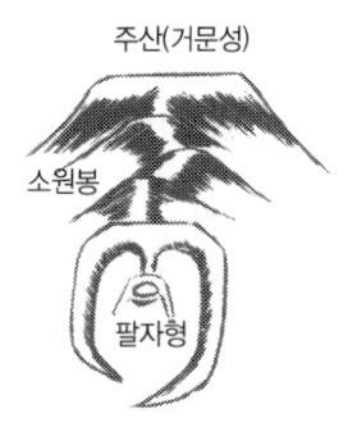

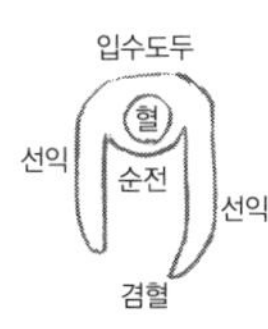

7. 따져 볼 것도 없는 민씨 할머니의 묘소

19번 국도와 22번 국도가 갈리는 삼거리에 고인돌 군#을 알리는 표지판이 나타난다. 얼마 전 세계문화유산으로 선정된 고창의 또 다른 자랑거리이다.

기암괴석이 송림과 어우러진 그 사이로, 굴곡은 있지만 다소곳한 느낌을 주는 길이 펼쳐진다. 어느덧 날이 개어 환하다. 흥덕을 지난 버스가 고창에 들어섰다. 우측으로 고창 읍성인 모란성이 보인다. 우리나라 성 가운데 원형이 가장 완벽하게 보존된 보기 드문 성이다. 왼쪽으로 웅장한 방문산의 중출맥이 뻗어내려 고창을 만들었다.

양고삼재를 허위허위 올라 버스는 달린다. 정상에서 내려보는 고창은 참으로 살진 터이다. 높은 산맥 사이로 태평스럽고 복된 터가 제법 널찍하게 펼쳐졌다.

정상에서 민씨 할머니의 묘소를 향해 내려가는 길이 곧 용맥이다. 그 끝자락에 민씨 할머니의 묘소가 있는데, 중간에서 도로와 산줄기가 한번 교차한다. 여기가 이 용의 과협처에 해당한다.

평지에 가까워지면, 저수지 저 끝 너머로 정상의 반쪽이 마치 도끼로 찍힌 듯 90도로 깎여 나간 산이 보인다. 장엄한 산세의 백양산이다.

저수지를 바로 앞에 두고 '민씨묘'라는 안내비를 따라 버스가 우회전을 한다. 산자락을 훑어 가노라니, 어느 틈에 잘 다듬은 주차장이 나온다. 그 위로 당당한 기품을 지닌 민씨 할머니의 묘소가 솟아 있다.

이 자리는 민씨 할머니가 친히 잡은 자리로,

　"나 죽은 뒤에 앞들에 말을 타고 온 후손들로 가
득하리라."

하는 예언을 했다고 한다. 그러나 일설에는, 하서 선생의
조부가 어느 유명한 지관의 아낙을 통해 얻어낸 자리라고
한다.

　일곱 가구를 소개疏開시키고 조성하였다는 이 묘역은
실로 왕후의 무덤에 비견할 수 있으리 만치 크고 장엄하
다. 울산 김씨들이 민씨 할머니를 중시조中始祖로 극진히
모시는 까닭이다.

　입구의 안내비에는 이 혈이 '**복부대혈**伏釜大穴' 로 소개
가 되어 있다.

　'울산김씨청소년수련원' 이란 현판이 붙은 재각 모양의
건물 앞에 진응수로 솟아나는 샘이 있고, 그 오른쪽으로
연못이 있다. 묘소로 오르다 보면, 혈장 아래로 곳곳에 단
단히 박힌 요석이 있다. 그리고 그 사이로 하수사가 몇 겹
으로 지나고 있다.

　이 묘소는 돌혈突穴이다. 정확하게는 돌중와혈突中窩穴
로, 회룡고조형回龍顧祖形이다. 결인속기처는 혈의 후방에
숲이 시작하는 지점인데, 좌우에 영송사가 뚜렷하게 자리
를 잡았다. 결인속기처를 지난 용은 다시 한번 변화를 하
고, 드디어 거북의 머리처럼 혈을 솟아 올렸다. 곤신룡坤
申龍이다. 결인속기처에서는 바람이 약간 타더니, 혈처에

오자 언제 그랬냐는 듯 아늑하기 그지없다.

혈장 주변에는 두더지가 뚫고 지나간 듯, 몽글몽글 땅이 갈라지고 터진 흔적이 여기저기 보인다. 이게 바로 천문穿門이니, 생기가 펄펄 넘치는 혈임을 보여주는 단적인 예이다.

묘소에서 전방을 내다보니, 툭 터진 시야가 무척 상쾌하다. 넓은 들이 커다란 명당으로서 부를 기약하고, 우방의 백호 발치에 저수지가 자리를 잡았다. 멀리 오른쪽 앞으로 우뚝 솟은 조산祖山 백양산에서 출맥出脈한 용이 방장산, 방문산을 지나 이들을 만나서는, 조산을 바라보며 자신이 지니고 있던 모든 기를 쏟아낸 것이다. 회룡고조이다.

특히 방장산은 탄탄한 모습으로 좌청룡의 허리 부분을 받쳐 주고 있다. 청룡이 겹겹으로 싸서 혈의 기를 보호해 주는 아주 길한 형상을 한 터이다.

그리고 내안산과 외안산은 모두 일자문성一字文星으로, 아주 높고도 의젓하다. 이 안산의 기운으로 문묘文廟에 배향된 하서 선생이 나오게 된 것은 아닌지 모르겠다. 다만 외안산이 험해 살기를 띠고 있지만, 이도 걱정할 일이 아니다. 외안산이 조산의 줄기이니, 할아버지가 손자를 해치는 일은 결코 없기 때문이다.

내안산과 외안산 사이로는 황룡강黃龍江 상류가 흐른다. 회룡고조형의 혈과 썩 잘 어울리는 강물의 이름으로, 도타운 느낌이 든다.

순전脣氈이 넓은 편인데, 인공으로 더욱 넓힌 느낌이다. 순전은 혈의 바로 앞에 약간 두툼하게 생긴 부분을 가리키는데, 혈을 이루고 난 남은 기운이 뭉쳐서 이루어진 것이다.

그런데 그 중앙 부분에 서 보면, 묘소의 앞쪽과 뒤쪽에서 오는 느낌이 전혀 다르다. 묘소에서 안산을 향해 몇 걸음 옮겨 보면 포근하고 편안한 느낌은 어느 틈에 사

》가는 길

일단 고창군청 앞의 오거리로 가서, 장성·광주 방면의 15번 국도를 택하도록 한다. 4km 가량 고갯길을 오르면, 중간에 장성으로 갈라지는 삼거리가 나온다. 여기에서 담양 방면으로 직진해서 8km쯤 가면 저수지가 내다보이는 고개 아래 오른쪽에 명정마을을 알리는 표지판이 나타난다. 그 옆에 '울산김씨흥려군배정부인민씨묘역입구'라는 표지석이 서 있다. 안내에 따라 농로로 1.2km 정도 들어가면 길 끝에 넓은 묘역과 재각이 보인다.

라지고, 썰렁하고 허전한 느낌이 대신 찾아든다. 이것으로 보아 순전을 인공으로 더 넓혔음을 알 수 있다.

복부혈에는 세 개의 발에 해당하는 지각枝脚이 있어야 한다. 본래 솥을 뜻하는 한자로는 '부釜'와 '정鼎'이 있다. 그런데 '부'는 가마솥처럼 하단에 발이 없는 민둥한 솥을 가리키고, '정'은 세 개의 발이 달린 솥을 가리킨다. 그런 연유에서 '부'는 반드시 솥을 걸칠 다리나 부뚜막이 필요하지만, 이에 비해 '정'은 아무 곳에서나 솥을 내려놓고 즉시 불을 지필 수 있다. 쉽게 말하면, '부'는 부엌에서 쓰는 보통 솥이고, '정'은 솥을 안치할 장치가 필요 없는 발 달린 야전용 솥이다.

민씨 할머니의 혈은 앞에서 밝힌 바와 같이 복부혈이다. 그래서 세 개의 발이 꼭 필요한데, 혈장을 따라 돌아가면서 아래쪽을 내려다보면 세 개의 지각이 돋아나 있다. 혈을 튼튼하게 받치고 있는 발이다.

묘소의 향은 곤좌간향坤坐艮向으로, 물은 좌수도우左水到右의 갑파甲破이다. 이는 문고소수文庫消水에 속하는 대단히 좋은 향이다.

문고소수는 물이 좌수도우해야 하며 임자파壬子破에 건해향乾亥向을 하거나, 갑묘파甲卯破에 간인향艮寅向, 병오파丙午破에 손사향巽巳向, 경유파庚酉破에 곤신향坤申向이어야 한다. 이 향은 부귀를 이루고, 아주 총명한 수재와 예

≋ **순전(脣氈)** : 혈의 바로 앞에 약간 두툼하게 생긴 부분.

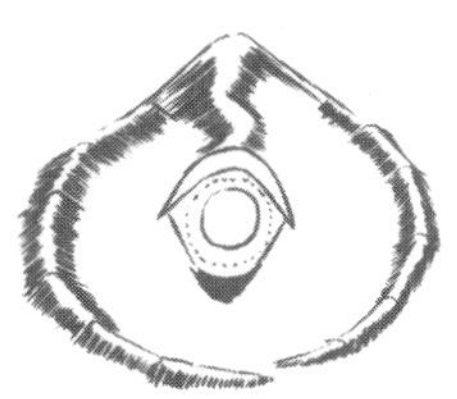

술에 재능이 있는 자손을 낳는다고 한다.

혈의 좌우는 어느 쪽으로도 다정한 산세들이다. 앞으로는 경쾌한 미래를 기약이나 하는 양 막힘없이 상쾌한 시야이다. 길게 호흡을 하니, 싸아 하게 진기眞氣가 전신을 휘감는다. 정녕 무엇 하나 따질 것 없는 아주 좋은 터이다.

내려오는 길에 보니, 다른 논들과는 달리 혈 앞의 논바닥이 질퍼덕하다. 그 물은 다시 논고랑을 따라 흐르고, 개울이 되어 흐른다. 이 또한 분명 진응수이다 ▄

지관에 대한 여러 칭호

예로부터 풍수사風水師를 지칭할 때, 흔히 속안俗眼이나 범안凡眼, 혹은 법안法眼이나 도안道眼, 그리고 신안神眼이니 하는 말을 써 왔다. 이를 구별해 설명해 보면 다음과 같다.

속안과 범안은 대체로 함께 쓰이는 말로, 매우 상식적인 수준에서 풍수지리를 이해하고 있는 평범한 풍수사를 가리킨다. 산세를 보고 주산, 현무, 청룡, 백호, 안산, 조산 등을 분별할 수 있는 단계다. 그러므로 정확한 진혈지眞穴地를 찾는 데는 어려움을 겪는 사람들이기도 하다.

법안은 우주의 순환 이치를 이해하고, 태조산에서부터 중조산과 소조산을 거쳐 현무봉에 다다르는 주룡의 행룡行龍 과정과 결혈結穴의 이치를 음양오행의 법칙으로 파악할 수 있는 상당 수준의 지관들을 가리키는 용어이다. 이들은 풍수지리서에 근거하여 심혈尋穴과 점혈點穴을 행할 수 있는데다가, 풍수지리 이법론理法論에 정통하여 용혈사수龍穴砂水를 보고 이법에 맞추어 좌향坐向을 정확하게 놓을 수 있는 수준이다.

도안은 법에만 의존하지 않고 산세를 보면 대세를 파악하여 주산에서 나온 주룡의 용진처龍盡處를 찾아 진혈지를 점지할 수 있는 높은 수준의 풍수사다. 이들은 한눈에 국세를 파악하여 혈의 길흉화복을 일목요연하게 설명할 수 있는데, 예를 들자면 도선국사나 무학대사 같은 풍수 도사들이 도안의 경지에 이른 사람들이다.

신안은 귀신의 눈을 가졌다는 뜻으로 큰 대지를 찾을 수 있는 풍수사를 말한다. 대혈大穴은 천장지비天藏地秘로 하늘이 감추고 땅이 숨기고 있다가 덕망을 갖춘 사람에게만 하늘이 점지해 주는데, 이때 매개의 역할을 하는 사람들이 신안이다. 대명당을 쓰게 된 전설 속의 인물들이 바로 신안인 것이다. 그러나 진짜 신안은 세속에 나오지 않는다고 한다.

8. 하서 선생의 묘소와 필암서원

날이 슬슬 저무는 빛을 보인다. 백양사 쪽으로 달리던 버스가 황룡강이 보듬고 있는 장성으로 들어간다. 서산으로 넘어가는 저녁 해를 정면으로 바라보며 버스는 한참을 달린다. 동정마을 오른편으로 선생의 묘소가 나타난다.

커다란 묘역인데, 앞에 두 기의 비석이 위용을 떨치고 있다. 왼쪽 것은 1682년에 우암尤庵이 찬撰한 비이고, 오른쪽 것은 뒷날에 세워진 신도비이다.

이곳에는 다섯 기의 묘가 조성되어 있는데, 가장 아래쪽에 인공 연못이 있다. 대개 묘 아래에 인공 연못들을 만들곤 하는데 이는 바람직한 일이 아니다. 못을 만들어 놓으면, 천천히 흘러내릴 물이 빨리 쏟아 내리게 되어, 기가 쉽게 빠져나가기 때문이다. 역시 자연스럽게 그대로 놓아두는 것이 가장 좋다.

선생의 묘는 묘역의 한가운데 자리를 잡았다. 담장과 축대로 이어진 곳의 바로 앞에 서자, 하수사가 도도록하게 좌에서 우로 흐른다. 계단 아래쪽의 하수사는 눈에 쉽게 뜨일 만큼 많이 솟았다. 계단 위쪽 곧 오른편 묘소 쪽으로는 기가 뭉친 흔적이 몇 군데 있다.

따지고 보면, 계단 아래쪽에 쓰인 무덤은 하수사에 해당하는 자리이다. 하수사에는 묘를 쓰지 않는 것이 좋으니, 물이 드는 까닭이다.

선생의 묘소에 오르자, 내내 그곳에서 체조를 하고 있던 시골 아녀자들이 주섬주섬 내려갈 채비들을 한다. 우리 때문에 하던 체조를 중도에 그만두는 것은 아닐까 겸연쩍은데, 회원 한 사람이 미안한 마음을 담은 말을 건넨다.

○ 하서 김인후 신도비
○ 하서 김인후 선생 묘

"기氣 다 받으셨소?"
"야, 날마다 받소. 예서들 받아들 가소!"

질펀한 전라도 사투리가 정겨운 대목이다. 생전에 벼슬
이라곤 옥과현감玉果縣監만을 지내고, 평생 성리학 연구
에 진력해 민족의 큰 선비로 높은 이름을 남긴 하서 선생
께서 그곳에 누워 계셨다. 우리는 그 앞에 나란히 서서 간
단하나마 경건한 마음으로 참배를 올렸다.

선생의 묘소는 임자룡壬子龍이 만든 자리이다. 물은 우
수도좌右水到左이고, 향은 계좌정향癸坐丁向이다. 정양향
正養向에 해당한다. 정양향은 인촌 생가에서도 설명했던
대로, 아주 길한 방위이다.

그러나 선생의 묘소는 혈은 혈이로되 썩 좋은 혈이 아
니다. 아쉽게도 오늘 본 것들 중에 하품下品에 속한다고
할 수 있다. 선생의 고매한 인품과 그릇됨을 품기에는 다
소 모자란 듯한 느낌이 드는 혈이다.

선생의 묘소는 우선 혈장이 평탄치 못하고 약간 오른쪽

으로 쏠려 있어 편안한 기분이 들지 않는다. 백호와 안산은 약간 등을 돌려 비주飛走하고 있으며, 물도 슬쩍 비껴 나가는 품을 하다가 끝에 가서야 혈을 안았다.

그리고 내달리던 백호의 기세도 끝에 가서 멈칫하다가, 그 앞에 큰 봉분 같은 언덕 하나를 따로 올렸다. 바라보는 시선이 영 개운치가 않다. 게다가 안산에는 눈썹 같은 형상을 한 규봉 하나가 살짝 넘겨다보는 형세를 하고 있다.

한껏 품었던 기대만큼이나 더욱 아쉬운 선생의 자리이다.

이제 오늘의 마지막 답사지인 필암서원筆巖書院으로 향하는 길이다. 서산으로 넘어가는 저녁 햇살이 차츰 빛을 잃어 가기 시작한다. 필암서원은 선생의 묘소에서 멀지 않은 곳이다.

필암서원은 하서 김인후 선생을 주향主享으로 모시고, 그분의 제자이자 사위인 양자징梁子澂을 배향한 호남의 대표적인 서원이다. 본래는 선조 23년(1590) 장성읍 기산리 오산鼇山 자락에 창건되었는데, 인조 2년(1624)에 황룡면 증산동으로 이전하였다가, 마침내는 현종 13년(1672)에 현 위치로 옮겨 세운 것이다. 그리고 고종 5년(1868) 전국에 불어 닥친 흥선대원군의 서원 철폐령에도 자랑스럽게 버티고 남은 전국 47개 서원의 하나이다.

필암서원은 방문산에서 나온 용맥이 문수산을 지나 이곳까지 이르러 결지한 혈 위에 세워졌다. 현무봉 아래로 뚝 떨어진 혈이니, 땅속으로 숨은 맥(은맥隱脈)이 품은 혈이다. 그래서 기가 응축된 음택과는 달리 기가 떠 있는 양택이 된 것이다. 인재를 낳고 키워 내는 활달한 생기가 감도는 좋은 자리이다.

사위가 점차 어두워지는데, 선생의 16세손이란 분이 오셨다. 이곳의 관리를 담

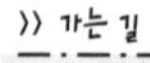

필암서원은 전남 장성군 황룡면 필암리에 있다. 호남고속도로 장성IC에서 24번 국도를 따라 황룡강을 넘어 함평 쪽(상무대 쪽)으로 조금 가다 보면 오른쪽 6번 국도(홍길동로)로 2.1km 가면 필암리에 이르고, 이정표를 따라 우측 마을길로 0.4km 정도 가면 필암서원이 나온다.

필암서원에서 관동리 쪽으로 뻗은 길을 택해 1.5km 정도 가면 동정교가 나온다. 동정교의 왼쪽에 있는 마을이 동정마을인데, 그 오른쪽 산자락이 하서 선생의 묘역이다.

당하시는 분이다. 그분은 느닷없이 찾아든 우리에게 친절한 설명을 해 주셨다. 하서 선생과 필암서원에 관한 매우 간명하고 적확한 설명이었기에, 여기에 간추려 옮겨 싣는다.

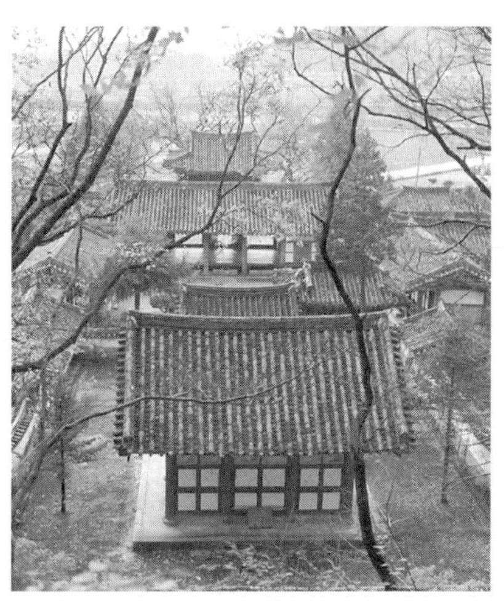

○ 필암서원

　　하서 선생은 중종 5년(1510)에 현재의 필암서원이 서 있는 장성군 황룡면 맥동리에서 태어나, 명종 15년(1560) 51세를 일기로 세상을 하직하였다. 모재慕齋 김안국金安國과 신재愼齋 최산두崔山斗에게 수학을 하고, 퇴계退溪 이황李滉 등과 교류하여 당대의 석학으로 꼽혔던 분이다.

　　22세에 사마시司馬試, 31세에 문과文科에 급제하였는데, 선생의 나이 36세에 당시 30세이던 세자(뒷날의 인종)의 스승이 되어 마침내 수어지교水魚之交를 맺기에 이르렀다. 이 무렵 인종이 선생에게 묵죽도墨竹圖를 하사한 일이 있었는데, 그것은 마침내 목판에 올려져 집안에 전해졌다.

　　훗날 이 사실을 안 정조가 어필御筆로 경장각敬藏閣이란 현판을 내리는 한편, 그 목판을 잘 보존토록 하였다. 왕명으로 세워진 경장각은 야트막하고 아담하지만 3층의 규모로 어필을 소장하게 되었고, 다포와 용머리 장식을 하게 되었다. 특히 창살의 문양은 일반 사가私家에서는 쓸 수 없는 국화 문양이다.

　　그리고 퇴계와는 8살의 차이가 나는데도, 퇴계는 '나와 벗할 이는 김 하서이다'라고 하여, 하서를 '**청수부용**清水芙蓉', '**광풍제월**光風霽月'에 비유하기

≋**청수부용**(清水芙蓉) : 맑은 물에 피어난 연꽃.
≋**광풍제월**(光風霽月) : 맑은 하늘에 환하게 비추는 달.

도 하였다. 그리고 두 사람은 계속되는 사화士禍 속에서도 조광조趙光祖의 신원伸寃을 호소하는 상소문을 올리기도 하였다.

인종이 승하하자, 낙향한 하서 선생은 도학道學과 문학文學으로 후진을 양성하여 우리 민족의 사상사와 문학사를 크게 빛냈다.

정조 12년(1788)의 일이다. 정조는 문묘에 배향할 인물을 천거하라고 각 도에 영을 내렸다. 하서를 염두에 두고 내린 명령이었는데 수많은 인물들이 우후죽순으로 거명되자, 정조는 몇 차례에 걸쳐 똑같은 영을 거듭 내렸다.

마침내 8년 뒤 하서 선생이 단독 추천되자, 정조는 마침내 선생을 문묘에 배향토록 하였다. 그리고 시호를 문정文靖에서 문정文正으로 바꾸고, 영의정에 추증하였다. 선생 몰후 182년 만의 광영이었다.

노인의 정성스럽고 자상한 설명에 깊은 감사의 말씀을 올렸다. 서원의 터를 자세히 들여다보지는 못했지만, 뜻하지 않게 마주친 아주 귀중한 설명이었다.

이제 사방이 어둠에 잠긴다. 나오는 길에 어두운 하늘을 배경 삼아 검은 그림자로 펼쳐진 보국의 형체만을 겨우 가늠해 볼 수 있었다.

청룡과 백호는 넉넉한 품으로 서원을 아늑하게 감싸고 있었고, 평탄하게 탁 트인 명당이 그 사이에 누워 있었다. 지금은 과수목이 늘어섰지만, 옛날에는 기름진 논으로 서원의 자양이 되었으리라.

어디 한곳이라도 막히거나 거스름 없이 편안하고 너른 보국을 가로질러 버스가 불빛을 밝히며 서서히 빠져 나왔다. 울산 김씨들이 복된 터로 일구어 낸 고창군, 그리고 장성군 일대는 마침내 짙은 어둠에 잠겼다.

멀리 바라다 보이는 산자락 아래 외딴 불빛 하나가 깜빡깜빡 정겨운 밤이다 ■

모악산은 정상 부분에 아이를 낳는 형상의 바위가 있어, 애초에는 '엄뫼'로 불려졌다.

그 후 한자로 모악산母岳山이 된 산이다.

1. 미륵 신앙의 요람 모악산

모악산은 정상 부분에 아이를 낳는 형상의 바위가 있어, 애초에는 '엄뫼'로 불려졌다. 그 후 한자로 모악산母岳山이 된 산이다.

모악산은 해발 793m로, 그 이름만큼이나 후덕하게 생긴 산이다. 멀리서 보면, 모악산은 호남평야 가운데에서도 가장 너른, 그래서 지평선이 보이는 김제 들녘을 넉넉하게 감싸고 있다. 북으로는 금남정맥이 팔을 벌리고, 남으로는 호남정맥이 팔을 벌려 엄마의 품으로 김제 들을 포근하게 감싸고 있는 것이다.

그리고 모악산은 엄마의 품답게 넉넉한 유선乳腺을 지니고 있다. 동진강과 만경강이 그것으로, 모악산에서 나온 이 두 줄기 젖줄이 김제 들판을 흥건히 적셔 이 땅에 풍요로움을 부른다. 그래서 이곳 사람들은 모악산을 산으로 여기지 않는다. 어머니로 여긴다.

다음은 모악산 뒷자락에 서 있는 시비詩碑에서 옮긴 것이다. 이 고장 출신인 고은高銀의 작품으로, 이 고장 사람들의 모악산에 대한 보편적인 인식을 엿볼 수 있다.

모악산

내 고장 모악산은 산이 아니외다
어머니외다

저 혼자 떨쳐 높지 않고
험하지 아니하고
먼 데 사람들마저
어서 오라 어서 오라
내 자식으로 품에 안은 어머니외다

여기 고스락 정상에 올라
거룩한 숨 내쉬며
저 아래 바람진 골마다
온갖 풀과 나무 어진 짐승들 한 핏줄이외다

이다지도 이다지도
내 고장 모악산은 천 년의 사랑이외다
오, 내 마음 여기 두어.

이곳 사람들은 모악산을 산으로 여기지 않는다. 내 고장 사람이건 타관 사람이건 가리지 않고, 다정하게 품으로 안아 주는 어머니로 여긴다. 그 천 년의 사랑 속에서 나무도 풀도 짐승들도 어진 심성으로 자라나는 거룩한 어머니 품안이다.

이렇게 따뜻한 품이라서일까? 모악산은 일찍이 금산사金山寺란 거찰을 자연스럽게 불러 들였으며, 근대에 들어서는 수많은 신흥 종교를 배태시켰다.

모악산에 금산사가 들어선 것은 백제 법왕法王 1년으로, 599년의 일이다. 그 후 금산사는 더욱 사세寺勢를 확장하며 수많은 수행자들을 길러 내어, 통일신라 불교의 **오교구산**五敎九山 가운데 한 축을 담당하기에 이르렀다. 그리고 후삼국시대에 들어서는 후백제의 왕 견훤이 두 아들 신검神劍과 용검龍劍에게 유폐된 곳으로 역사에 이름을 남겼다.

그리고 중국의 풍수지리 이론이 유입된 고려시대 이후로, 모악산은 풍수지리학자들에게도 주목을 받아 왔다. 지금은 계룡대가 들어선 신도안, 풍기의 금계동金鷄洞과 함께 만세피난지지萬歲避難之地의 3대 명당으로 꼽혀 온 것이다. 그로 인해 무당들은 물론이오, 각종 유사 종교들이 이곳에 들끓었다.

그러나 뭐니뭐니 해도 모악산의 금산사는 미륵 신앙의 메카이다. 우스운 얘기로, 미륵 신앙에 대한 이해 없이 모악산을 바라본다는 것은 팥고물 빠진 찐빵이오, 고무줄 없는 팬티인 것이다.

미륵 신앙은 크게 미륵보살이 주재하는 도솔천에 태어나기를 원하는 도솔천 상생上生 신앙과, 말세를 구제하기 위해 미래불未來佛인 미륵이 지상에 하생下生하기를 바라는 미륵 하생 신앙으로 크게 양분된다. 이 땅의 미륵 신앙은 후자 쪽으로, 아주 오랜 역사와 더불어 폭 넓은 대중적 지지를 얻고 있다.

한국의 초기 불교 수용 시대부터 전래된 미륵 신앙은 특히 백제와 신라 시대에 이상적인 치세를 흠모하는 정치를 펼치는 통치 이념으로 응용되어 왕권을 강화하는 데 쓰이기도 하였다. 그 결과 금산사에는 지금도 미륵전彌勒殿이 건재하고 있으며, 인근의 익산에도 미륵사彌勒寺의 유허遺墟가 남아 있다. 백제의 무왕이 창건했다고 전해지는 미륵사는 지금 한창 복구중이다. 특히 후삼국시대의 궁예弓裔는 스스로를 미륵이라고 칭하며 대중들의 호응을 일시적으로 얻기도 하였는데, 이는 미륵 하생 신앙의 원용이었던 것이다.

그 후 근대기에 들어서는 정치 사회적으로 소외된 이곳의 민중들에게 미륵 하생

신앙은 더욱 널리 부각되었다. 말기적인 증세를 보이는 조선의 현실에 염증을 느끼던 그들에게 미륵은 사회의 모순을 해결해 주는 구세주로서, 이상 사회를 열어줄 미래불로서 한 걸음 더 친근하게 다가들었던 것이다. 그 결과 모악산에 뿌리를 둔 신흥 종교들이 무수히 등장하게 되는데, 오늘날 이를 대표하는 종교는 증산교甑山敎이다. 이에 대한 언급은 뒤쪽에서 계속된다 ▇

≋**오교구산**(五敎九山) : 통일신라 말기에서 고려 전기까지 형성된 불교 종파의 총칭. 5교는 교학敎學을 바탕으로 한 교종의 5종파, 9산은 선종禪宗에 속하는 9개의 사찰. 금산사를 중심으로 진표眞表가 5교의 하나인 법상종法相宗을 창종했음.

2. 예종의 태실, 결국은 다시 전주 유씨의 터

　　호남고속도로 김제 톨게이트를 빠져나온 버스가 1번 국도를 타고 전주 쪽으로 향한다. 전주 박물관과 전주대학교 앞을 지나더니, 이윽고 중인 삼거리에 다다라 '모악산'이란 표지판을 보고 좌회전을 한다. 그리고 논 사이를 가로질러 다시 구이 삼거리에서 좌회전을 하더니, 덕천 삼거리에서도 '신덕' 방향으로 좌회전을 한다. 도로 공사로 주변이 어수선한 지역이다.

　　차창 오른쪽으로는 모악산이 레이더 기지를 머리에 이고 장중한 모습으로 서 있다. 왼쪽으로는 해발 660m의 경각산이 산맥의 허리쯤에서 그 큰 몸을 솟아 올렸다. '칠암七岩'과 '와동瓦洞' 마을을 차례로 지나더니, '구암九岩' 마을 입구에서 버스가 선다. '칠암'이니 '구암'이니 하는 마을 이름이 심상치 않더니, 이곳에 예종의 태실胎室 자리가 있는 모양이다.

　　태실이란 옛날 왕가王家에 출산이 있을 때 신생아의 태를 항아리에 담아 묻던 석실石室을 가리키는데, 태봉胎封이라고도 부른다. 우리나라에서 언제부터 태실을 설치했는지 그 유래는 정확하게 알 수 없지만, 『조선왕조실록』 가운데 현종 11년(1670) 3월 19일의 기록을 보면 다음과 같은 언급이 나온다.

　　태를 편안하게 모시는 제도는 옛날 예법에 보이지 않는데, 우리나라에서는 반드시 들판의 한가운데 둥근 봉우리를 선택하여 그 위에다 태를 묻고 태봉이라고 하였다. 그리고 그곳을 영지로 만들어 농사를 짓거나 나무하는 것

을 금지하여 마치 왕릉의 제도와 같
이 하였다. 임금부터 왕자와 공주에
이르기까지 모두 태봉이 있으니, 우
리나라 풍속의 한 폐단으로 식자층
에서는 이를 병통으로 여겼다.

조선시대에는 왕가에 출산이 있을 즈
음이면 태실도감胎室都監을 임시로 설치하여, 태실을 조성
하는 일을 맡겼다. 태실은 대체로 대석臺石, 전석磚石, 우
상석羽裳石, 개첨석蓋簷石 등으로 만들었으며, 태를 묻을
땅을 물색해 안태사安胎使로 하여금 묻도록 하였다.

그로 인해 우리나라의 곳곳에는 태실, 태봉, 태장胎藏이
란 이름이 남게 되었는데, 실제로 가 보면 대개 혈이라고
보기 어려운 자리들이다. 태실이 자리를 잡은 곳들은 대체
로 혈이 들어설 만한 곳의 현무봉이거나 명당이 바라다 보
이는 곳이다.

그런데 태실은 경기 지방에 밀집된 왕릉과는 달리 전국
에 산재하고 있다. 왕릉은 하루 만에 참배가 가능한 곳을
골라 썼기 때문에 궁성에서 100리 안팎의 거리에 몰려 있
는 형편이다.

태실이 전국에 퍼져 있는 이유는 무엇일까? 여기에 대
해 대부분의 사람들은 우선 명당의 확보를 이유로 들고 있
다. 명당에다 태를 묻음으로써 그 태의 주인이 무병장수를
할 뿐만 아니라 왕업이 무궁하게 계승되도록 기원하였다
는 주장이다. 그러나 태는 쉽게 썩어 없어지는 것으로 동
기감응同氣感應이 된다고 보기는 어렵다. 게다가 앞서 이
야기하였듯이, 태실 자리가 모두 명당인 것은 아니다.

둘째로는 백성들과의 유대 관계를 유지하기 위해 전국

에 태실을 조성했다는 주장으로, 상당히 일리가 있다. 옛날의 왕들은 능 참배시에 백성의 소리를 직접 들었다. 그런데 거리상의 문제로 소외된 삼남 지방에 태를 묻음으로써, 왕실은 멀리 있는 막연한 존재가 아니라 항상 백성들과 이웃하고 있다는 친근감과 심리적 안도감을 갖도록 한 것이다.

셋째 전국적으로 명당이 있을 만한 곳에 태실을 조성함으로써, 왕조에 위협적인 인물이 배출되지 않도록 사전에 포석을 해 둔 것이다. 특히 왕후지지王侯之地가 있을 만한 부근이면 모두 태실을 지정해서 그 10리 안쪽의 묘는 모두 이장을 하도록 하였으며, 새로운 묘도 쓸 수 없도록 한 것은 물론이다.

버스에서 내리자, 건너편에 마을이 보인다. 이곳이 태봉산 자락에 있는 완주군 구이면 태봉리의 태실마을이다. 예종의 태실 때문에 얻은 이름으로, 길 위쪽으로 조금만 더 올라가면 태봉초등학교가 있다고 한다.

도로에서 건너다보니, 마을의 오른켠으로 큰 버드나무가 먼저 눈에 뜨인다. 그 주위로는 은행나무와 대나무가 빙 둘러 있다. 재각 건물이 그 안에 있는데, 우리는 관리인의 양해를 얻어 재각의 뒷문을 열고 산길로 올랐다. 대숲 사이로 계단들이 단정하게 누워 정감 넘치는 길을 만들었다.

예종의 태실은 본래 전주 유씨의 자리로, 진사를 8명이나 배출해 낸 길지였다. 그러나 예종의 탄생으로 인해 태실로 지정되자, 그들은 하는 수 없이 이곳에 있던 묘를 다른 곳으로 옮겨갔다. 그 후 일제강점기에 민족정기 말살 정책의 일환으로 일인들은 태실 철거령을 내렸다. 그 때문에 대부분의 태실은 경기도 원당의 서삼릉 西三陵으로 함께 모이게 되었는데, 전라북도에 유일하던 이곳의 태실은 임시로 태

>> 가는 길

호남고속도로 김제IC를 빠져나와 1번 국도를 타고 전주 쪽으로 향하다가 전주박물관과 전주대학교 앞을 지나 중인삼거리에서 '모악산'이란 표지판을 보고 좌회전을 한다. 그리고 논 사이를 가로질러 다시 구이삼거리에서 좌회전을 하고, 덕천 삼거리에서 다시 '신덕' 방향으로 좌회전을 해서 칠암과 와동 마을을 차례로 지나 태봉초등학교에 못 미쳐 있는 구암마을 입구에서 서면 이곳에 예종의 태실 자리가 있다.

봉초등학교의 뒷산에 안치가 되었다
가, 해방 후 다시 전주의 경기전京畿殿
으로 옮겨지게 되었다. 이 과정에서 이
자리를 내주었던 전주 유씨들은 부랴
부랴 이곳을 다시 사들여 새롭게 묘를
조성하였다.

　　예종은 세조의 둘째 아들이었다. 그런데 덕종德宗
으로 추존된 형 의경세자懿敬世子가 스무 살 나이에
가위눌림으로 죽자, 뜻하지 않게 열아홉의 나이로
왕위에 오른 인물이다. 그러나 그도 왕위에 오른 지
1년 만에 역시 스무 살 꽃다운 나이로 요절하였다.

　전주 유씨의 묘를 지나 우리는 용맥을 보기 위해 더 위
쪽으로 올랐다. 저 위에서는 길을 내느라 요란한 포크레인
의 굉음이 난다. 혹 용맥의 허리가 잘리는 건 아닐까? 걱
정을 불러오는 소리이다.

　내리막으로 난 오솔길을 따라가자, 잘록한 용의 허리가
보인다. 그곳에는 네 장의 묘가 있는데, 추석을 앞두고 산
뜻하게 이발을 하였다. 살펴보니, 아주 큰 과협처이다. 주
산에서 힘차게 내려온 용이 보여주는 매우 크고 튼실한 허
리이다. 허리가 좋아야 힘을 쓰는 건 당연한 이치이니, 기
세 넘치고 힘찬 용이다. 급하면서도 주체하지 못하는 힘으
로 몸을 뒤틀며 내려온 용이다.

　이곳 과협처에 다다른 용은 앞 능선에 자리를 맺느라고
결인속기를 하고 있다. 기와 힘을 모아 한꺼번에 세차게
뻗어 내려고 바짝 좁힌 목의 형세이다. 이 팽팽한 긴장감
은 또 양쪽에 영송사迎送砂를 만들어 허리에 찬바람이 드

는 것을 막아 주고 있다. 앞뒤의 산자락 양옆으로 늘어진 수풀의 끝단을 잘 보면, 이는 분명한 영송사이다.

이 용은 영송사만 지니고 있는 게 아니다. 이른바 **공협사**拱峽砂를 양쪽에 또 끼고 있다. 허리의 좌우로 저 너머에 커다란 두 개의 지맥이 흘러내리고 있다. 이 지맥들은 앞으로 더 뻗어 나가 이 혈의 내청룡과 내백호가 되는데, 여기서는 다치기 쉬운 용의 허리를 감싸 주는 역할을 하는 공협사가 되었다.

오른쪽의 공협사는 밭이 되어 약간은 허전하게 누웠는데, 그 너머로 모악산이 보인다. 왼쪽의 공협사는 뛰어나게 좋다. 크고 웅장한 모습으로, 이 용의 허리 근처에 와서는 둥그스름하면서도 중앙 부분이 민둥하게 솟기까지 하였다.

공협사가 삼각꼴로 단정하게 귀인봉으로 솟으면, 그 용맥은 귀인을 기약하는 귀혈貴穴을 낳는다. 부를 연상시키는 부봉富峰으로 솟으면, 그 용맥은 후손을 부자로 두는 부혈富穴을 낳는다. 따라서 공협사는 해당 혈이 어떻게 발복하느냐를 결정짓는 중요한 요소가 된다.

왼쪽의 공협사가 이루어 낸 봉우리를 보니, 갈데없이 노적가리의 형상이다. 이처럼 왼쪽 공협사가 노적봉露積峰의 모습이니, 이 혈은 장손이나 아들들에게 부를 보장한다. 그래서인지 전주 유씨 집안의 후손 가운데 몇 만석지기의 아주 큰 부자가 연이어 나왔고, 유망한 중소기업을 이끌고 있는 재력가가 여럿 나왔다고 한다.

과협처의 뒤에 서서 다시 한번 용의 기세에 감탄을 하노라니, 공협사 너머로 이쪽저쪽 몇 겹의 호종사護從砂가 보인다. 호종사 사이로는 크고 작은 계곡이 물길로 숨어 있다. 모두가 용맥을 감싸 주는 좋은 형국이자, 또 이 용의 기세가 얼마나 좋은지를 뚜렷하게 보여주는 호종사와 계곡들이다.

그런데 이 용맥의 흠이라면 왼쪽의 골이 깊다는 점이다. 계곡의 바람이 이 용을 간접적으로나마 치는 풍상風傷이 다소 걱정스럽다. 묘역에 올라 **혈의 4대 요소**를 살펴보았다. 묘 뒤에는 입수도두入首倒頭가 불룩하게 솟았다. 그 곁으로는 선익사蟬翼砂가 좌우로 선명하게 펼쳐져 묘를 감싸고 있다. 묘 앞에는 흐릿하지만 순전脣氈이 약간 솟아 모습을 드러내고 있다. 묘역 좌우의 숲을 넘겨다보니, 굉장히 큰 다이아몬드 형상의 혈장이 드러난다. 너무 큰 혈장이라 오히려 묘역을 줄여서 조성하였다.

이곳의 혈은 돌혈突穴이다. 마치 가마솥을 엎어 놓은 것 같이 불룩한 모양으로, 사상四相으로 보아 태음太陰에 속하는 혈이다. 그리고 돌혈 가운데에서도 높은 산에 있는 산곡돌山谷突인데, 청룡과 백호를 위시해서 안산과 주변의 산들도 모두 높아 겹겹이 혈을 감싸기 때문에, 바람을 가둬 두는 장풍藏風이 잘 이루어진 혈이다.

이 혈은 또 가마솥을 뒤집어 놓은 복부혈伏釜穴이 분명하다. 전방의 양쪽 길과 후방의 과협처로 가는 길을 등에 업은 세 개의 능선이 지각枝脚으로 갈라 뻗어 솥발 역할을 하였다. 뒤집어진 솥을 받치고 있다.

내려오는 길에 재각을 훑어보았다. 애초부터 단청을 하지 않았던 건물인데, 세월의 흐름 속에서 많이 낡고 상한 모습이다. 기와를 보수하려는지 지붕에는 푸른 비닐이 덮여 있다.

향을 재 보니, 정남향의 자좌오향子坐午向이고, 물은 좌수도우左水到右에 정미파丁未破를 하고 있다. 자왕향自旺向에 속하는 향법이다.

자왕향은 좌수도우하고, 정미파丁未破에 병오향丙午向이거나 신술파辛戌破에 경유향庚酉向, 계축파癸丑破에 임자향壬子向, 을진파乙辰破에 갑묘향甲卯向이 여기에 속한다. 자손들이 번창해서 남자는 총명하고 여자는 수려하며, 부귀와 장수를 불러온다는 향이다.

버스에 오르기 전에, 나는 다시 한번 머리 돌려 용맥을 내다보았다. 아니나 다를까? 역시 걱정했던 대로 새롭게 도로를 내느라고 용맥은 절반 이상이 깎여 나가고 있었다. 안타까운 일이다 ■

≋ **공협사**(拱峽砂) : 과협을 바람으로부터 보호하기 위한 영송사 밖의 산 또는 바위.

≋ **혈의 4대 요소** :
· **입수도두**(入首倒頭) : 용에서 공급된 생기를 저장해 놓았다가 혈에서 필요한 만큼의 기를 공급해 주는 역할을 함.
· **선익**(蟬翼) : 혈장을 좌우로 지탱해 주고, 생기가 옆으로 빠져나가지 않도록 해 주는 역할을 함.
· **순전**(脣氈) : 혈장을 앞에서 지탱해 주고, 생기가 앞으로 설기되지 않도록 해 줌.
· **혈토**(穴土) : 생기가 최종적으로 융결된 곳의 흙으로, 비석비토非石非土이며 홍황자윤紅黃紫潤함.

3. 오공비천혈로 알려진 전의 이씨 선산

　버스는 오던 길을 다시 거스른다. 이윽고 27번 국도가 나타나자 좌회전을 하더니, 구이면 면소재지를 지난다. 그리고 다시 714번 도로를 타고 안덕 방향으로 달린다. 잠시 후 장좌마을에 도착했다. 이 마을의 뒷자락 능선은 전의全義 이씨李氏들의 선산이다. 특히 이곳은 이상진李尙眞(1614~1690) 선생을 낳은 자리로 유명한데, 이 지방에서는 **오공비천혈**蜈蚣飛天穴의 명당으로 꼽는다. '오공'은 지네를 뜻하므로, 오공비천혈은 지네가 하늘을 날으는 형상을 지닌 혈이란 뜻이다.

　지네산은 통상 가지런한 높이를 지닌 능선에 짧고도 많은 지맥이 뻗어 있는 산을 가리킨다. 가지런한 능선은 지네의 등을, 짧으면서도 수없이 갈라 뻗은 지맥들은 지네의 발을 저절로 연상시키기 때문이다.

　이곳 사람들의 설명에 따르면, 전의 이씨들의 선산은 지네의 형국이며 마을로 들어오는 입구의 산 하나는 닭을 가리킨다고 하는데, 내 눈에는 닭의 부리나 벼슬 모양을 한 산이 보이질 않는다. 그리고 눈에 잘 띄는 매봉이 솟아 있다. 통상 뾰족한 산봉우리를 매봉이라고 부르는데, 이 또한 날카로운 매의 부리를 연상시키기 때문이다.

　지네혈은 바로 이 닭과 매의 형상을 한 산이 서로 맞물려야 명혈이 된다. 지네의 천적인 닭이 지네를 쪼려고 하지만, 한쪽에서 또 자신을 노리고 있는 매 때문에 닭은 함부로 몸을 움직이지 못하고, 이 틈에 지네는 지네대로 죽을 지경에서 벗어나기 위해 몸부림을 치기 때문이다. 바로 이 처절한 몸부림으로 인해 지네의 파르르

한 기가 혈에 단단하게 융취하는 것이다.

산자락의 신도비를 지나자, 꽤 가파른 산길이 열린다. 얼마를 올랐을까? 평탄한 능선이 나타나고, 그 위로 다섯 기의 묘가 일렬종대로 누워 있다. 조금 더 오르자, 이번에는 여섯 기의 무덤이 일렬로 늘어선 묘역이 나타난다. 모두가 지네의 등짝 위에 자리를 잡은 묘들이다.

묘역의 후미 쪽에 이르니, 멀리 전방의 한가운데로 매끄럽고도 뽀족하게 선 귀인봉 하나가 눈에 들어온다. 문필봉文筆峰으로 날카롭게 솟아 있다.

묘역의 제일 뒷자리에 올라 용맥과 주변의 사격을 훑어보니, 여기는 기대에 비해 다소 실망스런 자리이다. 먼저 용이 다양한 변화를 보여주지 못하고 밋밋하게 흘러 들어왔다. 게다가 너무 높이 솟은 용으로, 이런 곳은 기가 뭉치기가 쉽지 않은 국세이다. 이런 자리를 '산고곡심山高谷深'이라고 하는데, 이렇게 산이 높고 골이 깊은 곳에는 대체로 혈이 맺히지 않는 법이다. 골바람이 너무 세서 바람을 가둘 수 없기 때문이다. 그 통에 바람 따라 기가 흩어지는 그런 자리이다.

그리고 올라올 때 보았듯이, 두 묘역 모두가 앞으로 쭈욱 빠졌으니 능선을 타고 앉은 셈이다. 따라서 묘역을 낮

⬆ 전의 이씨 선산

≈ **오공비천혈(蜈蚣飛天穴)** : 지네 (오공蜈蚣)가 하늘로 날으는 형상을 지닌 혈.

기 위해 용이 기운을 모으느라 몸통을 조인 결인속기처가 없는 것이다.

왼쪽의 청룡 능선도 지네의 형상으로, 가지런한 능선은 짧은 지맥을 곁가지로 수없이 달고 있다. 전체적으로 보면, 이 청룡의 능선은 전의 이씨들이 묻힌 용맥을 감싸준 듯하다. 그러나 자세히 살펴보면, 이 지각들이 모두 앞쪽만을 향해 뻗어 있어서 이 용맥을 무정하게 배신하고 있다.

이는 백호도 마찬가지이다. 일견에는 감돌아드는 것 같은데, 살펴보면 지각들이 등을 돌리고 있다. 백호 또한 능선의 흐름만이 용맥을 감쌌고, 지각들은 앞만을 바라보는 모양새이다.

물길도 그다지 좋은 모습이 아니다. 청룡 쪽 물길은 반배反背를 하고 흘러내린다. 그리고 내명당內明堂 앞으로는 물길이 한번 교쇄交鎖를 했지만, 아쉽게도 외명당外明堂을 향해 빠져나가는 것이 훤히 보인다.

이렇게 넓은 두 묘역에 그래도 한 자리는 있을 것 같다. 정 선생도 아쉬운 듯 앞장서서 내려가며 묘들을 하나씩 살펴본다. 그런데 가장 위쪽의 묘 앞에 서 있는 문인석 부근이 잘록하다. 그렇다면 이 위 묘역의 제일 앞자리를 용진처龍盡處로 볼 수 있다.

그러나 내려오면서 보니, 보수를 하지 않은 탓도 있겠지만, 봉분들이 하나같이 무너져 내리고 잔디가 죽어 있다. 이 묘역을 타고 흐르는 물기 때문에 나타나는 현상이다. 그리고 또 이곳의 묘들은 하나같이 차돌로 비를 세웠는데 모두가 묘하게 글자들이 녹아 있어 판독이 힘들다. 각각의 글자들이 비바람에 패이거나 깎인 까칠까칠한 모습이 아니라, 물기에 뭉글뭉글하게 녹아내린 모습이다. 이런 현상이 일어나는 이유는 산성비 때문이라고도 할 수 있지만, 이곳은 산성비가 내릴 만한 곳이 전연 아니다. 따라서 물기 탓이라고 할밖에 없다.

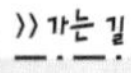

전주에서 풍납문을 지나 27번 국도를 이용해서 임실·순창 방면으로 20km 가량 내려가면 구이 면소재지가 나온다. 여기에서 조금 더 내려가 구이초등학교가 있는 삼거리에서 다시 714번 도로를 타고 2.5km 가량 안덕 방향으로 달리다가 '민속한의원' 표지판을 따라가면 장좌마을에 도착한다. 이 마을의 뒷자락 능선에 전의 이씨의 선산이 있다.

최고 전방을 차지한 봉분 앞에 이르자, 용맥이 왼쪽으로 감아주고 있는 모습이 보인다. 얼핏 보아서는 결지를 한 듯하지만, 역시 아니었다. 묘의 앞쪽이 높은데다가 묘가 있는 뒤쪽이 얕은 '전고후저前高後低'의 형상이다. 그래서인지, 묘비도 뒤쪽으로 비스듬히 기울었다. 차라리 쓰려면 조금 더 앞으로 내려 쓰는 것이 좋을 뻔했다. 그러면 '천심십도天心十道'가 되어, '전고후저'에서도 벗어날 수 있을 터인데.

'천심십도'란 안산과 주산을 이은 선과 청룡과 백호의 가장 높은 봉우리를 이은 좌우의 선이 정확하게 십十자로 교차하는 곳에 묘를 쓰는 방법이다. 이렇게 묘를 쓰면, 이 묘소에는 동서남북으로 서 있는 주산과 안산, 청룡과 백호가 지니고 있는 정기가 가장 많이 모이게 된다.

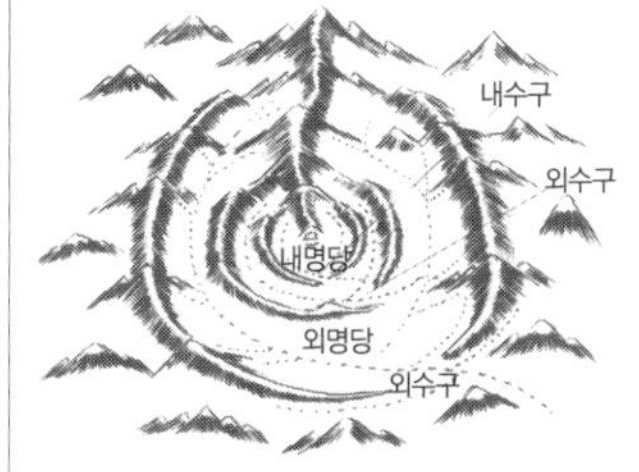

우리는 다시 아래 묘역으로 내려왔다. 우리는 이곳에서 좋은 자리를 하나 발견하였다. 위에서 아래쪽으로 두번째에 이효충李效忠이란 분이 차지하고 있는 봉분이 바로 그것이었다.

이 묘소의 바로 뒤가 입수도두처로써, 그 좌우를 따라 흐릿하지만 두 줄기 선익사가 뻗어 나와 앞쪽으로 오므리고 있다. 묘 앞단에는 역시 순전이 두두룩하게 솟아 있다.

좌우의 청룡과 백호를 살펴보니, 이곳에 이른 두 능선은 훨씬 아늑하게 모양을 바꾸었다. 얼마간의 지맥들도 혈을 감싸 주는 모습이다. 전방도 시원하고, 아까까지 훤히 보이던 물길도 슬그머니 자취를 감추었다. 오히려 몇 겹으로 교쇄한 형국이 되었다.

향을 재 보니, 여기는 알고 쓴 자리임이 명백해진다. 왜냐하면, 물길이 우수도좌右水到左에 손사파巽巳破이다. 그런 물길이니, 정면을 안산으로 바라보며 정남향인 자좌오향子坐午向을 썼더라면, 살인대황천殺人大黃泉의 향법에 저촉될 뻔하였다. 살인대황천은 사람이 죽어 나가고 재산이 모두 흩어진다는 지극히 흉한 향법이다.

그런데 이 묘소를 쓴 사람은 이 사실을 알았다. 그래서 일부러 묘를 슬쩍 돌려 계좌정향癸坐丁向으로 향을 썼으니, 이는 88향법 가운데 가장 길하다고 치는 정양향正養向이 된다. 살인대황천을 피해 정양향을 솜씨 좋게 고른 것이다.

정양향은 물이 우수도좌하고 곤신파坤申破에 신술향辛戌向이거나, 건해파乾亥破에 계축향癸丑向, 간인파艮寅破에 을진향乙辰向, 손사파巽巳破에 정미향丁未向이 이에 속한다. 정양향은 자손과 재물이 왕성하게 늘어나서 가문이 번창하고, 나아가 공명현달功名顯達한 자손이 많이 나온다는 향법이다.

묘비를 훑어보니, 이효충은 전의 이씨 시조인 이도李棹의 17세손이다. 그는 생전에 승훈랑과 병조좌랑을 지냈는데, 사후에 통정대부 승정원 도승지에 추증되었다.

비문을 쓴 이는 바로 그의 5세손 상진尙眞이었는데, 이 사실을 알고 난 나는 감탄사를 내뱉었다.

'아하, 그렇다면 바로 이 묘소의 발복으로 숙종 연간에 청백리 정승으로 유명했던 이상진이란 인물이 나온 것이로구나!'

후손 상진이 현달한 인물이 되었기에, 그의 5대조 이효충도 몇 직급이 높은 벼슬로 추증이 되었던 것이다.

추증이란 훌륭한 후손을 둔 조상에게 그 음덕을 고맙게 여겨 나라에서 내리는 벼슬이다. 그런데 부친의 경우는 아들과 같은 품계를 주고, 할아버지부터는 대代가 올라 갈수록 한 등급씩 품계가 낮아진다.

이상진의 경우를 예로 들면, 이상진은 최고 품계인 정1품의 관직을 지낸 인물이다. 따라서 그의 아버지에게는 상진과 같은 품계의 정1품 벼슬 가운데 하나가 추증이 된다. 그리고 그의 조부에게는 종1품의 벼슬이, 증조부에게는 정2품의 벼슬이 추증되어, 윗대로 올라갈수록 차례차례 한 등급씩 내려가는 것이다. 따라서 상진의 5대조로써, 정6품의 병조좌랑을 지낸 이효충에게는 그의 살아생전의 품계와는 상관없이 정3품에 해당하는 벼슬의 하나인 승정원 도승지가 정확하게 추증된 것이다.

따라서 이런 방법으로 문제 인물의 생전의 벼슬과 추증 벼슬을 비교해 보면, 그가 몇 대손을 잘 두어 추증직을 받게 되었는지 알 수 있다. 그래서 거꾸로, 그가 영면한 터가 명당이라면 그의 몇 대손이 어떻게 발복했는가를 비문만으로도 알 수 있는 것이다. 이 묘역은 신민당을 이끌던 국회의원 이철승李哲承 씨의 선산이라고 한다 ▣

4. 김일성 주석을 낳았다는 김태서의 묘소

거꾸로 나온 버스가 모암 삼거리에 이르러, 모악산을 향해 왼쪽으로 몸을 꺾었다. 점차 모악산이 다가온다. 산세를 보니, 역시 이곳은 모악산의 후사면인 배背이다. 전면에 해당하는 면은 당연히 금산사 쪽이다.

완주군 구이면 상학마을 뒤편의 잘 꾸며진 주차장에 내리자, 전방이 후련하고도 아름답다. 주차장 아래쪽에 먼저 넓고 너른 저수지가 평온하다. 그 뒤로는 크고 작은 능선들이 다소곳한 모양으로 포근하게 어깨동무를 하였다.

특히 전방의 왼쪽에 족두리처럼 생긴 예쁜 **화관사**花冠砂가 눈에 번쩍 뜨인다. 시집가는 아가씨가 분단장을 하고 족두리를 머리에 장식한 듯 매끄럽고도 날씬한 몸통 위에 고운 화관이 얹혀 있다. 탐랑성이며, 귀인봉이다.

그냥 보아도 멋들어진 경치이다. 아주 좋은 보국이다. 일반적인 산들의 배背에서는 좀처럼 찾아보기 힘든 크고도 수려한 보국이다. 필경에는 이를 아름답게 바라보는 자리 하나쯤이 이곳 어딘가에 숨어 있을 성싶다.

머리를 돌려 모악산을 바라보니, 그 한가운데에서 내려온 중출맥中出脈이 주차장 중앙을 지나 흘러내렸다. 저 아래 언저리쯤에 결지를 했을 텐데, 과연 어디쯤일까? 아마도 눈 밝은 이를 위해 남겨진 자리인가 싶다.

전북에서는 이곳을 전주 시민들의 휴식처로 다듬은 모양이다. 편안한 공간으로 만들기 위해 곳곳마다 섬세한 신경을 썼다.

도로에 오르다 말고, 정 선생이 일행을 세웠다.

○ 김태서 묘

"저 앞쪽의 봉우리를 보십시오. 봉우리가 앞으로 머리를 숙인 형상이 아닙니까? 이는 『금낭경錦囊經』에서 말하는 **현무수두**玄武垂頭의 전형적인 모습입니다. '현무수두'란 혈을 품고 있는 뒷산이 머리를 앞으로 수그리고 있는 저런 모양을 말합니다. 이곳에 전주 김씨의 시조 김태서金台瑞의 묘가 있습니다. 손석우 옹이 일찍이 그의 책 『터』에서 아주 큰 명당으로 지목하였는데, 글쎄 한번 올라가 직접 확인해 보도록 하십시다."

사실 이곳은 손석우 옹의 언급으로 유명해진 자리이다. 손옹은 이곳을 세상에 처음으로 소개한 인물이다. 그의 언급을 보자.

김일성의 운명은 이미 그 시조 묘에 의해 정해져 있다. 김일성과 같은 큰 인물은 산천의 정기 없이는 태어나지도 못한다. 김일성은 이 묘역의 정기를 한 몸에 받고 태어났는데 묏자리가 미좌축향으로 만

≋ **화관사**(花冠砂) : 머리를 장식하는 족두리처럼 생긴 산.

≋ **현무수두**(玄武垂頭) : 혈을 품고 있는 뒷산이 머리를 앞으로 숙이고 있는 모양.

49년 동안은 절대 권력을 행사하게 되어 있다. 특히 49년의 근거는 77수로 천도에 의해 지축을 여는데 77수리로 계산해 절대 제왕, 절대 권력을 향유하는 요지부동의 지배자라는 의미이다.

이곳에 김태서의 묘가 쓰인 지는 적어도 600년이 훨씬 넘었다. 답사 안내문에서도 지적했듯이, 과연 600년 이상이 된 묘인데 현재까지 발복이 가능할까? 아무튼 북한의 지도자 김정일도 이곳에 관심을 갖고 서울 답방을 하게 되면 참배를 하고 싶다고 하였다. 이래저래 더욱 주목을 끄는 묘소이다.

산자락으로 오르자, 먼저 모악산이라고 쓴 천연석 비가 나타난다. 그 뒤쪽에는 앞서 소개했던 고은 선생의 시「모악산」이 거대한 천연석에 올려 있다. 그리고 전주김씨세덕비全州金氏世德碑도 부근에 우뚝하다.

입구의 가게 앞을 지나자, 잘 다듬어진 등산로가 계곡을 끼고 오른다. 각종 소채류와 은행즙을 파는 행상 앞을 지나자 '선녀폭포'가 나타난다. 위쪽 동곡사 앞에 있는 '사랑바위'와 함께 나무꾼과 선녀의 이루지 못한 사랑이 담긴 애잔한 전설이 어린 선녀폭포이다.

옛날 옛날에 휘영청 달 밝은 보름밤이 되면, 하늘나라의 아름다운 선녀들이 이곳에 내려와 목욕을 하고는 인근에 있는 수왕사란 절에 가서 약수를 마셨더란다. 그리고는 모악산 신선대에 올라가 신선들과 어울려 놀다가, 날이 밝으면 다시 하늘나라로 올라갔더란다.

어느 날이었단다. 그날도 산에서 열심히 나무를 하다가 한밤중 이곳으로 내려오던 나무꾼 하나가 있었는데, 우연히 선녀들의 빼어난 자태를 본 나무

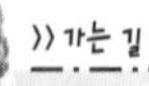

전주에서 27번 도로를 이용해서 임실·순창 방면으로 10km 가량 내려오면 모악산이란 표지판이 연달아 나타난다. 표지판을 따라 구이면 상학마을 뒤편의 주차장에서 내려 등산로를 따라 오르면 첫 번째 갈림길이 나타나는데, 여기에 '전주김씨시조묘'라는 푯말이 서 있다. 경사로를 따라 올라가면 위쪽에 커다란 묘역이 보인다.

꾼은 그만 넋을 잃어버리고 말았더란다.

그 후로 나무꾼은 잠도 오지 않고 밥맛도 잃었단다. 상사병에 걸린 것이지. 오매불망 선녀를 그리던 나무꾼은 다시 보름날 밤이 되자 그리움에 못 이겨 이곳 선녀폭포를 찾았더란다.

그런데 어찌 되려고 그랬던지, 몰래 숨어서 선녀들을 엿보던 나무꾼의 눈과 한 선녀의 눈이 딱 마주 쳤단다. 서로 한눈에 반해 사랑에 빠진 나무꾼과 선녀는 남몰래 도망을 쳤단다. 대자사 백자골로 숨어든 그들이 안도의 한숨을 내쉬며 뜨거운 입맞춤을 나누는 순간 그들은 그만 화석이 되었단다. 하늘의 노여움으로 이들은 비록 돌이 되었지만, 지금도 서로 입을 맞추며 영원히 함께 하고 있단다.

나는 사랑에 달뜬 두 남녀가 마침내 화석이 되고 말았다는 사랑바위를 보지 못했다. 그러나 폭포를 지나 바위 위로 흐르는 맑은 물의 반짝임처럼 그들의 사랑은 오늘도 고운 이야기가 되어 입에서 입으로 전해지고 있었다.

"사랑바위요, 동곡사 앞에 있는디, 사람보다 쪼까 큰 거시, 바위 두 개가 서로 찌울어서 입을 맞추고 있고만이. 한번 볼만은 한 거신디."

조금 더 오르자, 등산로가 좌우로 나뉜다. '전주김씨시조묘'라는 푯말을 보고 왼쪽 길로 접어드니, 다소 가파르긴 해도 녹음이 드리워진 상큼한 길이 나타난다. 그리고 약수터에서 목을 축였는데, 이내 마대를 써서 축대를 쌓은 김태서의 묘가 보인다. 묘역의 앞부분을 쌓아 더 넓혔으며, 묘 뒤쪽의 경사면도 다듬고 떼를 입혔다. 모두가 최근에 이루어진 자취이다. 혹시라도 있을지 모를 김정일 국방위원장의 답방에 대비한 사전 작업인가 모르겠다.

김태서(?~1257)는 신라 경순왕의 8대손으로, 본래 경주 김씨의 후예이다. 그는 문과에 급제하여, 고종 19년(1232) 한림학사가 되었는데, 그 후 문하시랑평장사에 이르러 관직에서 물러났다. 『고려사』에 의하면, 학문을 싫어하고 탐욕스러워 남의 토지를 함부로 빼앗아 주위의 비난이 많았는데도, 아들 약선若善이 당시의 세력가 최우崔瑀의 사위였던 까닭에 처벌을 받지 않다가, 1251년 오승적吳承績 사건에 연루되어 가산家産을 몰수당했다고 한다. 그는 고종 41년(1254) 경주에서 전주로 거처를 옮겨, 마침내 전주 김씨의 시조가 되었다. 비문에는 부끄러운 이야기가 쏙 빠진 채 미사여구만이 가득 넘쳐난다.

봉분의 뒤쪽으로 난 오솔길에 오르며 보니, 역시 많은 사람들의 지적처럼 이 용은 변화가 없는 용이다. 급하게 내려왔지만, 별다른 움직임이 없이 그냥 밋밋하게 흘러내린 용이다. 밝고 환한 느낌이 들지 않고, 생기도 느껴지질 않는다.

이 용맥은 앞쪽을 향해 쭉 빠지기만 하여, **섬룡입수**閃龍入首의 **기룡혈**騎龍穴도 맺지 못하였고, 뻗어 내린 능선의 중앙에 **장지중요혈**長枝中腰穴도 맺지 못하였다. 이곳에는 혈처임을 증명해 줄 수 있는 입수도두나 선익, 순전이 전연 없다.

게다가 아래의 물길조차 좌에서 우로 급히 감싸고 있는데, 용진처를 만나 음양교배陰陽交配를 하지 못했다. 양陽에 속하는 물과 음陰에 속하는 산이 만나 서로 포근하게 감싸 주고 조화를 이뤄야 혈이 맺히는 법이다. 그런데 이곳의 물과 산은 서로 무관심하게 제각각 흐른다.

그리고 앞쪽의 물길 건너에는 모악산의 한 자락이 우람한 몸집으로 내려와 가로막으면서, 이 묘소의 청룡이 되고 안산이 되었다. 바짝 다가붙은 청룡안산의 형국으로, 명당도 이뤄 내질 못했다. 그래서 시선이 답답하고 편치 않다.

좌우의 균형으로 보아도, 청룡은 거대한데 백호는 허전하고 시원치가 않다. 전혀 균형이 맞질 않는 짜임새이다. 그리고 잘 보면, 안산도 봉분을 향해 치고 들어오

는 모습으로 불안하다. 2시 방향에 보이는 예의 그 화관사
가 아깝다.

　여러 가지 이유에서, 여기는 결코 살아 있는 용이 진행
을 멈추고 혈을 맺은 용진혈적龍盡穴的의 자리로 보기 어려
운 곳이다. 무성한 소문에 비해 실로 어처구니가 없는 자
리이다. 모두가 실망스런 빛인데 정 선생이 한마디 한다.

　　"여러분께서는 어떻게 생각하시는지 몰라도, 풍
　수지리를 공부하는 저로서는 여기가 기념비를 세울
　만한 자리라고 여깁니다. 세상 사람들이 풍수지리
　를 미신으로 치부하고 관심조차 두지 않는 시절에,
　육관 손석우 옹은 이 묘를 세상에 소개했습니다. 손
　옹이 지은 『터』라는 두 권의 책이 무려 100만 부나
　팔려 나가게 한 것이 바로 이 묘소입니다. 49년이라
　는 세월 동안 절대 권력을 휘둘렀던 김일성 주석의
　발복지가 이곳이라고 하자, 세인들의 관심이 이 묘
　소로 쏠렸고 나아가 풍수지리에 대한 관심을 크게
　고조시켰습니다. 그래서 이곳은 비록 혈이 아닐지
　라도, 풍수지리에 대한 세상 사람들의 관심과 수준
　을 한 단계 끌어올린, 그래서 기념할 만한 자리인
　것입니다." ■

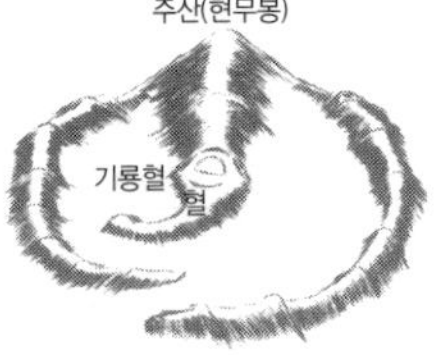

〰️**섬룡입수**(閃龍入首) : 행룡하던
용맥이 주저앉듯이 중간에 혈
을 맺은 형태.

〰️**기룡혈**(騎龍穴) : 혈이 용의 등
을 타고 있는 모습과 흡사한
혈.

〰️**장지중요혈**(長枝中腰穴) : 용의
중간에 맺는 혈로, 자칫하면 과
룡처로 착각하기 쉬움.

5. 오리알 터 증산법종교 본부

버스는 모악산 자락을 타고 뒤뚱거린다. 시원한 숲 사이를 지나던 버스가 이윽고 금산사 입구의 증산법종교甑山法宗敎 본부 주차장에 선다. 이곳은 앞쪽의 금평 저수지와 함께 금산사를 방문할 적마다 진작에 내 시선을 끌던 곳이다.

증산법종교 본부는 말 그대로 증산교의 본부인 용화사龍華寺와 초대 교주였던 강일순姜一淳(1871~1909)의 체백體魄이 안치된 곳이다. 증산교는 1871년 이 지방의 고부古阜에서 태어난 강일순이 모악산 아래에서 창도한 흠치교吽哆敎를 위시해, 그의 사후 여러 계열로 나뉜 교파를 통틀어 이르는 이름이다.

강일순은 어렸을 때 학문에 뛰어난 자질을 보였다고 한다. 그러나 가정 형편이 어려워 남의 집 살이를 하면서 틈틈이 공부하고 수도에 전념하였다고 한다. 그 결과 일찌감치 혜안이 열려 세상일을 꿰뚫어보았는데, 때때로 사람들을 깜짝 놀라게 하였다고 한다. 그러다가 동학혁명의 횃불이 점화되자, 그는 혁명의 실패를 내다보고 주변 사람들을 말렸다고도 전해진다.

아무튼 요원의 불길로 타오르던 동학혁명이 끝내 실패로 돌아가자, 강일순은 깊은 고뇌와 번민에 빠졌다. 이 어지럽고 혼란한 세상의 불쌍한 백성들을 구제할 방도가 없을까 고민하던 그는 기존의 종교인 유불선儒佛仙에서 답을 찾고자 하였다. 몇 년에 걸친 공부를 마친 후, 그는 모악산의 대원사에 들어갔다. 그곳에서 치열하게 용맹정진하던 강일순은 어느 날 커다란 깨우침을 얻었다.

다음은 깨우침을 얻고 난 뒤의 강일순의 선언이다.

"부귀한 자는 빈천함을 알지 못하고, 강한 자는 병약함을 알지 못하고, 유식한 자는 어리석음을 알지 못하나니, 그러므로 나는 그들을 멀리하고 오로지 빈천하고 병약하고 어리석은 자들을 가까이하겠노라. 그들이 내 사람이기 때문이다."

❶ 증산 강일순

깨달음을 얻고 대원사에서 내려온 강일순은 구릿골, 곧 동곡銅谷으로 들어가 자신의 깨달음을 널리 전하기 시작했다. 이 시기에 강일순이 머물던 집이 지금도 남아 있다고 한다. 용화사에서 보면 전방의 금평 저수지 건너편에 시루 모양으로 생긴 시루봉 아래가 구릿골이다. 그의 법호法號 '증산甑山'은 시루 모양의 산이란 뜻인데, 아마 이 시루봉에서 따온 게 아닌가 싶다.

구릿골에 약방을 연 증산은 백성들의 육체적인 상처와 정신적인 상처를 하나씩 치유해 나갔다. 그러자 동학혁명의 실패 후 실의와 시름에 잠겨 있던 민심은 일시에 강 증산에게 쏠렸다. 수많은 제자들이 그를 따르며 그의 가르침에 고개를 숙였다. 이 시기에 증산은 '천지공사天地公事'를 행하여 여러 번 신기한 자취를 남겼다고 한다. 그는 어둠과 혼란의 세계는 곧 가고 평화와 평등의 새로운 세계가 열리리라는 후천개벽後天開闢을 주장하였다. 증산을 추종하던 사람들은 그를 후천개벽의 시대를 여는 구세주로, 지상낙원을 이룩해 줄 미륵의 화신으로 여겼다.

그런데 증산은 39살의 나이로 병을 얻어 홀연 세상을 등졌다. 일설에 따르면 그는 임종을 앞두고, "나는 곧 떠날 것이니, 내가 보고 싶거든 모악산 미륵불을 보도록 하라!"는 말을 남겼다고 한다.

증산의 갑작스런 죽음으로 이 땅의 많은 백성들은 다시 정신적인 구심점을 상실하고 표류하게 되었다. 그러나 그의 제자들 중 일부는 증산의 재림을 믿어 의심치 않았다. 그가 머지않아 다시 와서 혼란한 이 세상을 구원해 주리라 굳게 믿었다. 그래서 그들은 증산의 시신을 용화사에 안치하였다. 그들은 증산의 말을 잊지 않았던 것이다. "금산사 아래 용화동은 내 터전이다. 앞으로 꽃이 만발하듯 뭇사람들이 몰려들리라!" 하던 증산의 말을.

증산의 재림과 구원을 믿은 그의 부인과 몇몇 제자들은 다시 모여 교단을 구축하고 신도들을 불러 모았다. 1911년 증산의 두번째 부인 고씨高氏가 세운 태을교太乙敎가 그것이다. 그러나 세월의 흐름과 함께 교파도 차츰 갈려나갔으니, 제자 차경석의 보천교普天敎, 제자 김형렬의 미륵불교彌勒佛敎, 모악교母岳敎, 용화교龍華敎, 증산대도甑山大道, 태극도太極道, 대순진리회大巡眞理會 등등이다. 증산을 교조로 모시는 이들은 한때 100개가 넘는 교파로 나뉘기도 하였는데, 오늘날 남아 있는 대부분의 교파들은 모악산 자락에 본부를 두고 있다.

주차장에 내리자, 거대한 자연석 비와 안내도가 나타난다. 자연석에는 '광구천하匡救天下'란 네 글자가 세로로 크게 쓰여 있다. 천하를 바로잡고 구제하리라던 증산의 꿈이 집약된 표현이다. 그 아래에는 증산교의 기본 교리인 해원解寃, 상생相生, 보은報恩이 가로의 작은 글씨로 쓰여 있다.

경춘대景春臺란 현판을 달고 있는 문으로 들어섬에, 정면에 영대靈臺란 건물이 나타난다. 좌우에는 삼청전三淸殿과 화은당華恩堂이 영대를 보필하듯 아래쪽에 자리를 차지하고 있다. '영대'는 본래 유교儒敎에서 쓰이던 말로, 사람의 마음 또는 정신을 뜻한다. 그리고 주周나라 때 문왕文王이 세웠다는 망대望臺의 이름이기도 하다. 그런데 여기에서는 증산과 그의 부인 정씨鄭氏의 체백과 유해를 봉안한 묘원墓院의 이름이 되었다. 지금도 증산의 성령聖靈이 이곳에 내왕하고 있다고 해서 영대란 이름을 붙였다는 설명이다.

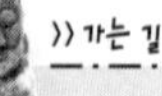 **》가는 길**

호남고속도로 금산사 나들목에서 빠져나와 계속 이어지는 금산사 표지판을 보고 달리면, 금산사 입구에 활짝 펼쳐진 금평저수지와 법종교 본부가 한눈에 들어온다.

'삼청三淸' 이란 도교道敎에서 나온 용어로, 신선들이 산다고 하는 천상계의 태청太淸 · 상청上淸 · 옥청玉淸을 통틀어 일컫는 말이다. 삼청전은 여기에서 따온 일종의 상징적인 지상낙원이다. 이곳에는 증산 미륵 존상과 좌우의 보불상補佛像을 함께 모시고 있다. 따라서 이곳은 불교와 도교가 혼재된 공간이라고 말할 수 있다.

오른쪽의 화은당은 본래 서별당西別堂으로 불리던 곳이었는데, 1985년 교조 증산의 외동딸이자 창교주創敎主인 화은당 선사禪師와 초대 회장을 지낸 구암九岩 정사整師의 영정을 모신 곳이다. 이후로부터 서별당은 선사의 당호를 그대로 써 화은당이 되었다.

안내문을 읽던 한 회원이 안내문의 여백을 장식하고 있는 붉은빛의 문양을 가리키며, "이게 무슨 표시입니까?" 하고 내게 묻는다. 그건 불교의 산물인 부적이다. 사악한 것을 몰아내고 복된 것만을 받아들이기 위해 몸에 지니거나 집안에 간직해 두는 부적이다. 안내문에 이렇게 부적을 그려 놓은 것으로 미루어, 증산교는 부적의 힘을 믿어 이를 많이 사용하는 종교 단체인 듯하다.

어느 사이에 일군의 사람들이 모여 영대 앞에서 예를 표하고 있다. 영대의 문

금산사 미륵불

도 활짝 열렸는데, 그 안에 석관이 누워 있다. 표면이 연꽃으로 아름답게 부조浮彫된 석관이다. 일견에 증산의 유해가 든 석관이라고 여겨지는데, 석관을 향해 그의 신도들이 엄숙한 모습으로 절을 올린다. 증산의 부활과 개벽을 믿어 의심치 않는 그들이기에 저렇게 유해를 모셔 두고 경배를 하는 것이리라.

영대의 후면에 뾰족하게 솟은 목성체木星體가 보인다. 물론 탐랑성이다. 그 좌우로 현무봉보다 얕으면서도 크기가 같은 두 개의 봉우리가 어여쁘게 솟아 **천을성**天乙星과 **태을성**太乙星이 되었다.

천을성과 태을성은 주산主山 또는 주룡主龍의 좌우에 우뚝 솟아 있는 귀인봉을 지칭하는데, 마치 군왕을 좌우에서 보필 수행하는 문·무관과 같은 모습이다. 혈에서 보아 좌측의 봉우리를 천을이라고 하고, 우측의 봉우리를 태을이라고 한다. 혈을 맺은 자리에 천을과 태을이 있으면 벼슬이 대간臺諫의 자리에 올라 임금께 충간하는 현신賢臣이 나온다. 여기에다 물길이 빠지는 수구水口에 상서로운 짐승이나 새의 형태를 닮은 한문이나 화표, **북신**北辰 등이 있게 되면, 문명文名 높은 자손이 나와 한림翰林의 지위에 올라 군왕에게 강론을 하게 된다.

신도가 아닌 사람들에게는 영대의 출입을 금하여 용맥을 살필 도리가 없다. 그러나 나중에 이곳을 빠져나오면서 멀리 육안으로 가늠해 보니, 현무봉의 중출맥이 영대의 뒤쪽으로 내려왔다. 골라 잡은 자리인데 어련하랴 싶다.

영대는 또 천심십도의 한가운데에 자리를 잡았다 일자문성一字文星으로 뻗은 좌청룡과 천마사天馬砂로 발복을 재촉하는 우백호의 가장 높은 봉우리를 이은 선이 영대를 지난다. 천마사에는 철탑이 서 있다.

내백호는 영대의 우측에 있는 태평전太平殿을 등에 지고 화은당을 지나 축대가 있는 곳까지 감돌아 내렸다. 내백호 능선 때문에 터를 고르는 과정에서 저절로 축대가 쌓인 것이다. 퍽이나 알뜰하게 혈을 감싸는 모습이다.

안산은 저수지 건너편에 보이는데, 약간 왼쪽으로 치우쳤다. 증산은 죽어서도 생전의 그 약방을 바라보는 것이 아닐까? 전방의 약간 왼쪽에는 잘 생긴 문필봉 하나가 상당히 높이 솟았다. 제비봉이라고 한다. 그 곁에는 구릿골을 산자락으로 삼은 시루봉이 보인다. 나머지 산들도 둥그스름한 저수지의 경계선을 따라 다정하게 둘러섰다. 모두 유순하면서도 편안한 모습으로 다가들었으니, 시선이 그다지 멀리

가지 않는다.

　처음부터 우리를 관찰하던 아주머니께서 이제는 우리의 정체를 알았다는 듯이, 드디어 자신 있게 끼어든다. 검은 무명치마에 흰 저고리의 단정한 차림새이다.

　　"여기가 그 유명한 부란기鳧卵基 오리알 터인데, 크게 봐서 오리가 알을 낳는 부분이라고 합니다. 오리는 물가에 알을 낳는 법이니, 여기가 지금은 이리저리 수로를 놓고 흙으로 덮어서 보이지 않지만, 사실은 온통 물인 아주 물이 많은 자리입니다."

　아주머니가 주신 설명에 따르면, 물형物形으로 보아 이곳의 산세가 전체적으로 오리를 닮은 모양이다. 그리고 혈이 맺힌 영대 자리가 배란 기관의 위치에 해당하는가 보다. 게다가 영대의 바로 앞 이 빈터는 과연 '오리알 터' 답게 물이 질펀하게 흘렀던 것으로 여겨진다.

　나는 즉시 수맥 탐지용 엘 로드를 빌렸다. 양손에 들린 엘 로드가 정신없이 춤을 춘다. 여러 줄기의 물길이 교차하면서 제각각 여기저기로 흐르기에 나타나는 현상이다.

　방위를 재 보니, 영대는 정북향인 오좌자향午坐子向으로 앉았다. 물길은 좌수도우左水到右하여 계축파癸丑破가 되었다. 이는 자왕향自旺向에 해당하는 길한 향법이다. 이

≈≈≈ **천을성**(天乙星)과 **태을성**(太乙星) : 주산 또는 주룡의 좌우에 우뚝 솟아 있는 귀인봉을 지칭하는데, 마치 군왕을 좌우에서 보필 수행하는 문·무관과 같은 모습임. 혈에서 좌측을 천을, 우측을 태을이라 함.

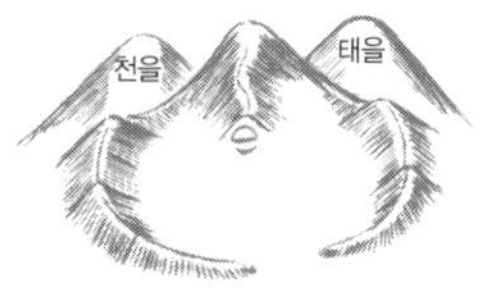

≈≈≈ **북신**(北辰) : 물 가운데에 있는 바위가 용, 거북, 잉어 등의 형상을 하고 있는 것.

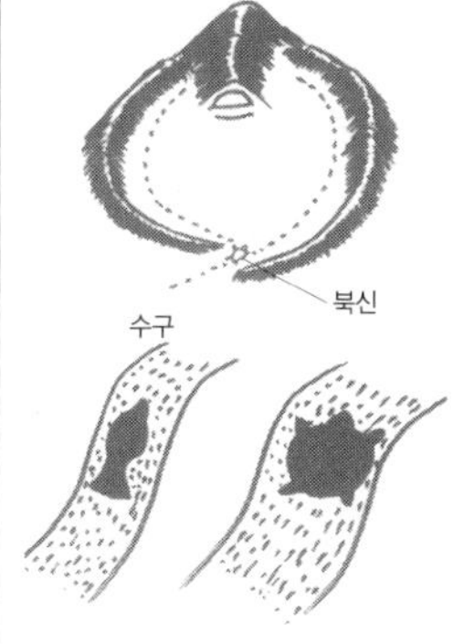

곳은 전형적인 북향대지北向大地이다.

　　주차장에 선 나는 다시 한번 저수지 건너편의 구릿골에 눈길을 주었다. 고난과 질곡의 한 시대를 구원하고자 나섰던 '젊은' 증산이 남긴 삶의 현장을 멀리서나마 가늠해 보고 싶었던 탓이다. 그의 유해가 안치된 영대의 위쪽 푸르른 하늘에는 초승달이 외로이 떠 있었다 ▪

팔도 사람들의 성격

옛날부터 내려오는 비결서나 지리서를 보면, 우리나라 팔도 백성들의 주된 성격을 논한 언급이 이따금 나온다. 믿을 것은 안 되지만, 재미 삼아 볼 만하기도 하다. 다음은 그 가운데의 하나로, 정조 때 규장각 학자를 지낸 윤행임尹行恁의 견해이다.

■ 함경도 사람은 이중투구泥中鬪狗이니, 진흙 속에 개들이 싸우는 기질로써, 강인한 의지와 인내력이 있다.

■ 평안도 사람은 맹호출림猛虎出林의 형상으로, 사나운 호랑이가 숲속에서 나오는 모양이니, 용맹하고 과단성이 있다.

■ 황해도 사람은 석전경우石田耕牛라고 할 수 있으니, 돌밭을 일구는 소와 같은 형상으로, 온갖 고난을 꿋꿋하게 이겨내는 근면성이 있다.

■ 경기도 사람은 경중미인鏡中美人이라고 할 수 있으니, 거울 앞에 선 미인처럼 매우 이지적이면서 명예를 존중한다.

■ 강원도 사람은 암하노불嵒下老佛로써, 바위 아래에 앉아 있는 부처님처럼 누가 알아주든지 말든지 자기 할 일은 묵묵히 수행한다.

■ 충청도 사람은 청풍명월淸風明月로 비유할 수 있으니, 깨끗한 바람과 밝은 달이 상징하듯이, 풍류를 즐기는 고상한 면이 있다.

■ 경상도 사람은 태산교악泰山喬嶽이라고 할 수 있으니, 크고 높고 험한 산처럼 웅장하고 험악한 기개가 있다.

■ 전라도 사람은 풍전세류風前細柳로 비유할 수 있으니, 바람에 쉽게 흔들리는 버들가지처럼, 주변 상황에 민감하게 적응하고 임기응변에 강하다.

시원하게 펼쳐진 김제 들판을 바라보고 달리던 버스가 월평 사거리에 이르자, 금산사 표지판을 따라 좌회전을 한다. 2~3㎞정도 왔을까? 자그마한 다리인 금정교 바로 앞 작은 사거리에서 버스가 몸을 세운다.

좌측에는 오래된 마을이 보이고, 도로 맞은편인 우측으로는 매끈하게 흐르는 천마사가 나타난다. 천마사의 왼쪽 앞으로는 귀인봉이 탐랑성으로 자신을 내보인다. 이 산 중턱이 인동仁同 장씨張氏의 선산이다. 행정구역으로는 김제시 금산면 장흥리에 속한다.

이춘기 회원의 설명을 빌리면, 이 자리는 **맹호출림형**猛虎出林形의 명당이라고 한다. 그리고 이 혈에 얽힌 이야기를 들려주었다.

조선 후기 무렵의 일이다. 인근에 부자 하나가 살았는데, 그는 풍수에 관심이 많아 지관들을 풀어 좋은 자리를 물색하곤 하였다. 그러던 중 어느 스님이 이곳을 찍어 주면서, 이곳은 사나운 호랑이가 숲에서 나오는 형세의 아주 좋은 자리라고 하였다. 그런데 이 자리는 반드시 이 자리를 쓴 사람이 호환虎患을 당하고 나서야 발복하리라는 설명을 덧붙였다. 부자는 스님의 말을 듣고 고개를 절래절래 저었다. 자신의 아까운 목숨을 내놓아야 후손들이 발복한다는 이런 자리는 결코 쓸 수가 없다고 하면서.

마침 이 부잣집에서 머슴을 살던 인동 장씨 하나가 곁에서 이 이야기를

들게 되었다. 그래서 그는 부자에게 이 자리를 자신이 쓰면 어떨까 하고 청하였다. 부자는 망설임 없이 장씨에게 이 자리를 내주었고, 장씨는 이곳에 할아버지를 모셨다. 장례를 마치고 얼마 되지 않아, 장씨는 스님의 예언대로 호랑이에게 물려 목숨을 잃었다. 그런데 이게 웬일인가? 그가 죽은 후 거짓말처럼 즉시 발복이 일어나 집안은 출세한 자손으로 번성하고 대대로 부귀영화를 누리게 된 것이다.

정 선생의 견해로는, 이 자리는 맹호출림형이라기보다는 봉황포란형鳳凰抱卵形에 더 가깝다는 것이었다. 먼저 현무봉이 전연 호랑이를 닮지 않았고, 천마사의 늘씬한 곡선이 마치 날으는 봉황의 날개 자락 같은데다, 앞쪽의 귀인봉이 알을 닮았기 때문이라고 한다. 전체적으로 보면, 마치 알을 품는 봉황의 모습에 더 가깝다는 의견이었다.

산자락을 타고 오르자 두 기의 묘가 나란히 우리를 반긴다. 앞에는 장우천張友天이 부인 함안咸安 이씨李氏와 합

맹호출림형(猛虎出林形) : 호랑이가 먹이를 구하고자 숲속에서 나오는 형상.

장이 되어 있고, 뒤에는 장붕한張鵬翰이 홀로 잠들어 있다.

이 묘역은 힘차게 내려오던 용이 순간적으로 섬룡입수를 한 혈이다. 따라서 용맥을 걸터타고 있는 모습을 한 기룡혈에 포함된다. 그런데 이 자리는 기룡혈 치고 좀처럼 볼 수 없는 연주혈連珠穴이기도 하다. 구슬을 꿴 것처럼 봉분 두 곳이 모두 혈이 되는 것이다.

이런 자리는 좀처럼 찾아내기 힘든 괴혈怪穴이다. 일반적인 안목으로는 과룡처로 오인하기 쉬운, 쉽사리 발견할 수 없는 기이한 형태의 혈인 것이다.

정확하게 이야기하면, 이 혈은 장지중요혈에 해당한다. 정 선생도『인자수지人子須知』란 산서山書를 통해 그 존재를 알고는 있었지만, 실제로는 처음 접해 보는 혈의 모습이라고 실토한다. 그만큼 희귀한 혈인 것이다.

장지중요혈이란 긴 나뭇가지의 중간인 허리 부근에 혈을 결지結地한다는 뜻으로, 용의 기세가 너무 왕성하여 혈을 결지하고도 그 넘치는 기운을 일시에 다 거두어들이지 못하고, 남은 기운이 멀리 더 뻗어나간 자리를 가리킨다.

이와 같은 땅은 역량이 매우 커서 대개가 왕후장상지지王侯將相之地의 대혈大穴을 결지한다. 혹 과룡처로 착각하기가 쉬운데, 혈을 결지하고 남은 기운은 앞으로 더 뻗어나가 혈을 보호하는 역할을 한다. 남은 기운은 경우에 따라 하수사가 되기도 하고, 안산이 되기도 하며, 수구의 한문이 되기도 한다.

두 기의 묘 좌우에는 매우 큰 연익사가 뻗어 나와 각각의 묘를 감싸고 있다. 풀이 우거져서 쉽게 눈에 뜨이진 않았지만, 야무진 모습이 풀숲을 뚫고 간혹 보인다. 낙엽 지고 풀이 시든 겨울에 오면, 통째로 선명하게 볼 수 있으리라는 생각이 든다.

》가는 길

호남고속도로 금산사나들목에서 나온 다음, 계속 이어지는 금산사 표지판을 따라 시원하게 펼쳐진 김제 들판을 바라보고 달리다가 월평사거리에 이르러 금산사 표지판을 따라 좌회전을 하여 2~3km 정도 가다가 자그마한 다리인 금정교 바로 앞 작은 사거리에서 서면 좌측에는 오래된 마을이 보이고, 도로 맞은 편인 우측으로는 매끈하게 흐르는 천마사가 나타난다. 천마사의 왼쪽 앞으로는 귀인봉이 탐랑성으로 자신을 내보인다. 이 산 중턱이 인동 장씨의 선산이다. 행정 구역으로는 김제시 금산면 장흥리에 속한다.

이 연익사들이 만든 두 개의 혈장六場
은 역시 마름모꼴로써, 크게 조망해 보
면 두 개의 마름모가 나란히 이어져 묘
역이 되었다.

　그리고 입수도두처들도 분명하다.
인공으로 날개를 단 중앙 부분이 각각
의 입수도두처이다.

　나는 혹시나 싶어 앞쪽으로 불룩 솟
아 공터가 된 곳으로 올랐다. 보통 사
람의 눈으로는 이곳을 혈이라고 오인

○ 인동 장씨 선산

하기 딱 쉬운 곳이다. 그러나 이곳은 남은 기운이 뭉쳐 이
루어진 그냥 둔덕이다. 장우천의 묘에서부터 이곳까지는
용의 움직임이 전혀 없이 쑥 내질러 빠졌다.

　그런데 희한도 하지. 더 앞쪽을 훑어보니, 몇 겹의 하수
사가 우에서 좌로 용맥을 감싸고 있다. 앞서의 설명대로
이는 여기餘氣가 만들어 낸 하수사인데, 정말 속아 넘어가
기 좋게 생겼다.

　이 여기가 만들어 낸 둔덕은 그대로 두 묘의 안산이 되
었다. 자신의 몸으로 안산을 삼은 본신안산本身案山이다.
이 또한 보기 힘든 모양새이다. 그런데 이 묘들과 안산의
거리가 10m나 될까? 극히 가까운 거리에 있는 안산이니,
이는 속발速發을 의미한다. 아니 즉발卽發이라야 확실한
표현일 것이다.

　두 기의 묘는 또 천심십도법을 구사하고 있다. 특히 장
붕한의 묘소는 자로 잰 듯 정확하게 제 위치를 찾았다. 이
에 비해, 장우천의 묘소는 약간 올려 써진 것으로 보인다.

　청룡과 백호도 용맥을 잘 호위하면서 흘렀다. 청룡은
가운데가 둥그스름 솟아 용맥을 감쌌고, 백호는 능선이 오

르내리며 용맥을 감쌌다.

향을 재 보니, 두 묘는 모두 갑좌경향甲坐庚向으로 앉았다. 물길은 좌수도우左水到右하여 신술파辛戌破가 되었으니, 이 또한 자왕향自旺向에 해당한다.

아무리 보아도 재미가 나고 신기하기도 해서, 나는 안산 노릇을 하는 둔덕 위를 둘러보고 또 둘러보았다. 이때 정 선생이 나를 찾는다. 비문을 읽는 데 좀 도와 달라고 한다. 정 선생은 아무래도 이 묘소의 발복 여하가 궁금했던 모양이다.

자손이 하도 많은지라 일일이 따져보지 못하고 대강 훑어본 바에 의하면, 장우천(1740~1798)의 아들 석보錫輔는 적어도 다섯 이상의 아들을 두었다. 그런데 앞서 이야기한 전설처럼 석보의 큰아들 한방漢房은 일찍 죽었나 보다. 그래서 양자를 두었다고 여겨지는데, 그의 양자가 관수觀秀이다. 관수는 진사가 되었는데, 그는 또 진사가 된 영숙榮肅과 군수를 지낸 영익榮翼을 아들로 낳았다.

석보의 둘째 아들 한진漢軫은 진사가 되어 돈녕도정敦寧都正을 지냈고, 이 비의 전액을 쓴 셋째 한규漢奎와 네째 한두漢斗도 진사를 지냈다. 한두는 사후에 내부협판內部協辦에 추증되었으니, 그의 후손 중에 걸출한 인물이 나온 것으로 판단된다.

그리고 다섯째 아들 이하의 계보와 '수秀'자와 '영榮'자 돌림에 관한 기록이 수두룩하게 계속되었는데, 나는 읽다가 지쳤다. 아무튼 수없이 많은 자손들이 이 묘역의 발복으로 나왔고, 그들은 대개가 진사나 벼슬 이름을 앞에 달고 있었다. 많은 후손들에게 고루고루 발복했다고 아니할 수 없는 비문의 내용이다. 비문은 이석연李奭淵이 지었는데, 그 후미에는 또 증손 태수泰秀가 쓴 비문이 덧붙어 있다.

모두가 감탄에 감탄을 연발하는 정녕 독특하고도 신기한 자리이다. 이곳을 오늘 답산의 백미로 꼽는 데에 누구도 이의를 달지 않는다. 오히려 하늘과 땅이 숨겨 놓은 천장지비天藏地秘의 자리라고 극찬을 한다 ■

복흥福興은 예로부터 전염병, 전쟁, 흉년의 세 가지 폐단이 찾아들지 않는 '삼폐불입지지三弊不入之地'로 꼽혀 왔다.

1. 도선 국사도 아낀 고장 순창

전라도로 접어들자, 모내기를 마친 논들이 이따금 보인다. 질서정연하게 심어진 모 포기들이 가는 몸을 떨며 바람결에 외로움을 날린다. 논둑에는 지칭개가 멀뚱하게 서서 여린 보라색 꽃을 동글동글 달고 있다. 짙은 보라색 꽃을 서둘러 피어 올린 엉겅퀴도 혹간 눈에 뜨인다. 씀바귀도 노란 꽃을 잔뜩 머리에 이고 가뭄을 견디고 있다.

버스가 삼례를 지난다. 그 넓은 들은 들이 아니다. 바다다. 비닐하우스의 바다다. 비닐하우스들이 하얗게 햇빛을 반사하며 끝없는 물결을 이루었다. 온 들녘이 비닐하우스의 물결로 일렁인다. 보리를 심은 논들도 심심치 않게 눈에 띈다. 누렇게 패여서, 비닐하우스의 하얀 물결 속에 또 작은 황금 물결을 이루었다. 추운 겨울을 이겨 내고, 남보다 앞서 봄날의 결실을 이룬 것이다.

정읍을 통과한 버스가 29번 국도를 따라 허위허위 고개를 탄다. 구절양장九折羊腸이란 표현이 전혀 어색하지 않을 만큼 계속되는 구비길이다. 어느 틈에 차창의 오른쪽으로 백양사白羊寺 뒤편 산자락이 위용을 드러낸다. 하늘에 맞닿은 능선의 흐름이 출렁거리면서 아름다운 선을 이루었다.

고개 정상을 향해 달리는데, 맑고 맑은 산간의 저수지가 나타난다. 물은 깨끗한 거울이 되어 삼라만상을 비춘다. 산이 지닌 고결한 심성인 양, 차별 없이 모든 것을 남김없이 비춰 주는 저수지이다. 파문 하나 없는 그 고요는 외려 신성한 느낌이다.

정상에 이르자, 지나치던 산하가 발밑으로 내려갔다. 정읍의 부전동과 순창의

● 백양사

쌍치면이 경계를 이루는 갈재 정상이다. 좌우로 뻗은 산세의 흐름이 대단하다. 힘만큼이나 우뚝하게 솟구쳐서, 장엄한 기세를 하고 앞을 향해 휩쓸고 나간 모습이다.

갈재를 넘어서자, 몸의 쏠림이 한결 줄어들었다. 완만한 경사를 따라 흘러가는 버스이다. 호남평야에서 가파르게 올라온 지세가 고원 지대를 만나 느긋해진 탓이다.

716번 도로로 쌍치면이 갈라지는 삼거리를 500m가량 지났을 때이다. 정 선생이 손가락으로 우측을 가리킨다. 보평 마을 뒤쪽이다.

"저쪽 나무가 쓰러진 곳이 보이십니까? 그 뒤쪽에 봉긋하게 솟은 묘가 인촌 선생의 증조모 무덤입니다. 증조부 김명환金明煥의 묘소는 고창군 선운사의 뒷자락에 있습니다. 어찌되었든, 부부가 서로 200리나 떨어진 곳에 따로 묻혔으니, 울산 김씨들의 명당에 대한 관심이 얼마나 지대하고 극성스러운지 엿볼 수 있습니다."

계속되는 산간의 경치를 구경하는데, 문득 커다란 분지

하나가 나온다. 꽤 너른 들녘이 사방에 산으로 둘러싸였다. 게다가 한중앙에는 의외로 큰 냇물이 흐른다. 나는 부지불식간에 '와!' 하고 탄성을 질렀다. 해발 400m에 자리 잡은 천혜의 마을 복흥이다. 정 선생의 설명에 의하면, 삼한시대부터 이루어진 마을이라고 한다.

수려하게 뻗은 산세 속에 놀랍도록 평탄하게 논들이 누워 있다. 그 들녘에 사시사철 맑은 물을 대 주는 추령천秋嶺川이 널찍하게 흐른다. '복 복(福)' 자에, '흥할 흥(興)' 자의 복흥이다.

나는 문득 무릉도원武陵桃源이 이런 곳이 아닐까 싶었다. 서양의 유토피아에 비견되는 무릉도원은 도잠陶潛의「도화원기桃花源記」에 보인다. 「도화원기」의 내용을 간단히 추리면 다음과 같다.

진晉나라 때 무릉武陵의 어부 하나가 고기를 잡다가 아름다운 복숭아꽃에 취해 계곡을 거슬러 올라가다 마침내 겨우 사람 하나가 들어갈 수 있는 입구를 만나게 된다. 들어가 보니, 넓고 환한 비옥한 토지 위에서 태평성대를 누리는 사람들이 살아가고 있었다. 그들은 진秦나라 때의 환란을 피해 들어온 사람들로, 세상과 단절하며 살고 있었다. 그들은 진나라의 멸망은 물론이고, 그 사이 위魏 · 진晉에 한漢나라가 들어선 것을 까마득히 모르는 채 살고 있었다.

며칠간의 환대를 받고 떠나려는 어부에게 그들은 부탁을 하나 한다. 자신들의 존재와 사는 곳을 세상에는 절대로 비밀로 해 달라고. 그러나 세상으로 되돌아온 어부는 이 사실을 관아에 알리고, 드디어 이곳을 찾는 수색 작업이 진행된다. 그러나 그곳은 끝내 찾을 수가 없었다.

복흥은 예로부터 전염병, 전쟁, 흉년의 세 가지 폐단이 찾아들지 않는 '삼폐불입지지三弊不入之地'로 꼽혀 왔다. 인근에서 남부군이 활동하던 6. 25 때도 전연 피해를 입지 않은 동네라고 한다. 또한 1년 농사를 지어 3년을 먹는 사람부터 10년을 먹는 사람까지 있는 곳이 이 복흥이란다. 무릉도원이 부럽지 않은, 이름 그대로 복 많은 동네이다.

오늘날에는 찻길이 나서 이렇게 쉽게 외부와 소통을 하며 살아가지만, 예전에는 철저하게 고립된 마을이었으리라. 험한 고개를 좌우에 가득 끼고 바깥 세계와는 왕래를 단호하게 거부한 마을이었을 것이다. 따라서 이 땅의 무릉도원이라고 이야기할 수 있으리만치 정녕 아름답고 살기 좋은 천혜의 복지로 오늘에 전해졌으리라.

최고의 피난지로 꼽혀 왔던 복흥은 그 명성에 부끄럽지 않게 많은 혈을 지니고 있다. 도선 국사의 『유산록』에는 24곳이 소개되어 있으며, 그 외의 산서山書에는 더 많은 혈이 소개되어 있다고 한다. 그런 까닭에, 정 선생은 어린 시절부터 이곳을 찾는 수많은 지사地士들을 보아 왔다는 것이다.

학교 앞을 지나는데, 멀리 들판 끝까지 곧게 뻗은 길이 보인다. 산 아래로는 단란한 마을이 터를 잡았다. 그곳에 가인街人 김병로金炳魯(1887~1964) 선생의 생가가 있다고 한다.

❶ 가인 김병로

　　가인은 울산 김씨의 후예로서, 어린 시절 한학을 배운 후 일본에 유학을 가 법학을 전공했던 인물이다. 유학 시절에는 『학지광學之光』의 편집장을 지내는 등 활발하게 활동을 하였고, 귀국 후에는 광주학생운동과 6. 10 만세운동 등등의 무료 변호를 맡기도 하였다. 건국 후에는 초대와 2대 대법원장을 역임하였다.

다시 고개가 나타난다. 하늘재이다. 내려가는 길에 792번 도로로 갈아타자, 오른편으로 추월산이 빼꼼하게 나타난다. 여러 산들을 제치고 점차 우뚝한 모습으로 다가든다.

잠시 후 용평마을 앞으로 저수지가 펼쳐졌다. 담양호 상류이다. 그리고 왼쪽으로 가마골 입구가 나타난다. 남부군, 이른바 파르티잔의 사령관 이현상의 주둔지였던 가마골이다.

버스는 다시 전치재를 넘는다. 담양의 추월산에서 출발한 용맥이 강천산을 솟아 올리기 위해 몸을 쓰고 지나간 고개이다. 여기도 스치는 풍광이 빼어나다.

793번 도로로 접어들자 이내 강천산 입구가 나타난다. 강천산은 아주 깊은 계곡을 통해 들어가는데, 웅장한 산세와 울창한 숲에다 청정한 물살을 뽐내는 곳이다. 사계절 아름다운 강천산은 1981년에 우리나라 최초로 조성된 군립공원이기도 하다. 투구봉과 구룡폭포, 삼인대三印臺, 20m를 넘는 모과나무, 싱그러운 산책로 등이 인상적이란다.

입구에는 계곡의 물을 받아 만든 저수지가 퍽 넓다. 몇 고개 너머의 평야지대는 가뭄으로 난리인데, 이곳은 풍부한 수량이다. 맑고 시린 물에 손이라도 담가 보았으면 하는 욕심이 피어오른다.

읍내로 들어서는 길목에 기와집이 즐비하게 보인다. 그 앞 광장에 버스가 섰다. 쉴 겸해서 들른 '전통고추장민속마을'이다. 순창은 본래 조선왕조 500년 동안 줄곧 진상했던 고추장으로 유명한 고을이다. 그 전통에서 최근 세워진 마을이다.

순창 고추장은 청정한 자연환경에 깨끗한 물, 특유의 효모균, 천혜의 기후 조건이 어우러져 만들어진 이곳의 특산품이다. 담백하고 개운한 맛이 우리네 입맛에 딱 맞는 고추장이다. 순창 고추장 한 숟갈에다 이곳에서 나는 산나물을 넣고 썩썩 비비면 그 맛이 아주 일품이다.

　읍을 관통한 버스가 강을 건넌다. 적성강赤城江이다. 적성강은 금남정맥과 호남정맥을 가르며 그 사이를 비집고 흐르는 강이다. 섬진강의 상류에 해당하는데, 그 맑은 물에 은어가 산단다. 특히 여름이면 물살을 거슬러 올라온 은어들로 가득하단다. 그래, 순창 고추장으로 만든 초장에 수박 내음 은은한 은어회 한 점을 담뿍 찍어 입에 넣으면 어떨까? 생각만 하여도 입안 가득 저절로 침이 고였다 ■

◆ 담양호

2. 황희 정승을 낳은 터

24번 국도를 따라 남원시 경계로 들어서면, 대강면이 나온다. 이곳의 산촌리에는 황희黃喜 정승의 조부 황균비黃均庇의 묘소와 풍계서원楓溪書院이 있다.

버스가 대강농협창고라는 글씨를 몸에 두른 창고 앞에 섰다. 아주 큰 동구나무 두 그루가 시원한 그늘을 드리우고 있다. 그리고 마을 뒤쪽 산중턱으로 커다랗게 다듬어진 묘역이 보인다.

마을을 벗어나 콘크리트로 대강대강 포장된 산길을 오르는데, 계곡에 수구사水口砂가 조밀하게 박혀 있다. 위쪽에 명혈이 있다는 신호다. 길이 갈라지는 곳에 커다란 밤나무가 있는데, 그 아래쪽 계곡에 머리를 산으로 향한 거북 모양의 화표華表가 나타난다. 화표에서 20m정도 위쪽에 콘크리트 흄관이 다리 삼아 묻혀 있는데, 청룡과 백호가 이곳까지 단단히 여미고 있다. 수구사도 상당히 야무진 모습이다.

묘역 앞에 이르자, 7기의 묘가 차례로 경사면을 따라 늘어선 것이 보인다. 길쭉한 것이 썩 큰 묘역이다. 일견에도 기세가 좋은 용이다. 그래서 자리를 많이 맺은 모양이다.

제일 아래는 황전黃戩의 자리이다. 좌우의 선익사가 묘소를 감쌌는데, 계곡 쪽의 것은 다소 흐릿하다. 그리고 두 선익사가 만나는 묘소의 바로 뒤쪽이자, 땅거죽에 박힌 바윗돌 아래가 입수도두처이다. 혈을 맺었다.

그 위에는 남원교수를 지낸 진몽일陳夢日의 묘소로, 이 묘역에서 가장 큰 봉분이다. 이곳도 혈이다. 주변에는 요석曜石이 탄탄하게 박혀 있다.

오르면서 보니, 광주光州 김씨金氏의 묘, 남원南原 양씨楊氏와 합장된 황정언黃廷彥의 묘, 황진黃進의 부인 진주晉州 소씨蘇氏의 묘, 진몽일의 묘가 산꼭대기 쪽으로 줄을 지었다.

황균비의 묘소에 이르니, 전방이 상쾌하다. 앞에는 좌측을 향한 비가 왼쪽에 조그맣게 서 있다. 1723년에 후손 이장爾章이 비문을 짓고, 선璿이 글씨를 썼다.

이 묘소는 대단히 높은 곳에 자리를 잡고 있다. 주변의 사격砂格들도 이에 맞추어 퍽 높다랗다. 그리고 천심십도天心十道를 이루고 있다. 묘소의 전후좌우에 있는 제일 높은 봉우리를 가로와 세로로 이은 두 선이 열십자로 교차하는 정중앙에 봉분이 자리를 잡고 있는 것이다.

돌아보니, 내명당이 협소하고 외명당은 멀다. 그러나 주변의 산들은 매우 단정한 모습이다. 오른쪽 능선은 말 등의 형상을 한 천마사로, 벼슬을 재촉하는 모습이다. 이 자리는 부보다는 귀를 불러오는 형국이다. 그것도 빨리 불러오는 형국이다.

다만, 우측 전면에 산봉우리 하나가 깨어져 있어 꺼림칙하다. 흉석凶石으로, 혈을 찌르는 모습이다. 근래에 광산을 개발하느라 그리 되었다고 한다.

◐ 황균비 묘소

청룡은 풍산 삼거리까지 힘 있게 뻗어 내렸다. 꼿꼿하고 굽힘 없는 기상이 물씬 풍긴다. 백호는 여러 겹으로 묘역을 품고 있다. 내백호는 창고 앞에까지 내려갔고, 가운데 백호는 동계면 쪽으로 난 도로의 소나무에까지 흘러내렸다. 외백호는 완전히 보국을 두르고 안산이 되어 앉았다. 안산은 날렵한 붓끝을 한 문필봉인데, 얼추 혈과 같은 눈높이로 솟았다.

이 묘역의 청룡과 백호는 모두 양팔이 되어 묘역을 폭 껴안고 있다. 높은 곳에 자리한 이 혈과 지지 않는 높이로 솟았다. 그리고는 다정한 모습으로 여민 형상이다. 그러나 답답하거나 좁은 느낌이 들지 않는다. 도리어 앞을 향해 갸우뚱 쏠린 명당을 평탄하게 보이도록 하고 있다. 이 혈은 커다란 기러기가 울음을 울며 바람을 만나 날아간다는 **명홍조풍형**鳴鴻遭風形 명당이란 이름으로 유명한 곳이다.

본래 기러기를 뜻하는 한자로는 '안雁'과 '홍鴻'이 있다. '안'은 몸집이 작은 기러기를, '홍'은 몸집이 큰 기러기를 가리킨다. 이곳의 혈은 정녕 큰 기러기이다. 청룡과 백호를 거대한 날개 삼아 창공을 향해 비상하는 기러기이다. 바람까지 만났으니, 이는 상승기류이다. 구만 리 장천을 향해 큰 울음으로 스스로 품은 뜻을 드러내며 거침없이 날으는 바람 탄 기러기이다.

전방을 보면, 안산 뒤쪽으로 수려한 산들이 이랑을 이루며 아득히 깔려 있다. 이는 먼 여정을 날아 가기 위해 높이 비상하는 기러기의 눈 아래로 깔린 바다 물결이다. 구름 위에서 내려다보이는 운해雲海의 형상이다. 나는 양팔을 들어 둥글게 앞으로 펴 보았다. 스스로 날으는 기러기가 되어 본 것이다. 시선을 올망졸망 가로로 누운 산들에 고정시키자, 바다나 운해를 발 아래 두고 가없는 하늘을 날으는 느낌이 절로 들었다. 명홍조풍! 참으로 잘 지은 이름이다. 아주 실감나는 이름이다. 그렇다면, 어떻게 이 명홍조풍의 자리를 재상을 낳는 자리라고 예견하였을까?

한편으로 보면, 전방에 널려진 다소곳한 예의 산들은 머리를 조아린 백성들의 형용이기도 하다. 아주 높은 이 자리는 마치 군림이나 하듯이 위에 서서 그들을 눈 아래로 굽어보고 있다. 나아가 청룡과 백호는 좌우에서 정사를 보좌하는 벼슬아치들에 해당한다고 볼 수 있다. 그 높이로 미루어 지위가 높은 벼슬아치들이다. 따라

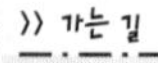

24번 국도를 따라 동계에서 풍산삼거리를 지나자마자 비홍치 쪽으로 200m쯤 올라가면, '풍산마을'이라는 버스 정류장이 나타난다. 여기서 동쪽 산기슭 쪽으로 바라보면, 고목 곁에 자리 잡은 창고 건물 너머로 마을이 보이고, 마을 뒤쪽 산중턱에 묘역 또한 보인다. 마을 중앙으로 뻗은 콘크리트 포장도로를 따라 계속 올라가면, 마을 뒤쪽에서 포장도로가 끝나고 좁은 산길이 나타난다. 이 산길을 따라 곧장 200m 가량 오르면, 길게 누운 묘역이 있다.

서 이 자리가 임금을 낳는 제왕지지帝王之地는 아닌 만큼, 일인지하 만인지상一人之下萬人之上의 정승을 낳는 자리로 볼 수 있는 것이다.

이렇게 좋은 터를 잡은 사람은 황희 정승의 부친 황군서黃君瑞이다. 이 과정에는 다음과 같은 이야기가 얽혀져 전해온다.

고려 말의 고승 나옹 대사는 순창을 즐겨 찾았다. 물론 좋은 자리가 많은 곳이기 때문이다. 봄가을로 이곳을 찾던 나옹 대사에게 어느 날 이 자리가 눈에 뜨였다. 그래서 마침 좋은 자리를 찾던 남원의 윤 진사에게 이 자리를 주기로 하고, 나옹 대사는 선폐백으로 삼백 냥을 받아 벼르던 중창불사를 일으켰다.

불사를 마치자, 나옹 대사는 혈을 잡아 빚을 갚으려고 이 골짜기로 들어왔다. 그런데 무슨 조화 속일까? 밖에서 보면 보이던 자리가, 산으로 들어오면 감쪽같이 사라지는 것이었다. 그러다가 마침내 이 주변까지 오기는 왔지만, 이번에는 앞이 캄캄해지고 혈이 안 잡히는 것이었다. 이상한 일이었다.

결국 나옹 대사는 자리를 잡을 수가 없었고, 도리 없이 윤 진사를 피해 다니게 되었다. 이 사실을 알게 된 윤 진사는 나옹 대사를 찾아와 채근을 하고 야단을 쳤다. 그러나 눈에 잡히지 않는 혈을 아무렇게나 잡아 줄 수는 없는 노릇이었다.

이때 나옹 대사의 처지를 딱하게 여긴 황군서는 선뜻 삼백 냥을 풀어 나옹 대사의 묵은 빚을 갚아 주었다. 그런데 이게 또 웬 일인가? 그제야 비로소 이 자리가 나옹 대사의 눈에 훤히 보이는 것이었다.

자리가 스스로 임자 아닌 사람을 피한 것이오, 나아가 스스로 임자를 가린 것이었다. 황군서에게 자리를 찍어주며, 나옹 대사가 말하였다. 이 자리가 일국의 명재상을 낳는 자리이기는 하지만, 찢어지게 가난한 자리라고. 그러나 황군서는 훌륭한 재상이 나오면 됐지, 재산이 무슨 상관 있느냐며 자신의 아버지 황균비를 이 자리에 모셨다.

이곳에 자리를 쓰고 나자, 뒤를 이어 황희 정승이 모친의 태 안에 자리를 잡았다. 부인의 회임을 안 황군서는 곧바로 개성으로 이사를 하였다. 장차 크게 될 아이이니, 잘 가르쳐야 한다고 하면서. 이에 황희 정승의 출생지는 개성이 되었다.

어쨌거나 이 자리로 인해 우리 역사에서 청백리로 꼽히는 황희 정승이 태어났고, 그분은 명재상이 되어 여말선초의 혼란기를 잘 꾸려 나갔다. 어찌나 가난했던지, 정계에서 물러날 때 남은 것이라고는 세종대왕이 하사해 준 지팡이 한 자루뿐이었다고 한다.

묘 뒤쪽으로 오르자, 촘촘하게 갈 지(之)자의 행보를 하는 힘찬 용이 소나무 사이를 헤집고 급히 내려오고 있다. 어서 자리를 잡고 싶어 안달을 하는 것처럼 매우 급한 몸부림이다. 이 또한 속발을 의미한다. 입수를 하는 용 또한 몸을 좌우로 크게 꺾고 혈을 맺었다. 이렇듯이 거대하고 기세가 넘치는 용이라서 많은 자리를 맺은 것이다. 선익사는 찾기가 힘들다. 근래에 봉분을 크고 높게 키우는 과정에서 묻혀 버린 때문이다. 한참을 설명하던 정 선생이 문득 오른 손을 치켜들었다.

"이걸 보십시오. 마치 돌처럼 보이지만, 이것은 돌이 아닙니다. 제가 오르던 길목에서 주운 것인데, 이는 돌도 아니고 흙도 아닌 비석비토非石非土입니다. 이렇게 부서 보면 쉽사리 가루가 되지 않습니까? 이 비석비토가 혈토穴土입니다."

정 선생의 손에는 홍황자윤紅黃紫潤한 빛깔의 혈토 덩어리가 들려 있었다.
내려갈 채비를 하는데, 백호로 뻗은 천마사의 중간쯤에 물이 흘러내린 흔적을 지닌 작은 계곡이 보인다. 어럽쇼? 혈을 찌르는 것이 아닐까 걱정스러운데, 그 아래쪽에 물길이 흐르고 있어 다행이다. 천마사에서 흘러내린 물이 혈을 직접 치지 않고, 아래쪽 물길에 흡수되어 자연스럽게 혈을 감아 도는 것이다.

고개를 돌리자 정 선생이 묘소의 반대쪽에 서 있다. 청룡 쪽이다. 무슨 일인가 다가가자, 그곳도 한 자리가 되는 것 같단다. 산신을 모시기 위해 설치한 제상과 묘소 사이에서 용이 몸을 나눈 것으로 보인다. 소나무가 앙상한 뿌리를 드러낸 그곳이다. 분맥한 용은 정 선생이 서 있는 곳에 혈을 하나 더 맺었다.

하산하다 보니, 발길에 황토가 푸석댄다. 물기라곤 전연 없이 고운 먼지로 날린다. 옅게 흐린 하늘에서 햇살이 탄다. 찌뿌둥하면서 짜증나게 무덥고 불쾌한 날씨이다. 목마른 일행들은 벌써 마을 한가운데 옹달샘 곁에 빙 둘러 서 있다. 이 물은 필경 진응수이다. 대나무 밭 아래 살구나무를 끼고 있는 집이 혈이다. 그 혈에서 나오는 진응수이다.

마을을 거의 다 내려오니, 오른쪽 끝에 풍계서원이 보인다. 멀리서 건성으로 보아도 그곳은 혈인 듯싶다. 이춘기 회원의 말이다.

"가 보면, 서원 자리도 정말 좋습니다. 우리나라 서원들 자리치고 안 좋은 곳 보셨습니까?"

맞는 말이다. 현재 남아 있는 조선시대의 서원들을 보면, 모두가 혈을 찾아 세웠음을 알 수 있다. 남들 앞에서는 괴력난신怪力亂神을 입에 올리기조차 꺼려했던 유학자님들도, 등을 돌려서는 슬그머니 혈을 찾았던 것이다 ■

3. 이씨 할머니와 남원 양씨 종가

한 집안을 꾸려나가는 데 있어서 결코 무시하거나 간과해서는 안 되는 요소가 여인의 힘이다. 특히나 꺼져 가는 집안의 불꽃을 다시 지핀 사람들은 꼭 여인네들이었다. 앞서 보았듯이, 고창의 울산 김씨들이 중시조로 극진히 모시는 민씨 할머니와 연산의 광산 김씨네가 우러러 받드는 허씨 할머니가 좋은 예이다.

남원南原 양씨楊氏 가문에서도 결코 잊을 수 없는 할머니가 한 분 계시니, 그분은 이씨 할머니이다. 이씨 할머니는 남원 양씨를 일으켜 세웠을 뿐 아니라, 순창에서 남원으로 들어가는 즈음의 고개에 비홍재라는 이름을 남겼다.

고려 말의 일이다. 남원 양씨의 후예 양이시楊以時과 그의 아들 양수생楊首生 부자는 문과에 급제하여 개성에서 벼슬을 하고 있었다. 그런데 무슨 액운이 끼었던지, 이씨 할머니가 시집을 간 지 1년 만에 두 부자가 차례로 죽음을 맞이하였다.

그러자 친정에서는 유복자를 뱃속에 품은 할머니에게 개가를 종용하였다. 아이를 낳은 뒤에 개가를 하겠다고 둘러댄 할머니는 아이를 낳자, 아무도 모르게 시댁이 있는 남원을 향해 걸음을 내디뎠다. 노비를 앞세웠다고는 하지만, 갓난아이를 들쳐 엎은 연약한 여인이 개성에서 남원까지 그 먼 길을 걷는 과정에서 얼마나 고생을 하였겠는가?

그런데 남원의 교룡산蛟龍山 아래 옛집에 도착해 보니, 시댁에는 아무도 남아 있는 이가 없었다.

당시 왜구의 침입이 있었는데, 최무선이 화약을 제조하여 진포鎭浦에서 정지鄭地 장군과 함께 왜선 500척을 격파하는 큰 전과를 올렸다. 이때 살아남은 잔당들은 금강 하구에서 내륙으로 도주하여 남원의 운봉 산성으로 숨었다. 그러나 이들은 나중에 이성계에 의해 완전히 토벌된다. 이른바 황산대첩荒山大捷이다.

이런 위험한 때를 당하여 남원의 시댁 식구들은 벌써 하나 둘 흩어져 멸문의 지경에 이르고 말았으니, 이씨 할머니는 몸을 의지할 곳이 전연 없었다.

살 길이 막막한 이씨 할머니가 처량한 마음에서 오른 곳이 오늘의 비홍치이다. 어디로 가야 하나 고민하던 이씨 할머니는 고개 마루에서 간절하고도 애타는 마음으로 나무 기러기 세 마리를 깎아 날렸다. 그저 기러기들이 날아가는 곳을 따라가 뿌리를 내리겠다는 일념뿐이었다. 이로 인해, 뒷날 '날 비(飛)'에 '기러기 홍(鴻)'이라고 쓰는 비홍재란 이름이 이 고개에 붙여졌다.

희한한 일이지, 세 마리 나무 기러기는 허공을 훨훨 날아 각각 흩어지더니 지상에 사뿐히 내렸다. 이때 세 마리의 나무 기러기가 점지해 준 곳은 하나같이 길지였다. 할머니의 간절한 소원을 하늘이 들어준 것이었다.

○ 남원 양씨 종택과 현판(양호재, 구문각, 영승문, 호매당)

두 마리 나무 기러기는 동계면 관전리와 구미리에 내려앉았다. 그리고 한 마리는 적성면 농호리에 내려앉았다.

할머니는 순창의 무량산無量山 너머가 아름답게 보이기에 구미리龜尾里 쪽으로 발길을 옮겼다. 나무 기러기가 날아 내린 곳은 구미리의 어느 민가였는데, 그 집에는 한 노인이 살고 있었다. 방 한 칸을 구걸하기 위해 할머니가 주인을 찾자, 노인은 이상한 답을 하는 것이었다.

"이 집의 주인은 지금 없습지요. 주인은 지금 어디에 계시는지 모르고, 제가 다만 주인이 오실 때까지 이 집을 지키고 있을 뿐입니다요. 주인은 양씨라고 하는데, 기실 저도 이 집의 주인이 누군지 아직 모르는 걸요."

말을 마친 노인은 두 모자를 유심히 살펴보더니, 어느 틈엔가 종적을 감추고 말았다. 이때가 우왕이 집권한 지 5년째가 되던 기미년으로, 서기로 따지면 1379년이었다.

이씨 할머니는 기이한 인연으로 이곳에 뿌리를 내렸다. 그리고는 유복자를 정성껏 키워 마침내 과거에 급제토록 하였다. 그 후 할머니의 자손들이 번창해지자 남원 양씨 가문이 다시 일어서게 되었다. 조선시대에는 4대를 연달아 문과 급제자를 내는 등 도합 8명의 문과 급제자와 30명이 넘는 진사를 배출하여 남원 땅의 명가로 발돋움하게 되었다.

그런데 할머니는 개성에서 이곳 구미리로 올 때까지 가문의 영예를 상징하는 물품을 두 가지 지니고 왔다고 한다. 하나는 남원 양씨 문중에서 입었던 그들만의 가승복家乘服과 하나는 나라에서 문과 급제자들에게 주었던 홍패紅牌였다. 그 중 홍패는 보물로 지정되어 지금도 전주박물관에 보관되어 있다고 한다.

그런데 이 구미리는 양씨들의 종택보다는 도선 국사가 **금구예미형**金龜曳尾形이란 이름을 붙인 혈 때문에 더욱 유명하다. 금구예미형 혈은 아직도 그 존재를 감추고 있는데, 전국의 지사들이 이 자리를 찾아내기 위해 일년 내내 이곳 구미리를 방문한다는 것이다. 이 금구예미형의 혈에 대해 도선 국사는 『유산록』에서 다음과 같이 이야기하고 있다.

적성읍 동북 20리에 금구예미金龜曳尾 평지혈락平地穴落하였구나. 사방이 비습卑濕하여 물이 날까 하겠지만 혈을 찾았으면 세사황토細沙黃土 나겠구나. 차후에 사람들이 이런 혈을 얻었으면 용지삼년用之三年에 속발하여 만년명부萬年名富하리라. 이 산 주인 찾아보면 사람마다 주인이라.

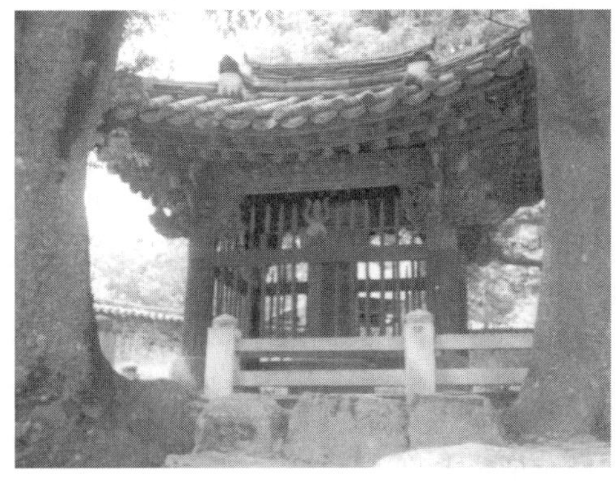

○ 조선 건국 후 최초로 세워진 이씨 할머니 정려각

도선 국사는 이 혈을 소개한 다음에, 자신의 이야기가 전혀 허언虛言이 아니라고 못을 박았다. 그리고 누구라도 자신과 알면 이런 혈을 주겠지만, 그러지 못해 안타깝다는 감회까지 붙였다. 그래서 오늘날까지 전국의 지사들이 이 곳 구미리에 와, 금구예미형의 혈처를 찾아내기 위해 산야를 헤매고 있는 것이다.

구미리 마을의 입구에서 하차를 하자, 정려각旌閭閣이 먼저 눈에 뜨인다. '高麗直提學楊首生妻烈婦李氏閭(고려 직제학양수생처열부이씨려)'라는 글씨가 크고도 또렷하다. 이 정려문은 조선 건국 후 최초로 세워진 것이다. 따라서 우리나라 최고最古의 정려각에 해당하는 셈이다.

마을로 들어서자, 뒤쪽 오른편으로 은행나무 몇 그루가 푸른 잎을 드리우고 있다. 남원 양씨의 종택은 그곳에 자리한다. 종택의 입구는 두 곳인데, 좌측의 것은 아무런 이름이 없고, 우측의 것은 영승문永承門이라는 현판이 걸려 있다.

대문 안에는 사랑채 한 채가 길게 늘어섰다. 왼쪽에는

≋ **금구예미형**(金龜曳尾形) : 금빛 거북이가 진흙 속에서 꼬리를 끌고 있는 형용을 한 혈.

호연지기浩然之氣를 기른다는 뜻의 양호재養浩齋란 현판이, 오른쪽에는 쌍지당雙指堂이란 현판이 마루 위에 따로따로 붙어 있다.

사랑채를 돌아가면 안채가 나온다. 안채의 오른쪽에 선 작은 건물은 구문각龜文閣이다.

구문각에는 남원 양씨의 종중宗中 문서가 보관되어 전해진다. 이 종중 문서는 조선 숙종 46년(1720)에서 고종 42년(1905)년에 걸쳐 남원 양씨 종가에서 수집, 보관하고 있는 일종의 진정서인 소지所志와 상소문, 국왕이 5품 이하의 관리들에게 발급해 주었던 일종의 명령서인 교첩敎牒 및 사마시 급제자들의 명단인 사마방목司馬榜目 등등의 고문서 98점이다. 이 가운데 고려 문건 2점은 고려시대 과거제도 연구에 아주 중요한 자료이다.

전방을 내다보니, 품品자 모양을 한 산들이 다정하게 포개져 있다. 좌우의 두 봉우리 사이로 또 하나의 봉우리가 우뚝 솟은 것이다. 해발 586m의 무량산이다. 이런 품자 모양의 안산을 **화개안대**華蓋案對라고도 하는데, 고관대작을 기약하는 귀한 모습이다. 안산의 바로 앞에는 일자문성이 길게 누웠다.

좌우의 청룡과 백호는 첩첩으로 뻗어 혈을 감싸고 있다. 짧지만 아주 단단하게 혈을 품고 있다. 특히 지난날의 청룡은 대문 앞의 공터까지 뻗었던 것으로 사료된다. 지금은 평평하게 손을 본 공터의 모습인데, 자세히 보면 공터 앞의 집들이 아래로 푹 꺼져 있다. 제법 솟았던 청룡을 등지고 지은 집들이라는 증거이다.

우리 일행은 종택으로 들어간 용을 보기 위해 뒷담 한쪽에 난 쪽문을 통해 대숲으로 들어갔다. 쪽문을 지나자 곧장 집채만 한 바위가 앞을 막는다. 대략 두 길 정도의 높이이고, 올라 보면 어른 30명도 충분히 앉을 만큼 널찍한 바위이다. 이 바위가 목마른 사슴의 형상을 닮은 갈록암渴鹿岩이다.

갈록암에 올라 보니, 서쪽으로 세 마리의 새끼들이 작은 바위가 되어 조로록하다. 어미에 비해 아주 작은 새끼들이다. 그런데 어미나 새끼 모두 종택으로 머리를 향하였다.

종택이 앉은 혈의 이름은 목마른 사슴이 물을 마신다는 **갈록음수형**渴鹿飲水形이다. 그러나 이 네 마리 사슴 가족이 찾는 우물은 보이질 않는다. 종택에서 생활의

편의를 위해 우물 위를 콘크리트로 덮고 수도꼭지를 달았다는 것이다.

나중에 확인을 해 보니, 네 마리 사슴 가족이 사람의 눈을 피해 신새벽에 내려와 물을 마시던 우물 대모정大母井은 이제 장독 앞의 수도꼭지 아래에 몸을 숨겼다. 아주 큰 어미 사슴이라서 대모정이란 이름이 붙었나 보다. 오랜 세월의 풍상을 겪으면서 새파란 이끼가 둘려진 정다운 샘 하나를 보자 했건만 틀려 버린 일이 되고 말았다.

바위 뒤가 아주 큰 결인속기처이다. 힘차게 내려온 용맥은 갈록암을 앞세우고 종택의 오른쪽으로 흘러 들어갔다.

그런데 문제는 갈록암의 몸집이 너무 크다는 점이다. 집을 향해 뭉쳐 들어가는 지기地氣가 이 바위의 무게를 감당치 못하는 것이다. 쉽게 이야기하면, 지기를 주입하는 호스의 끝단이 너무나 크고 무거운 바위에 눌려 좌우로 지기가 새어나가는 형용이다. 그래서 남원 양씨 가문은 한 나라를 좌지우지할 만한 아주 큰 인물을 낳지 못한 것이 아닐까?

통상 이렇게 숲과 바위로 주변이 구성된 혈의 이름을 맹호출림형猛虎出林形이라고 한다. 그런데 이곳은 갈록음수형이다. 그 이유는 다름 아닌 대나무 숲 때문이다. 호랑이는 대숲을 꺼린다. 대나무가 호랑이에게는 매에 해당하기 때문이다. 그래서 말을 안 듣는 호랑이가 있을 경우, 산

≋**화개안대**(華蓋案對) : 품품자 모양의 안산을 가리키는데, 고관대작을 기약함.

≋**갈록음수형**(渴鹿飲水形) : 목마른 사슴이 물을 마시는 형국의 혈.

신령들은 대나무로 호랑이를 치죄하고 밥을 굶긴다는 이야기가 있다.

그리고 실제로 옛날 산중에 살던 사람들은 집집마다 대나무 장대를 지니고 있었다고 한다. 이는 언제 들이닥칠지 모르는 호환을 미연에 막기 위한 하나의 방책이었다.

종택은 자좌오향子坐午向으로 정남향을 하였다. 좌수도우左水到右에 정미파丁未破이니, 자왕향自旺向에 해당하는 좋은 향을 취하였다. 자왕향은 총명한 사내와 수려한 자태의 계집을 낳아 후손이 번창하며, 부귀에다 장수까지 기약되는 향이다.

마을을 빠져나오는데, 이 동네에 사시는 분이 한마디 들려주셨다. 종택의 현무봉이 거북이 모양이란다. 이 거북이는 머리를 북쪽으로 두었으니, 마을이 꼬리에 해당한단다. 그래서 마을 이름이 구미龜尾라는 것이다.

이 거북이는 앞쪽의 진흙 펄 계곡이나 논에서 벗어나기 위해 발버둥치며 앞쪽의 산자락으로 기어가는 형국이다. 목숨을 보전키 위해 발버둥치는 거북이이니, 그 기가 얼마나 셀까? 그리고 거북이의 기는 꼬리에 다 모아진다고 풍수학은 말하지 않던가?

구미리의 거북이는 또 바위로 존재하고 있었다. 버스가 적성강을 향해 직진하면서 약 500m쯤 나왔을 때였다. 우측 길가에 떨어져 나간 목인 듯 작은 바위 하나가 앞에 꽂혀 있고, 그 뒤에 영락없는 거북이 몸통이 서 있다. 꼬리도 분명하게 돋아나와 구미리를 가리키고 있다.

이 거북바위의 머리가 잘린 내력은 구미리 마을과 인근에 있었던 어느 절 사이의 다툼에서 기인한다. 서로 꼬리를 자기 쪽으로 놓으려고 이들은 계속 다퉜다는 것이다. 거북이는 꼬리가 향하는 곳이 좋다는 풍수학 때문이었다. 끊임없는 다툼에

남원시 송계면소재지의 연산삼거리에서 강진 방면 21번 국도를 타고 500m쯤 가면, 동계중·고등학교가 오른쪽에 서 있다. 그리고 곧이어 관전삼거리가 나오는데, 이 관전삼거리에서 순창·적성방면의 24번 국도로 좌회전을 한다. 그리고 2km 정도 가면, '귀주마을'이란 표지석이 오른쪽에보인다. 귀주마을의 뒤쪽으로 대나무에 둘러싸인 집이 바로 남원 양씨 고택이다.

지친 중 하나가 마침내 화가 나서 거북 바위의 목을 내리
쳤고, 그 절은 마침내 망하고 말았다고 한다. 그 뒤로 거북
바위의 꼬리는 구미리 사람들의 차지가 되었다는 이야기
이다.

거북바위를 지나 곧장 다리를 건너자 아름다운 물길이
나타난다. 시원한 강물이 괴석과 어우러져 절경을 이루었
다. 구미정龜尾亭이 날아갈 듯한 자세로 한켠에 서 있다.
강의 바닥조차 바위로 이루어진 곳도 보인다. 여기에서 상
류 쪽으로 조금만 거슬러 올라가면 순창군의 또 다른 자랑
거리 장구목 유원지이다.

돌이켜보니, 갈록음수형의 자리에 와서 사슴 대신 거북
이 애기만 실컷 듣고 가는 꼴이 되었다. 슬며시 웃음이 새
어나왔다 ▓

4. 조선 제일의 명당 김극뉴 선생의 묘소

버스가 인계면 마흘리 용마마을 광장에 섰다. 조선의 8대 명당 가운데 가장 먼저 꼽힌다는 이른 바 '말명당' 김극뉴金克忸 선생의 묘소가 전방에 보인다. 현무봉인 용마산龍馬山의 남쪽 자락이다.

선생의 묘소는 말의 머리 모양을 한 용마산이 비스듬히 내려와 앞으로 쭉 뻗은 능선 위에 있다. 마치 말의 콧잔등 역할을 하는 능선의 제일 앞부분이다. 바로 말의 콧구멍에 해당하는 위치이다. 그 앞에는 둥근 야산 두 개가 포개어 있다.

말의 형국을 한 명당은 본래 코끝 자리를 찾아야 한다. 콧구멍에 기가 응집하는 탓이다. 달리는 말의 씩씩거리는 소리가 콧구멍에서 나오지 않던가?

콧구멍 앞의 두 야산은 요석의 역할을 한다. 너무 세게 뿜어져 나오는 기를 막아 주는 역할을 하는 것이다. 그래야만 솟구쳐 나오는 기운이 모두 공중으로 분산되지 않고 혈처에 맺히기 때문이다.

참으로 재미있는 모양새라고 여기면서 산자락을 타려는데, 초입에서 먼저 반달형의 연못이 나온다. 위쪽의 혈을 품고 내려오던 수기水氣가 모여 이루어진 진응수이다. 맑고도 서늘한 기운이 훅 끼친다.

능선에 오르자, 산의 정상 쪽으로 주욱 늘어선 묘들이 나온다. 대부분 광산 김씨들의 묘이다. 가장 위쪽에 약간 좌측으로 비껴 앉은 김극뉴 선생의 묘가 따로 있다는 안내이다.

∞ 김극뉴 선생 묘

옛날, 풍수에 도통한 함양咸陽 박씨朴氏 삼 형제가 있었다. 어느 날 삼 형제가 한자리에 모였다. 삼 형제는 각각 실력을 발휘해서 자신들이 들어갈 자리를 삼 년 안에 찾아보기로 하였다. 그리하여 삼 형제는 서로 좋은 자리를 찾기 위해 돌아다녔다. 실력도 발휘할 겸, 자신들의 좋은 자리도 고를 겸 열심히 터를 찾아 나섰다.

삼 년 뒤, 삼 형제는 자신들이 고른 자리를 자랑삼아 서로 내보였다. 첫째가 잡은 자리는 뒷날 김극뉴가 차지하게 된 말명당이었다. 둘째는 잉어명당으로 유명한 임실의 갈담에 자리를 잡았다. 셋째는 임실에 금계포란형의 자리를 잡았다.

삼 형제가 잡은 이 세 자리는 오늘날에도 명당으로 유명한 자리들이다. 그런데 이 중에서 천하의 대길지는 역시 첫째가 잡은 말명당이었다.

그런데 문제는 불행하게도 맏이에게 아들이 없었다. 그래서 고민하던 맏형은 이 자리를 사위에게 주기로 하였다. 그래서 이 자리는 광산 김씨의 후예 김극뉴에게 돌아간 것이다. 이 터를 잡은 박씨의 무덤은 딸의 뒷자리에 있다.

일설에는 박씨가 이 자리를 자신이 쓰려고 하였는데, 이 자리가 아주 좋은 자리임을 미리 안 딸이 꾀를 써서 채갔다는 것이다. 묘를 쓰기 전날 밤, 딸은 이곳에 물을 잔뜩 부어 흉지凶地처럼 꾸몄다고 한다.

아무튼 이 자리는 외손이 복을 받는 외손발복지지外孫發福之地로 유명한 곳이다. 그 바람에 광산 김씨들이 불같이 일어났다는 것이다. 그래서 오늘날에도 광산 김씨들이 시제를 지낼 때마다 김극뉴의 장인이었던 함양 박씨에게 먼저 감사의 제사를 지낸다고 한다.

한편, 함양 박씨 문중에서는 이렇게 좋은 자리를 광산 김씨들에게 빼앗긴 것을 두고두고 서운해 한단다. 그 당시, 만에 하나 조카에게라도 그 자리를 주었던들, 뒷날 광김들이 누린 그 많은 복을 자신들의 문중에서 누렸을 텐데 하며 말이다. 광김들 좋은 일만 시켰다고 툴툴댄다는 것이다.

위쪽의 묘역으로 오르는데, 좌측으로 흘러내린 하수사가 나타난다. 왼쪽의 과수원으로 흐른 조그마한 능선이 하수사이다. 그러나 하수사치고는 아주 큰 하수사이다. 혈을 따라 흘러내리는 물기를 감싸서 걷어 주는 역할을 아주 잘 해낼 수 있는 모습이다.

묘역에는 세 기의 무덤이 나란히 서 있다. 제일 아래가 김극뉴, 중앙이 김극뉴의 부인이었던 함양 박씨이고, 제일 뒤가 이 자리를 점지했다는 김극뉴의 장인이다. 사위와 딸에게 자리를 내주고 자신은 뒤로 물러앉은 것이다.

장인의 묘도 혈을 결지했다. 바로 10m 뒤가 결인속기처이다. 넘치는 기를 잘 정제하여 혈을 토해 내기 위해 목처럼 조인 모습이다. 건방乾方에서 내려온 용이다. 그 뒤로 소나무들이 지표면 밖으로 모두 뿌리를 드러내고 있다.

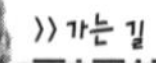

88올림픽고속도로를 이용해서 순창 나들목에서 내린 다음 27번 국도를 타고 순창을 거쳐 4km 남짓 올라가면 21번 국도가 갈라지는 삼거리가 나온다. 여기서 우회전을 해서 21번 국도를 타고 3.5km쯤 올라가면 마흘리이다. 여기서 좌회전해서 500m 가량 올라가면 용마마을이 나오고 그 왼편 언덕에 묘들이 즐비하게 늘어선 묘역이 나온다.

　김극뉴의 무덤 앞에 섰을 때이다. 곁에 있던 일행이 ‘뉴忸’ 자를 보고 매우 특이한 글자라고 하며 묻는다. 이는 ‘부끄러울 뉴’ 자이다. 김극뉴의 부친 김국광 金國光이 의정부의 일을 담당할 때이다. 당시 나라에 혼란스런 일이 거듭되어, 김국광이 본의 아니게 의정부의 일을 혼자서 8개월이나 도맡았다고 한다. 이때 아들이 태어나자, 그는 아들의 이름을 극뉴라고 지었다고 한다. 의정부의 집무를 혼자서 8개월이나 맡은 일은 아주 부끄러운 일이니, 아기인 너라도 자라서는 이런 부끄러움을 꼭 이겨 내라는 기원에서 그렇게 지었다는 것이다. ‘극克’ 은 ‘이길 극’ 이다.

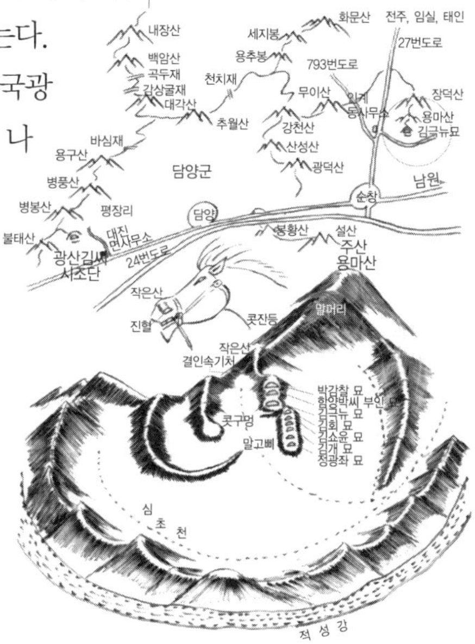

　전방은 역시 시원하다. 약간 몸을 튼 봉분은 정상 부분에 바위를 드러낸 앞산을 안산으로 하고 있다. 이 바위는 흉살凶煞이라고 볼 수 있다. 순탄치만은 않은 삶이다. 그러나 높은 지위에 오르는 것만 해도 결코 순탄하지 않은 것이 우리네 삶이 아니던가? 그리고 높이 오르는 사람일수록 그에게는 좋지 못한 일이 일어나기 십상인 것이다.

　안산의 우측으로는 벼슬을 재촉하는 천마사가 능선이 되었다. 그 뒤쪽에는 상서로운 구름들처럼 나지막한 산들이 이랑을 이루어 태평스럽다. 귀한 자손들을 낳는다는 상운사이다.

　그런데 상운사 중앙 쪽으로 운무에 덮여 담묵색으로 솟은 문필봉이 우뚝하다. 이 혈을 맺은 용이 몸을 세우고 내려오기 시작한 조산이다. 날씨가 맑은 날에는 이 조산이 앞으로 바짝 다가앉는다는데, 오늘은 날씨가 흐린 탓에 뿌연한 것이 상당히 멀게 느껴진다.

문필봉은 글 잘하는 후손을 기약하는 봉우리이다. 재미 삼아 세어 보니, 이 묘소에서 대략 네번째쯤 뒤에 앉아 있다. 그래서 4대손이 되는 사계 선생이 이 땅에 나오신 것일까?

청룡과 백호는 첩첩으로 혈을 보듬는 좋은 형세이다. 묘에서 가까운 백호에도 단아한 문필봉이 솟아 있다. 다만 하나, 보국을 싸안는 백호의 끝단이 혈을 찌르고 있는 점이 못내 서운하다. 이는 딸이나 지손들에게 가끔 가슴 칠 일이 생겨날지 몰라서이다.

명당은 매우 너르고 평탄하다. 자세히 보면, 우측에서 좌측으로 약간 흐르는 모습인데, 명당이 넓은 만큼 전혀 우려할 일이 못된다. 둘레에 이 집안의 재물을 넘보는 탐봉貪峰도 없으니, 큰 부를 기약한다.

짚어 보면, 부귀에다 문장을 기약하는 자리이다. 게다가 속발한다는 말명당이 아닌가? 정말 좋은 자리임에 틀림이 없다.

이 혈의 이름은 **호마시풍형**胡馬嘶風形이다. 도연명陶淵明의 시에 '胡馬依北風(호마의북풍)' 이라는 유명한 구절이 있다. '호마는 고향의 냄새를 실은 북풍에 몸을 기댄다' 는 뜻이다. 이 혈은 북풍에 실려 온 고향 냄새를 맡고 쏜살같이 내달리고 싶은 충동에 울음을 우는 호마의 형상이다. 그만큼 기가 뻗치는 혈이다. 그만큼 속발하는 자리이다.

김극뉴의 묘는 을진파乙辰破에 우수도좌右水到左, 건좌손향乾坐巽向이다. 따라서 자생향自生向이다. 발복이 매우 빠르고, 자손이 번창하며 부귀를 이룬다는 아주 좋은 향이다.

내려오는 도중에, 우리는 능선의 제일 끝자락에서 산딸기 나무를 둘러쌌다. 산딸기가 벌써 익어 우리들을 반긴 탓이다. 산딸기를 따다가 고개를 들어보니 현무봉이 언뜻 말머리가 되어 있다. 산딸기 줄기 사이로, 용마산은 매우 커다란 말머리가 되어 하늘을 등에 지고 있다.

버스를 타고 마을을 빠져나오는데, 버스의 뒤창으로 용마산은 바로 뒤의 약간 더 솟은 봉우리와 함께 쌍둥이처럼 서 있다. 양쪽으로 솟아 말의 귀처럼 보이는 봉우리들이다. 둘 다 정상 부분에 바위를 몇 개씩 이고 있지만, 전체적으로 아주 매끄럽게 생긴 문필봉이다. 말머리가 어느새 붓으로 바뀌어 있다. 이 두 봉우리는 버스가 멀어지면 멀어질수록 더욱 단아한 문필봉으로, 귀한 모습이 된다. 귀인을 기약하는 귀인사貴人砂인 것이다 ■

≋**호마시풍형**(胡馬嘶風形) : 북방 산의 건장한 말이 바람을 맞으며 울음을 우는 형상을 한 혈의 이름.

어사 박문수의 묘

지금으로부터 약 250년 전 어사 박문수가 병천 지방에 머물고 있을 때이다. 찾아오는 손님 중에 유명한 지관이 하나 있었다. 박문수는 지관에게 자기가 죽으면 묻힐 묏자리 하나를 잡아달라고 부탁하였다. 지관은 며칠을 돌아다닌 후 천안 북면의 은석산 중턱에 장군대좌형將軍大坐形 자리를 발견하였다. 그러나 이곳은 장군만 떡억 앉아 있는 형상일 뿐, 병졸이 없는 명당이었다.

그래서 박문수는 생전에 묘 아래에다가 시장을 만들었다. 시장에 다니는 많은 사람들이 병사로 해석되기 때문이다. 그 후 박문수의 후손들은 크게 발복하였다. 그런데 일제시대에 일인들은 비좁다는 핑계로 시장을 다른 곳으로 옮기고자 하였다. 이에 고령 박씨들은 남녀노소 가릴 것 없이 모두 주재소로 달려가 이전 반대의 농성을 벌였다. 박문수 묘소에서 시장이 바라다 보이지 않게 되면, 후손들에게 발복이 끊긴다고 믿었기 때문이다.

5. 눈물의 망월동 묘역에서

오월의 광주민중항쟁 하면, 우리 세대가 청년기에 직간접적으로 겪었던 오욕의 현대사이다. 어느 세대인들 아픔의 역사가 없으련마는, 오월은 특히 우리 세대에게 가장 큰 비극으로 가슴에 대못이 박힌 사건이다.

민주주의는 피를 먹고 자란다고 했다. 새로운 군부의 힘에 의해 민주화라는 역사의 시계가 거꾸로 돌려지는 것에 대해, 가장 치열하게 온몸으로 대항했던 오월의 민주항쟁은 빛의 고을 광주에서 온 누리를 밝히면서 아주 큰 빛으로 타올랐다. 고결한 피가 수없이 뿌려진 오월의 광주였다.

나도 간접적으로나마 5·18을 보았다. 먼저 12·12 때 차단된 양화대교를 도보로 건너며 무장한 탱크와 장갑차들의 서울 진입을 보았다. 이른바 '하나회'라는 육사 출신 정치장교들의 무력적인 책동과 만행을 이 땅의 한복판 서울에서 본 것이다. 그들은 반년 후 오월의 광주를 잔인하게 짓밟았다.

5·18 민주항쟁이 끝난 1년 뒤, 나는 광주에서 몇 개월의 훈련을 받은 일이 있었다. 이때 쉬는 시간마다 그곳의 조교들에게 담배 한 개피를 권하며 그들이 본 오월의 참상을 듣곤 하였다.

그 후 나는 광주민주항쟁을 짓밟은 공수부대 3여단과 11여단, 보병 20사단을 직접 지휘했던 몇몇 고급 장교들 아래에서 소대장으로 근무한 바가 있다. 정치 사단으로 지목되던 서울 주변의 한 부대였다.

대부분 하나회 출신이었던 그들에게는 계급보다 자신들의 계보가 더욱 중요한 것으로 내 눈에 비쳐졌다. 그들의 행태를 보면, 그들은 군인이라기보다 어떤 조직의 수하였다. 이로 인해 대부분의 순박하고 강직한 여느 장교들과도 일상에서 쉽사리 구분되었다.

잊을 수 없는 것은 중위 계급장을 달고 나서의 일이다. 어느 부대로 전출이 되었는데, 그 부대는 폭동진압 훈련이 하루의 주된 일과였다. 나는 이런 훈련은 안 해 봐서 못 하겠다고 뒤로 빼고는, 후배 소대장들에게 항상 이 일을 맡겼다. 그런데 이 때문에 결국 내가 마찰을 일으켰음은 그 시대를 살았던 이들이라면 누구나 짐작하고도 남음이 있으리라. 아무튼 내 청년 시절의 가장 큰 사건으로 오월의 민주항쟁은 남아 있다.

신군부의 본래 계획대로라면, 그들은 5·17 계엄 확대를 통해 전국을 무력으로 장악했어야 한다. 그러나 뜻하지 않게 광주 시민들의 강력한 항거에 부닥쳐 그들은 새로운 국면을 맞는다.

그들은 이후로 광주를 철저하게 절해고도처럼 고립시켜 놓고, 그 안의 동포들에게 총칼을 겨누었다. 그리고는 광주 시민들의 고결한 민주화 운동을 불순 세력들에 의한 체제 전복 사태로 격하시키고, 선량한 시민들을 폭도로 규정하였다.

그러나 이 기간 동안 광주 시내의 관공서나 은행은 어느 한 곳이라도 피해를 입은 바가 없었으며, 약탈과 강도와 같은 흉악한 범죄도 전혀 일어나지 않았다. 오히려 광주의 시민들은 다같이 민주화를 위해 싸우는 동료라는 의식 속에서 자발적으로 질서를 지키고 공동체 의식을 발휘하였다. 시민들은 고립된 광주 땅에서 음식을 나누어 먹고, 모자란 피를 나누며 서로 격려하는 동지애를 발휘하여 반미주화 세력인 신군부에게 죽음으로 저항했던 것이다. 그 과정에서 꽃답고 고귀한 피가 광주 땅에 흥건하게 뿌려졌다.

광주항쟁의 무력적인 진압에 성공한 신군부는 마침내 무자비한 보복을 감행하였다. 이 지역의 지도자 김대중 씨를 내란의 주모자로 지목하여 사형 판결을 내렸으며, 아름다운 주검들을 청소차에 실어 망월동 골짜기에 내던졌다. 그리고 전면에 나서 활약하던 이들을 군사법정에 세워 그들의 평범한 삶을 철저하게 망가뜨렸다. 광주의 이 깊고도 아픈 상처는 시민들에게 두고두고 남아 그들을 괴롭혔다.

「오월의 노래」란 노래가 있다. 80년대 초반과 중반 전두환·노태우 정권을 완강하게 거부하던 대학생들의 입에서 시위 때마다 오르내리던 노래이다. 간결하지만 광주의 참상이 분명하게 떠오르는 노래이다. 또 광주의 아픔을 민주 승리의 밑거름으로 삼을 수 있도록 더욱 결의를 다지는 노래이기도 하다.

꽃잎처럼 금남로에 뿌려진 너의 붉은 피
두부처럼 잘리워진 어여쁜 너의 젖가슴
오월 그날이 다시 오면 우리 가슴에 붉은 피 솟네

왜 쏘았지 왜 찔렀지 트럭에 싣고 어디 갔지
망월동에 부릅뜬 눈 수천의 핏발 서려 있네
오월 그날이 다시 오면 우리 가슴에 붉은 피 솟네

산 자들아 동지들아 모여서 함께 나가자
욕된 역사 투쟁 없이 어떻게 헤쳐나가랴
오월 그날이 다시오면 우리 가슴에 붉은 피 솟네

대머리야 쪽바리야 양키놈 솟은 콧대야
물러가라 우리 역사 우리가 보듬고 나간다
오월 그날이 다시 오면 우리 가슴에 붉은 피 솟네
오월 그날이 다시 오면 우리 가슴에 붉은 피! 피! 피!

담양을 거쳐 광주의 한 귀퉁이 망월동 묘역으로 가는 동안, 나는 그때의 일을 나름대로 떠올려 보았다. 애통한 심정에 가슴이 컥컥 막혀 왔다.

계절의 여왕이라는 오월, 감사와 보은의 달이라는 오월, 가정의 달이라는 오월. 이 좋은 계절에 우리는 왜 이렇듯이 뼈아픈 고통을 지니고 살아야 할까?

오늘의 오월에 또다시 찾아가는 망월동은 여전히 예리한 칼날이 되어 우리들의 가슴을 후벼판다. 그러나 이 아픔이 어찌 당시의 또 다른 희생자가 된 유족들의 아픔에 견줄 수나 있는 것이겠는가?

어느덧 버스가 담양 톨게이트에서 내리더니 국도를 탄다. 광주에 거의 다다르자 버스는 몸을 틀어 구 묘역으로 향한다. 근래에 신 묘역이 새로이 조성되어 한창 이장 작업을 하고 있는 중이라서, 애초의 망월동 묘역은 이제 구 묘역으로 불린다.

붉은 벽돌담으로 단장한 양지분교장을 지나, 작은 집들이 의지를 삼은 언덕 몇 개를 넘은 버스가 표지판을 보고 좌회전을 한다. 야트막한 구릉 지대가 이어진다. 얼마 후 오월의 민주항쟁을 기리는 현수막이 즐비하게 나타나고, 곧바로 구 묘역이 나타난다.

묘역의 입구 좌우부터 묘들이 가득하다. 열사들의 그 뜨거운 의기에 비하면 서럽도록 작고 초라한 봉분들이다. 각각의 봉분마다 앞에 꽃과 사진이 놓여져 있다. 꽤 많은 사람들이 묘역의 주변을 오고간다. 우리들은 3묘원을 향했다. 민주항쟁 때의 거룩한 죽음들이 안장된 곳이다. 비닐에 싸인 채로 청소차에 실려와 마구 내던져서 묻힌 곳이다.

3묘원 입구의 바닥에는 가로 세로가 대략 20㎝와 50㎝가 되는 자그마한 비가 하나 묻혀 있다. 들고나는 방문객들의 발길에 짓밟힐 수 있도록 길의 한가운데에 묻혀 있다. 1982년 3월 10일 인근의 담양군 고서면 성산마을에 전두환 대통령 내외와 그 수행원들이 민박을 하고 갔음을 알리기 위해 마을 입구에 세워졌던 비이다. 이 비는 1989년 1월 13일에 현 위치에 묻혔다.

오월항쟁 당시의 총 책임자로서 양심상 차마 올 수 없는 곳이기에 옆 마을에 와 슬그머니 자고 갔단 말인가? 아니면, 야밤에 이 근처에 와 하룻밤을 얼른 보내고는 자신은 이곳을 떳떳하게 방문했었노라고 어설픈 비문 하나를 이렇게 남겼단 말인가? 더욱 아니라면, 위대한 자신의 숙박지는 언제나 기념하기 위해 관례에 따라 이렇게 비를 세웠단 말인가? 하나의 해프닝으로 돌리기에는 참으로 우스운 일이 아닐 수 없다.

역사란 그렇게 쉽게 감추어지는 게 아니다. 아무리 제 허물을 가리기에 노력을 한다 한들, 그 허물은 결코 가려지는 게 아니다. 오히려 그 어리석은 노력으로 인하여, 시간이 흐를수록 허물은 더욱 부풀려지는 법이다.

이제 그 얼토당토하지 않는 비문은 묘역을 들고나는 이들의 발아래 밟히고 있다. 권력의 핵심 세력들이 그들의 잘못을 아무리 감추려고 노력하여도 민중들이 먼저 알고 이를 응징하는 것이다. 참으로 역사의 좋은 교훈을 뚜렷하게 보여주는 비이다. 역으로, 우리 현대사의 비극을 상징적으로 보여주는 비이다.

우리는 작은 제단 앞에 섰다. '오월 제단'이다. 언젠가 부산의 자갈치시장 아주머니 한 분께서 이곳을 방문하신 적이 있단다. 그분은 그때서야 비로소 광주의 아픔을 몸으로 느끼시고 비통함을 못 이겨 꺼이꺼이 목놓아 통곡을 하셨단다. 그리고는 열사들의 성스러운 죽음이 너무도 초라하게 남았다며 선뜻 희사하신 정성으로 이 제단이 건립되었다고 한다.

제단 위에는 하얀 국화꽃 다발과 바구니가 수북하다. 우리는 고개 숙여 열사들의 죽음이 이 땅의 산하에 언제나 자유의 불사신으로 찬란하게 부활하기를 간절한 마음으로 빌었다.

3묘역은 본래 126기로 조성되었다. 그러나 뒷날 노태우 정권의 회유와 강압을 이기지 못해 몇 기의 무덤은 자신들의 선산이나 집 가까운 공원묘지로 이장해 갔단다. 이 또한 군인 출신의 단순하고도 치졸한 노력이랄 수밖에 없다.

내려오는 도중에 스치는 사람들의 표정이 비감에 차 있다. 모두들 통한스런 표정이다.

무엇이 다른가? 국립묘지에 묻힌 호국 영령들의 꽃다운 죽음과 이곳에 내던져진 민주 열사들의 숭고한 죽음이. 모두가 성스러운 죽음인데, 왜 이곳은 서러운 눈물부터 비치는 것일까?

신 묘역은 구 묘역과 지척의 거리에 있다. 성역화한 흔적이 제법 그럴 듯하게 넓은 공간을 배치하고 있다. 입구에 있는 민주의 문을 거치면 추념문이 나타나고, 추모탑이 뒤따른다. 추모탑을 바라보며 우측에는 영령들의 위패가 모셔졌고, 좌측은 당시의 사실적인 기록이 사진과 필름으로 남아 있는 역사의 문이다.

남북으로 갈린 것만 해도 애달픈 우리 민족이다. 그 애처로운 반쪽에서 어떻게 이런 일이 일어날 수 있었는가? 한숨과 탄식을 자아내는 역사의 문이다.

그런데 어이가 없는 것은 당시의 최고 책임자들이 남긴 뒷날의 가소로운 행태이다. 한 사람은 백담사에서 몇 년을 지내며 이제는 자신의 업보를 다 씻은 거사居士인 양 행세하였으며, 또 한 사람은 대구 팔공산 아래의 동화사에 자신의 얼굴과 닮은 아주 거대한 석불을 세워 자신의 업을 씻으려고 한 점이다.

몇 년 동안 사찰에서 유배 아닌 유배 생활을 했다고 해서 스스로 지은 업보業報가 모두 씻어지는 것은 아니다. 또 당시의 의식 있는 승려들의 반발에도 무릅쓰고 석불 조성을 강행, 낙성을 보았다고 해서 업장業障이 다 소멸되는 것도 아니다. 이는 정녕 인간이 판단하거나 해결할 몫이 아닌 것이다. 게다가 인간의 역사도 그들에게 등을 돌렸는데, 하물며 신들에게서랴!

모를 일이다. 그런 사람들이 자신들의 후손은 잘 되게 해달라고 남몰래 지관들을 만나며 자리를 고르고 있을지도. 그러나 풍수지리학의 교훈도 엄연하다. 3대를 적선해야만 그 공덕으로 좋은 자리를 얻게 된다고 하여, 좋은 자리를 차지할 사욕부터 버리고 먼저 선행을 닦으라고 하지 않던가?

주차장으로 나오자, 몇몇 회원들이 버스 주변에서 말없이 담배들만 연신 피운다. 입맛들이 쓴 탓이다. 나도 한 개피 물고는 허공에다 한숨 섞인 담배 연기를 날렸다. 이번에 새로 들어온 마흔 살쯤 되가는 회원 하나가 옆에서 담배를 피우다가, 혼잣말처럼 문득 한마디를 내뱉는다.

"오월 십칠일인디, 나도 그때 죽을 뻔 안 했어요. 고등핵교 2학년 땐께 교련복을 입고 금남로를 나갔는디, 착검한 공수부대 군인들이 마구 사람들을 찌르다가 한 놈이 나를 보고 쫓아오지 안하요? 왠통 피바단디, 죽어라고 내뺏지요. 내 지금도 그때를 생각하면 피가 끓어올라요." ▮

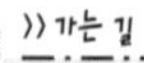

광주에서 동광주IC 앞으로 난 15번 국도를 따라 담양쪽으로 조금 가다 보면 망월동 입구 사거리가 나온다. 이 사거리에서 고속도로 밑으로 들어가는 왼쪽 길을 따라 3km 정도 가면 5·18 국립묘지가 나온다.

남사고의 여러 예언

남사고가 말하기를, "한양 동쪽에는 낙산駱山이 있고 서쪽에는 안산鞍山이 있으니, 반드시 나라에 당파가 생기리라"고 예언하였다. 동쪽의 '낙駱' 자를 풀어보면, 각마各馬가 되므로 동인東人은 갈라져 계속 붕당을 만들고, 서쪽의 '안鞍' 자는 혁안革安이 되므로 서인西人은 혁명을 한 후에야 안전하게 되리라는 설명이다. 과연 그의 말대로 동인들은 다시 여러 파벌로 나누어졌다. 서인들은 인조반정으로 혁명을 이룩한 후, 비로소 안정되었다고 한다.

그리고 명종 19년에는, "내년에는 필연코 태산을 봉하리라"고 예언을 하였는데, 이듬해에 과연 문정왕후가 승하하여 태릉에 국장國葬을 치렀다고 한다.

그는 또, "근래에 들어 살기가 심해지니, 임진년에 왜적이 크게 쳐들어올 터이다. 부디 조심들을 하라"고 주변 사람들에게 예언을 했는데, 과연 임진년에 전쟁이 발발하였다.

5. 경렬사와 정지 장군의 묘소

정지鄭地(1347~1391) 장군은 고려 말 이 땅에 침입한 왜구들을 몇 차례에 걸쳐 물리친 명장으로, 이곳에서 가까운 나주 출생이다. 장군은 공민왕 14년(1365)에 사마시에 급제한 후, 이어서 1년 뒤 문과에 급제하였다. 그 후 장군은 순천, 낙안, 진포, 남해의 관음포 등지에서 대승첩을 거두었으며, 1388년에는 이성계와 함께 요동 정벌에 참여하였다가, 이 틈을 타 남원에까지 쳐들어온 왜구들을 소탕하기도 하였다.

장군을 모신 경렬사景烈祠 우측 담장을 따라 올라가면, 장군을 모신 묘소가 나타난다. 오르는 길에 보니, 묘소 아래쪽에 요석曜石들이 박혀 있다. 묘역이 단단하게 받쳐지고 있다는 증좌이다.

두 기의 묘소가 아래쪽에 있고, 제일 위쪽이 장군의 묘소이다. 조선 초기까지 쓰였던 장방형의 봉분이다. 장군의 위엄이 무겁게 느껴지는 크기와 모양이다.

전방을 바라보니, 하늘 아래 멀리 우뚝 솟은 무등산無等山이 얼른 눈에 띈다. 그 좌우와 아래로는 크고 작은 산들이 무등산의 위세에 굴복이나 하듯 서로 몸을 포개고 늘어서 있다.

아주 전망이 좋은 자리이다. 그러나 짜임새가 탄탄한 맛이 없다. 무등산을 조산으로 바라보면서 둘레에 뭇 산들이 둘러싸긴 쌌는데 무엇이 잘못됐는지 전체적인 배치가 어색한 느낌이다.

그 이유 중에서 하나를 꼽자면, 묘소가 조산을 정면으로 바라보고 있지 못하다는 것이다. 회룡고조형回龍顧祖形은 회룡고조형인데, 조산이 전방의 왼쪽으로 비껴 앉도록 묘소의 자리를 이상하게 잡은 것이다. 그래서 일견에 안정감이 들지 않는 것이다. 편안한 분위기도 우러나지 않는다.

그 탓에 나머지 산들도 제각각 들쭉날쭉 멋대로 배치되어 있어 정련된 맛이 떨어진다. 묘소의 자리가 높은 곳에 있는 까닭에, 조산 아래로 어수선하게 어질러 놓은 산들을 내려다보는 느낌이다. 그래서 전체적인 짜임새가 장엄하거나 정교하거나 한 세련미가 없고, 그저 왠지 엉성하다는 느낌이 먼저 드는 것이다.

안산은 앞쪽의 삼각봉으로 하였다. 백호가 흘러 내려오다 솟아 올린 봉우리이니, 백호안산이다. 그런데 이 안산만을 바라보아도 무언가 아쉽고 미진하다는 생각을 떨칠 수 없다. 안산이 너무 가까운 곳에 있는데다가, 높이도 낮다. 혈처를 보호하는 역할을 해 주고 있다는 느낌이 전혀 들지 않을 정도로 범범하고 빈약하다. 조산에 치이고, 주변의 산들에게도 치인 느낌이다.

내명당은 전방의 약간 오른쪽에 자리를 하였다. 사당의 앞쪽이다. 외명당은 왼쪽으로 쏠려 있다. 둘 다 크다고도 작다고도 할 수 없을 정도의 그만그만한 크기이다.

봉분의 뒤쪽으로 올랐다. 퍽이나 급하게 내려온 용이

❶ 정지 장군 묘

보인다. 그러나 기세가 없는 용이
다. 변화도 없고 용트림도 없이 그
냥 쏟아져 내려온 용이다. 그런 까
닭에, 입수도두처도 보이질 않는다.
혈장 또한 선명치 않다.

　물이 빠져나간 파구破口와 묘의
향을 보니 더욱 가당치 않다. 손파巽
破에 자좌오향子坐午向으로, 이는 살인대황천殺人大黃泉의 흉살이다. 살인대황천은
사람이 죽어 나가고 재물이 모두 흩어져 패가망신하는 전혀 좋지 않은 향법이다.

　그리고 손파만 해도 아주 좋지 않은 파구 방향이다. 크게 될 자식을 물이 치고 나
가는 형국이다. 그리고 재산을 관장하는 녹궁祿宮을 치고 나가는 형국이니, 이는
패가망신을 하는 파구 방향이다.

　이 자리는 혈로 보기에 좀 무리가 있다. 국세局勢나 용의 모양, 향법 등 여러 가
지로 따져 보아도 결코 혈이 아니다. 오히려 사당을 싸 주는 좌청룡의 일부에 해당
하는 곳이다. 곁가지인 방룡傍龍에 자리를 잡은 것이다. 오히려 진혈眞穴은 사당이
차지한 듯싶다.

　결론을 짓자면, 이 땅을 지키기 위해 혼신의 노력을 기울였던 장군의 자리로는
썩 어울리지 않은 자리이다. 떨떠름한 기분이다.

　묘소 아래에 아주 작은 꽃대 하나가 잔디를 비집고 올라왔다. 타래난초이다. 조
금은 이른 시점인데, 벌써 연보랏빛 꽃들이 줄기에 타래를 감으면서 조금씩 피기 시
작했다. 우리나라에 흔한 난초이지만, 올 들어서 처음 보는 반가운 타래난초이다.

　경렬사는 문이 닫혀 있다. 그 앞에 서서 보니, 전방이 품品자 모양을 한 안산이

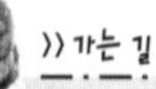

　광주시 북구 청옥동에 있다. 88올림픽고속도로의 고서 나들목에서 나와 1km 가량 동문로를 이
용해서 광주 쪽으로 들어가다 보면 KT 건물과 우편취급소가 있는 석곡파출소 삼거리가 나온다. 여
기서 경렬사 표지판을 보고 1.5km 가량 따라가면 된다.

퍽 좋다. 청룡과 백호도 좌우에 잘 짜여져 있다. 명당은 관리소 앞의 빈터가 된다. 돌아보면, 사당의 현무봉은 아주 단아한 문필봉이다. 그 바로 왼쪽에 바짝 붙은 또 다른 문필봉도 매우 좋다. 단정하면서도 힘이 서린 모습이다.

예측한 대로 역시 사당이 진혈지인 듯하다. 장군께서 영면에 드신 묘소는 별로 좋은 자리가 아니라고 하더라도, 장군을 기리며 향불을 사르는 사당이나마 좋은 자리인지라 내심 고맙기까지 하다 ∎

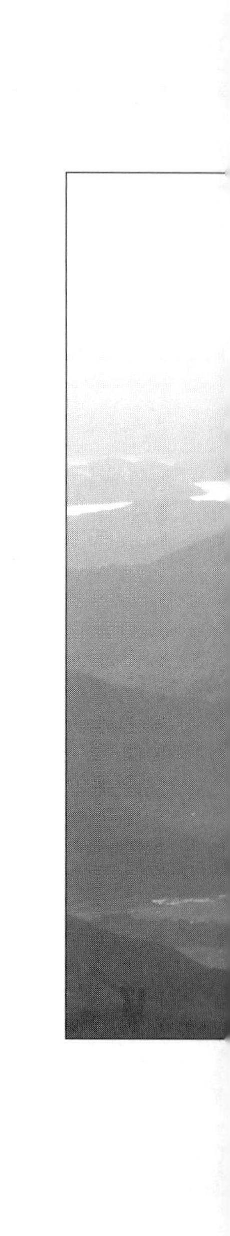

바다 쪽으로는 여러 개의 크고 작은 섬들이 하의도를 향해 둘러 있다. 섬들은 모두 '면面'을 하고 있다.

그래서 아주 정다운 형상이다.

1. 신안군의 하의도

　신안군은 인구가 약 57,000명으로, 특이하게도 섬으로만 이루어진 군이다. 무려 830개의 섬으로 이루어져 있는데, 이 가운데 유인도는 111개, 무인도는 719개이다. 우리나라 전체 섬의 약 25%를 차지하는 놀랄 만한 수치이다. 이 섬들은 황해에 널리 펼쳐져 있어, 해역 또한 매우 넓다.

　각 섬들은 구릉성 산지가 많고 평지는 미약하지만, 연안의 갯벌을 간척한 평지는 넓다. 큰 섬으로는 45.2㎢의 안좌도부터 압해도, 비금도, 도초도 등이 있다.

　신안군의 섬 가운데 가장 유명한 관광지로는 우선 홍도를 꼽을 수 있다. 그리고 영산도, 임자도, 비금도, 흑산도 등의 섬들도 아름다운 풍광을 자랑하며 관광객들의 발길을 유혹하고 있다.

　신안군의 해역은 전부 대륙붕 지대로서, 수심은 1.5m 이내의 얕은 바다로 이루어져 있다. 그래서 바닷물은 뻘과 만나 대체로 흐리지만, 얕은 바다를 따라 김 양식장이 널리 분포되어 있다. 겨울은 따뜻하고 여름은 시원한 기후인데, 황해의 연안수沿岸水와 황해 난류가 만나는 지역인 탓에 안개가 자주 낀다.

　오늘의 답사지인 하의도荷衣島는 16.1㎢의 넓이로, 신안군에서 열번째 크기에 해당하는 섬이다. 목포에서 뱃길로 2시간이 넘게 걸리는 서남쪽에 자리 잡고 있다. 인구는 3,000명에 조금 못 미친다고 한다.

　하의도는 딱히 내세울 만한 특산물은 없어도, 쌀과 보리 외에도 콩·고구마·고추·마늘·파 등의 생산량이 많다. 부근의 수역에서는 멸치와 장어가 주로 나온다.

그리고 동쪽과 남쪽에 걸쳐 상태도上台島와 하태도下台島
를 마주보는 해변에는 많은 염전이 조성되어 있다.

하의도는 5개의 리里로 구성된 면소재지(신안군 하의면)이
다. 북쪽으로 제일 위가 후광리이고, 그 아래에 대리가 있
다. 그리고 목포와 연결되는 여객선이 닿는 섬의 중앙이
웅곡리이다. 남쪽에는 좌측으로 어은리가 있고, 우측으로
오림리가 있다.

김대중 대통령은 이곳 하의도 후광리後廣里에서 출생하
여 초등학교 4학년 때 목포 북초등학교에 전학을 가 그곳
에서 목포상고를 마쳤다.

여객선 터미널에서 만난 아저씨의 말씀에 의하면, 하의
초등학교와 목포 북초등학교에 남아 있던 김 대통령의 학
적부가 언제부터인가 사라졌다고 한다. 그러나 1등을 놓
치지 않는 성적이었다는 것이다. 다만 특기사항 난에 선동
적이란 표현이 있었다고 한다.

목포상고 시절에도 1학년에서 3학년 때까지는 줄곧 1등
을 했었는데, 4학년과 5학년 때는 반에서 40등을 했다고
한다. 아마 그때부터 벌써 외부와 연계하여 사회 활동에
참여한 때문이 아닌가 싶다는 것이다.

지루한 기다림의 시간이 지나고 배가 출발을 알렸다. 9
시 30분이다. 뿌웅 하는 뱃고동 소리가 크
게 울려 퍼진다. 마치 배가 기지개를
켜는 소리로 들려온다.

아직도 안개가 걷히지 않은 탓
에, 기대했던 아름다운 경치는 볼
수 없다. 그저 부표들 사이를 뚫고 부지
런히 배가 항진을 한다. 어찌된 일인지 갈

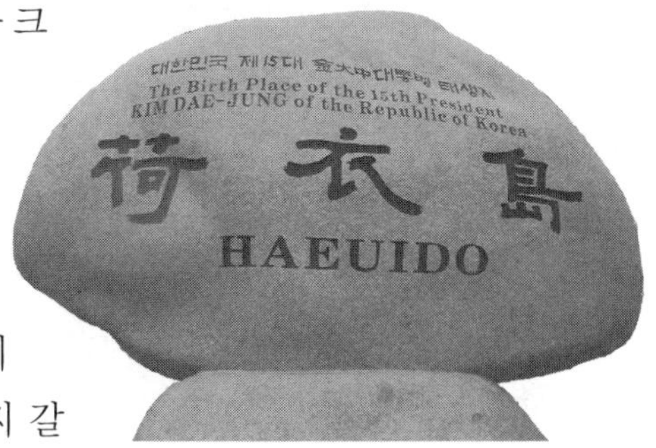

매기마저 한 마리도 보이지 않는다. 안개의 터널을 지나는 여객선을 안내나 하듯이, 이물에서 물거품의 양탄자가 하얗게 펼쳐진다. 멀리 안개 너머로 섬들이 거무스레한 몸집을 드러낸다.

망망대해같이 지루한 뿌연 경치로 여객실이 북적인다. 누워서 잠을 청하는 사람들과 화투나 다른 놀이를 하는 사람들이 가득하다. 시간이나 보내자는 심산들이다.

배가 차츰 속도를 늦춘다. 앞쪽으로 장산도長山島가 보인다. 장산도라는 이름답게 먼저 하늘에 닿은 능선이 보인다. 꿈틀꿈틀 기이한 선으로 이루어진 바위산이다. 전체적으로 오른쪽이 주저앉은 '뫼 산(山)' 자의 모양이다. 아래로 김 양식장이 늘어섰다. 그 곁에 작은 어선 몇 척이 한가로이 떠 있다.

사람들과 차량을 내려놓고 배는 다시 바다로 나섰다. 배가 몸을 틀며 앞으로 나아가자, 장산長山은 모양을 계속 바꾼다. 마침내는 길게 꼬리를 끌고 완만한 선이 되어 누웠다. 그 끝자락에는 굉장히 넓은 개펄이 하염없이 이어진다. 개펄에는 수없이 많은 막대기들이 꽂혀 있어, 그곳이 김 양식장임을 알린다. 배가 30분이 넘도록 항진하는 동안 계속되는 뻘이다.

흐리지만 아주 잔잔한 물결이다. 궁금해서 선장에게 물때를 물어 보니, 오늘은 10물이란다. 10물인데도 저토록 너른 뻘은 처음 본다.

섬들이 끊임없이 나타났다가 사라지곤 한다. 80년대에는 이 섬들이 한때 투기 대상이 된 적이 있다. 한 평에 1~20원하던 섬들이 심지어는 500원까지 이르렀다는 것이다. 그래서 지금도 대부분의 섬들이 외지인의 소유라고 한다. 거래도 완전히 끊겼다고 한다.

어느덧 하의도가 보인다. 부두 한쪽에 4~5층 정도의 건물이 먼저 눈에 띈다. 하의중 · 고등학교라고 한다. 농협과 주유소 건물도 보인다. 바다와 부두를 빼 놓으면, 마치 어느 한적한 농촌과도 같은 풍경이다.

좌우를 둘러보니 아주 둥그런 만灣이다. 바다 쪽으로는 여러 개의 크고 작은 섬들이 하의도를 향해 둘려 있다. 섬들은 모두 '면面'을 하고 있다. 그래서 아주 정다운 형상이다.

풍수지리학에서 보면, 섬은 통상 면面과 배背의 두 얼굴을 하고 있다. 면은 완만한 경사를 지닌 지형에 부드러운 선으로 해안이 이루어졌고, 배는 급한 경사에 삐

죽삐죽 튀어나온 돌들로 해안선이 이루어진 거칠고 억센
모습을 가리킨다. 따라서 섬 마을은 전방의 섬들이 면을
하고 다정하게 감싸드는 모습을 해야 좋다. 육지에서 용의
역할을 섬들이 대신한다고 보면 이해가 쉽다 ■

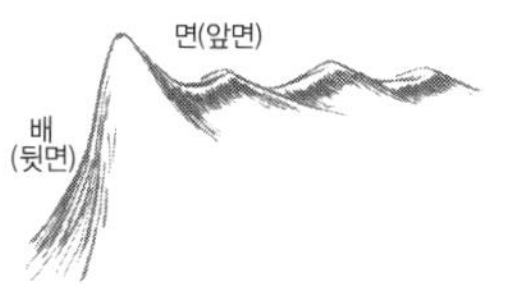

≋**용의 면面과 배背**

≋**하의도의 산맥도**

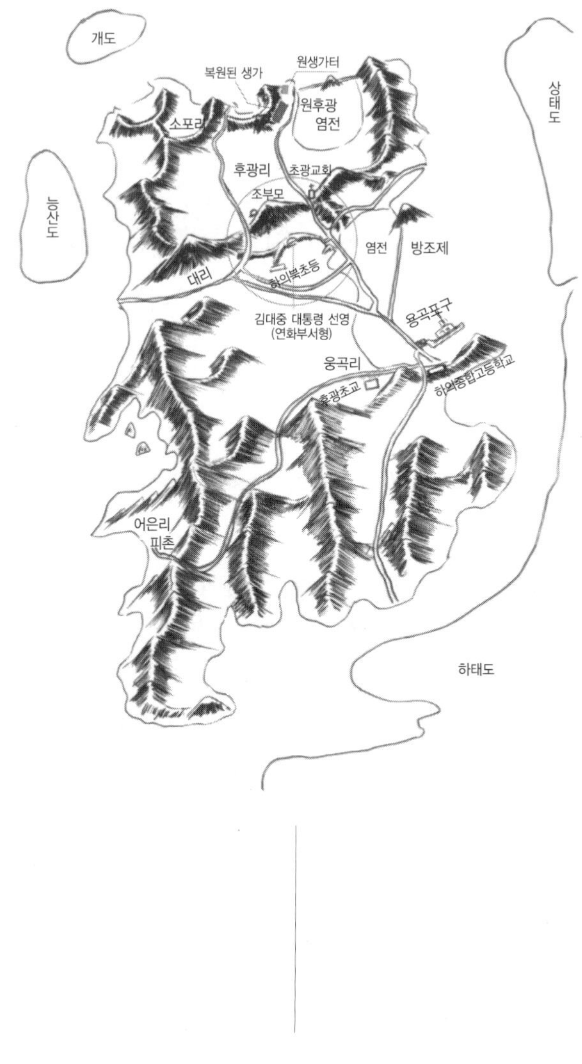

2. 후광리의 김대중 대통령 생가

시계는 12시를 가리킨다. 배에서 내리자, '대한민국 제15대 金大中 대통령 태생지 荷衣島'라고 새겨져 있는 자연석 비가 우리를 맞는다. 그리고 생가까지 3.5㎞임을 알리는 표지판이 나타난다. 우리는 곧바로 후광리로 향하였다.

대리를 지나는데, 왼쪽으로 김대중 대통령 집안의 선산이 보인다. 이어서 경주慶州 정씨鄭氏의 묘역도 잘 다듬어진 채 나타난다. 좌우로는 염전이 계속된다. 길가에는 마늘이 야적되었고, 그 곁에는 마늘 다발을 손보는 농부들의 일손이 바쁘다. 이곳도 가뭄인데, 아직 물 걱정을 크게 할 정도는 아닌 것 같다.

길가의 논 뒤쪽으로 김 대통령의 생가 터와 그 곁에 복원된 집이 서 있다. 남향받이로, 반듯하게 다듬어진 모습이다. 이 집은 남에게 팔아 넘겼던 집의 뼈대를 어은리에서 헐어 옮겨와 복원한 것이다. 어은리는 김 대통령이 어린 시절 한학漢學을 공부했다는 덕봉강당德峰講堂과 큰집이 있던 곳이다.

생가 터는 주차장 바로 곁에 조그만 공터로 남아 있다. 옆에 복원된 가옥이 결코 들어올 수 없을 정도로 작은 터이다. 아마 큰집을 헐어다가 이곳에 다시 지은 것이 아닌가 하는 생각도 든다.

1999년 11월에 복원된 가옥은 크게 두 채로 구성되어 있다. 안채가 중앙에 앉았고, 바깥채는 동쪽으로 앉았다. 바깥채의 맞은편에는 장독대와 우물, 측간이 줄을 지었다. 울타리 아래로는 인동초가 빙 둘러 있다. 김 대통령이 자신의 처지와 흡사하다고 해서 아끼는 야생화이다. 향도 퍽 좋은 꽃인데, 나중에 살펴보니 하의도 산

자락에 흔하게 피어 있다. 그런데 붉은 것은 보이지 않고, 도처에 하얀 꽃 일색이다.

　이곳 후광리에서 태어나고 자란 김 대통령은 4학년 때 목포로 전학을 간다. 당시 일제 치하의 학제는 도시와 농촌이 다른 탓이었다. 농촌은 4년제인 반면, 도회지는 6년제였다. 따라서 이곳에서 4학년을 마치고 졸업을 하면, 도회지로 전학을 갈 수가 없었다. 그래서 4학년 때 부랴부랴 목포로 전학을 간 것이다.

　안채는 작은 방 4개와 부엌으로 배치가 되었다. 맨 오른쪽 두 칸의 마루방에는 김 대통령 내외의 활동상을 보여주는 사진들이 벽 위에 붙어 있다. 그리고 그 옆방에는 김 대통령의 휘호가 두 점 걸려 있다. '새 천년의 꿈'이란 한글 휘호와 '후광척토後廣拓土'란 한문 휘호이다.

그리고 서쪽의 가장 끝에 방이 하나 더 있다. 앉은뱅이책상과 홍보물이 꽂힌 책꽂이가 전부인 공부방이다. 아마도 김 대통령이 어린 시절 열심히 공부하면서 꿈을 키우던 책상인 듯도 하다. 참으로 오랜만에 보는 구닥다리 앉은뱅이책상인지라, 새뜻하기도 하다.

안채에서 가장 넓은 부엌은 공부방과 붙어 있다. 세간살이는 어디론가 다 사라지고 없다. 휑해서 더욱 너른 느낌이 든다.

우리는 생가 터로 내려온 용을 보기 위해 대숲 뒤로 올라갔다. 왼쪽으로 달성達城 서씨徐氏의 묘 두 기가 보인다. 그리고 수국이 서너 무더기 소복하게 피어 있다.

뒷산에서 내려온 용은 동쪽의 바다를 향해 몸을 꺾었다. 몸을 꺾은 옆구리의 아래 즈음이 생가 터이다. 결코 혈을 맺을 수 있는 자리가 아니다.

그런데 조금 더 올라 보니, 분맥한 용이 한 줄기 보인다. 이 용은 휴게실 용도로 새로 지어진 집과 복원 가옥 사이에 위치한 정원으로 내려갔다. 두두룩 솟은 정원의 한가운데 올라 보니, 전방이 아주 좋다. 지금은 논이 되어 버린 바다 저쪽으로 너댓 개의 봉우리가 아주 좋은 안산이다. 둥글둥글 정답고도 포근하게 솟았다.

그러나 엄밀하게 따져 보면, 이곳도 혈이라고 짚기는 힘들다. 명당이 오히려 안쪽으로 약간 비스듬히 흘렀다. 지금은 제방이 막아 주고 있어서 그렇지, 예전에는 바닷물이 안쪽으로 더 깊숙이 흘러 들어갔을 것이다. 그래서 청룡다운 청룡도 없었다고 여겨진다.

나오던 걸음에, 우리는 바닷가의 제방으로 올랐다. 몸을 꺾어 바다를 보고 있는 용맥이 역시 뚜렷하게 보인다. 그 아래쪽으로는 개펄이 퍽 넓다. 개펄에는 수많은 갈게들이 이리저리 부산하다. 게를 잡자고 하면서 일행들은 어린아이가 되었다. 어느 틈인가 해가 얼굴을 내밀었다. 무더워지기 시작한다.

결국 김 대통령을 낳도록 한 자리는 이 생가 터가 아니라고 우리는 결론을 지었다. 그 자리를 찾아 내는 것이 오늘의 공부이자, 과제이다.

주차장 앞에 수도꼭지 하나가 있다. 덥다고 목을 축이는 일행들이 이를 둘러쌌다. 과연 섬은 섬이다. 물맛에 미량의 간이 느껴진다.

차에 오르기 전, 나는 생가 터 위에 다시 서 보았다. 갖은 고초를 견뎌 내며 이 땅

복원된 생가 앞의 안산

의 민주화에 몸을 바친, 그래서 결국은 대통령의 지위에까지 오른 이의 생장지를 그냥 흘려보내기가 아쉬웠던 때문이다. 그리고 그가 일생에서 끼친 공과功過를 따지기에 앞서, 이렇게 궁벽진 섬 소년이 결국은 청와대의 주인이 되고야 만 신화 아닌 신화의 출발선상에 나도 서 보고 싶은 심정 때문이었다 ▮

3. 석중혈의 김제율 묘소

차장 너머로 수로를 끼고 좌우로 질서정연하게 누운 논들이 보인다. 야트막한 구릉에는 크고 작은 밭뙈기들이 곡식을 품고 있다. 곳곳에서 아스콘이나 콘크리트로 포장된 도로가 만나고 헤어진다. 섬이라는 기분이 들지 않는 경치이다. 육지의 여느 농촌과 별반 다를 바 없는 풍광이다.

우리는 뒷동산 자락을 넘었다. 인동초가 도처에 깔려 있다. 송림을 지나는데, 까투리 한 마리가 놀란 듯 후두둑 난다.

의현義鉉, 종현宗鉉이란 분을 모신 묘가 먼저 나타나고, 아래쪽에 제율濟律이란 분의 묘가 나타난다. 그 외에도 몇 기의 묘가 더 있다. 그런데 우리의 눈길을 제일 먼저 끌더니, 나중에 고민을 하도록 만든 묘가 제율이란 분의 자리였다. 동네 분의 말씀에 의하면, 김 대통령의 고조부 산소라고 한다. 그러나 제濟자 돌림으로 봐서는 종조부 되시는 분이라고 여겨진다.

제율이란 분의 묘는 우선 열 개가 넘는 요석으로 가득하였다. 전방을 보니, 청룡이 좌로 돌아 빠져나간 듯하다가 그 너머에서 다시 돌아들었다. 백호는 그런 대로 좋은 모습이다. 명당은 앞쪽의 만灣을 향해 그냥 빠져나갔다.

일견에 특이하다는 느낌이 가득 드는 묘이다. 그런데 무어라고 꼭 짚어서 얘기할 수가 없는 묘이기도 하다. 분명 혈인 듯싶은데, 그 이유가 좀처럼 쉽게 설명되지 않는 자리이다.

그래서 우리는 다시 용맥부터 살피기로 하였다. 교회 앞의 논 건너편에서 용은 왼쪽으로 크게 감돌아 도로를 만나면서 과협을 하였다. 그리고는 교회를 따라 올라오다가 다시 몸을 크게 꺾었다. 단양丹陽 우씨禹氏의 묘가 있는 곳으로 돌아온 용은 다시 제율이란 분의 묘 옆으로 몸을 가누며 내려오다가 다시 좌측으로 몸을 꺾어 나갔다. 이때부터 청룡이 되어 나간 것이다. 섬 안의 용치고는 엄청나게 큰 용이 구불구불 힘찬 S자 행보를 하였다.

○ 김제율 묘

묘소 뒤에 선 정 선생이 발을 구르듯 디디며 보폭이 짧은 걸음을 시작했다. 나도 정 선생이 내딛는 대로 걸음을 옮겨 보았다. 주변과는 달리 그 부분은 발바닥에 단단한 느낌으로 다가온다. 용이다.

한 회원이 묘역 언저리에 용맥처럼 솟은 부위를 살피다가 한마디 한다.

"선생님, 여기는 새로 쌓은 것인데요. 여기 보면 그런 흔적이 곳곳에 있어요."

이에 정 선생이 답을 한다.

"그렇다면, 용맥은 이곳이 분명합니다. 이 용은 제율 씨의 묘에서 섬룡입수閃龍入首를 하고, 앞으로 내려갔습니다. 여기는 **석중혈**石中穴입니다. 이는 괴혈 중의 하나로, 돌 틈에다가 자리를 하나 눈 깜박할 사이에 만들어 놓고 앞을 향해 행룡을 했습니다. 실로 보기 드문 자리입니다."

≋**석중혈**(石中穴) : 돌무덤이나 바위 가운데에 있는 혈.

이때, 묘역 아래쪽 배수로에 서 있던 일행이 혈토가 있음을 알린다.

"여기, 혈토가 나옵니다. 아주 좋은 흙인데요."

정 선생의 설명에 따라 요석을 보니, 대부분 청룡 쪽에 즐비하다. 그것도 몇 개는 꽤 큰 요석들이다. 이들은 허전한 청룡 쪽을 보완해 주는 역할을 하고 있다. 바람을 막아 주고 있는 것이다. 기가 단단히 뭉친 혈이다.

봉분의 바로 뒤에 있는 요석의 옆 부분이 입수도두처이다. 자세히 살펴보니 약간 불룩하게 솟았다. 조그마한 선익사가 좌우에서 봉분을 감싸고 있다. 비석 앞의 지면을 굴러 보자 매우 단단한 느낌이 전해진다. 순전인 까닭이다. 묘는 약간 오른쪽으로 치우치게 쓰인 것으로 보인다.

그러나 대체로 사격砂格이 좋은 혈은 아니다. 혈은 아주 좋은 혈인데, 주변의 짜임이 그다지 좋지 않은 자리이다. 똑똑한 사람을 낳기는 낳는데, 주변의 협조를 잘 받지 못하는 형국이다. 도와주는 사람이 없는 외로운 자리이다.

교회로 넘어오는 길에 보니, 뒷산의 꼭대기에도 바위가 수북하다. 흉석으로 볼 수밖에 없는 돌들이다. 아쉽게도 이곳은 아주 큰 자리가 아니다 ■

진시황秦始皇과 풍수지리

일설에 따르면, 진시황의 아버지는 여불위呂不韋(?~B.C. 235)라고 한다. 그가 시황제를 낳은 데에는, 다음과 같이 풍수와 관련한 전설이 전한다.

여불위는 중국 하남河南 출신이다. 그는 무역업을 하는 대상인大商人으로, 재산이 많기로 소문났었다. 그런데 어느 날의 일이다. 여불위가 장사를 마치고 집에 돌아가는데, 옷을 잘 차려입은 젊은 사람 서너 명이 노인 하나를 백주 대낮에 두들겨 패고 있었다. 백발이 성성한 노인이 맞고 있는 것을 보다못한 여불위가 젊은 사람들을 뜯어말리고 연유를 물었다. 그러자 한 젊은이가 말하기를,

"이 노인은 지관인데, 천자지지天子之地가 있다고 하여 돈을 3천 냥이나 주고 샀습니다. 그리고 오늘 그곳으로 아버지 묘를 이장하려고 왔는데 갑자기 혈처가 안 보인다고 하는 것입니다. 그래서 화가 난 우리 형제들이 노인을 혼내주고 있는 중이었습니다."

여불위가 노인의 상을 보니 보통 노인이 아니었다. 그래서 그는 즉석에서 3천 냥을 갚아주고, 노인을 집에 모시고 가 극진히 치료를 해주었다. 감동한 노인은 얼마 후, 자신이 잡았던 천자지지로 여불위를 데리고 갔다. 그러자 내내 보이지 않던 혈처가 거짓말처럼 훤히 보이는 것이었다. 노인은 아무래도 땅은 임자가 있는 모양이라 여기고는, 그 자리를 여불위에게 가르쳐주었다. 여불위는 곧 아버지 묘소를 그곳으로 이장하고 아들을 낳게 되었다. 그 아들이 바로 중국을 통일한 진시황제였다.

4. 김대중 대통령의 조부 묘소

교회 앞에서 보면, 김 대통령의 조부 묘소는 앞쪽의 좌측 산자락에 있다. 그 산의 중턱에는 저수지가 있다. 저수지 둑이 시작되는 곳에서 왼쪽 산자락을 보면, 테두리석이 둘린 큰 봉분 하나가 우뚝 솟아 쉽게 눈에 뜨인다. 그 봉분의 위쪽이 김 대통령 조부의 산소이다. 밖에서는 보이지 않는다.

우리도 이 묘소는 단박에 찾아내질 못했다. 마침 소를 끌고 지나가는 노인 한 분이 계셔서 우리에게 가르쳐 주셨다. 아마도 김 대통령의 집안 어르신인 모양이다.

"대중이 할아버지는 저그 큰 묘 보이쟈, 그 뒨게 글리 올라가면 되능마. 그리고 선산은 말이자 대리로 올 때 왼쪽에 못 봤능가? 아주 콩 게 금방 봤을 틴디. 선산에는 대중이 아부지는 읎어. 서울로 안 갔능가?"

모두들 슬그머니 웃었다. 처음에는 대통령 이름을 설렁설렁 뱉어 내는 그 분위기가 생소해서였다. 그러나 나중에는 그런 시골 분위기가 사뭇 정겹고, 또 이곳이 대통령의 고향임이 실감나서 웃는 웃음이다. 대통령도 한 집안의 어른 앞에서는 손아랫사람임이 분명한 대목이기도 하다.

여러 비문으로 살펴볼 때, 김 대통령의 직계는 다음과 같이 요약이 된다.

김겸선金兼善 - 익조益祚 - 태현台鉉 - 제호濟浩 - 운식雲植 - 대중大中

이곳 역시 수국과 인동초가 많다. 인동초 덩굴과 수국 꽃더미를 지나, 최근에 조성한 듯한 둥근 봉분을 통해 우리는 송림으로 들어섰다. 바로 그 뒤가 김 대통령 조부의 묘소이다.

김 대통령 조부의 묘소는 국세만 좋아 보일 뿐 용맥이 아니다. 앞쪽의 저수지

가 좋은 명당의 모습을 하고는 있지만, 우선 안산이 불분명하다. 앞쪽의 능선에서 중간에 약간 솟은 부분을 바라보고는 있는데, 그것도 슬쩍 비껴났다. 묘소의 왼쪽은 더구나 깊은 골짜기이다. 묘의 아래쪽도 그냥 쭉 빠져나갔다. 묘에 갈무리된 기운을 걷어 주는 형세가 아니다. 결코 혈로 볼 수 있는 자리가 아니다.

"어이쿠, 여기 뱀이다!"

일행의 외침에 그의 발밑을 보니, 퍽이나 굵직한 늘메기 한 마리가 스르륵 땅굴 속으로 들어간다. 묘소 바로 뒤 10㎝나 떨어진 곳일까? 방금 전에 '이게 웬 굴이야' 하며, 운동화를 들이밀던 굴이었다. 운동화 앞부리가 거의 다 들어가는 뱀 굴이다. 혹 광중壙中에 뱀이 들어가는 이른바 사렴蛇廉이 든 것은 아닐까 걱정스럽다. 사렴이 들면, 자손에게 흉칙한 화가 생겨난다고 한다. 대개는 중풍이나 정신질환을 앓게 된다는 것이다.

내려오는 길에 정 선생이, '오늘의 숙제를 못 푸는 것은 아닐까?' 하며 걱정 아닌 걱정을 한다. 4시로 예정된 목포행 여객선을 타기 전에 들를 수 있는 곳은 시간상 이제 꼭 한 군데가 남았다. 김 대통령의 선산이다 ▮

≋**사렴**(蛇廉) : 광중에 뱀이 들어가는 것으로, 자손에게 화가 미친다 함.

5. 연화부수형의 김해 김씨 선산

대리의 창고 앞에 내리자, 창고 뒤가 아주 큰 진응수이다. 굉장히 큰 혈이 뒤에 있다는 징후이다. 입구의 송림도 멋들어졌다. 쭉쭉 뻗어 하늘로 치솟았다. 초입의 오솔길에도 혈토가 비친다. 모두들 여기인 모양이라며, 더위도 잊고 주림도 잊은 채 씩씩한 걸음들을 앞으로 내딛는다.

뒤에서 조망해 보니, 반달 모양으로 감돈 아주 큰 묘역이다. 중앙에 재실이 있고, 재실의 좌우로 묘들이 일렬횡대를 하였다. 얕은 능선으로 이루어진 선산이다. 그러나 일견에도 아주 좋은 자리이다.

입구에서 제일 먼저 익조란 분의 자제 철성哲星의 묘가 나타난다. 그리고 김겸선의 계실繼室 묘인데, 결론적으로 이곳이 바로 오늘 우리가 찾던 그 자리였다.

묘역의 뒷부분 능선의 솔밭에 오르자 용맥이 선연하다. 중간에 잘록한 과협처도 분명하게 있다. 이 맥은 능선을 따라 행룡을 하다가 김 대통령의 현조모玄祖母 묘소로 들어갔다.

그런데 유심히 살펴보니, 앞서서 분맥해 온 용 한 마리도 이곳으로 뻗어와 들어갔다. 두 마리의 용이 마치 V자 모양을 하면서 만나 여기에 혈을 맺은 것이다. 두 마리 용이 만나 기운을 합친 양룡합기兩龍合氣이다.

한 마리의 용으로는 부족해서였을까? 두 마리가 들어가 혈 한 자리를 맺었다. 아마 그래서 자민련과의 공조를 통해 대권을 차지하게 된 것이 아닐까?

양룡합기혈은 두 줄기 또는 그 이상의 용맥이 내려오다가 하나의 용맥으로 합쳐

져 용의 역량이 극대화된 후 결지하는 혈이다. 합해지는
용맥이 많으면 많을수록 용의 역량은 더욱 커진다. 두 개
이상의 용맥이 합해져 한 기운이 되므로, 물 또한 두 줄기
이상이 한 물로 모여 용과 혈을 감싸고 보호한다. 양룡합
기혈은 아주 귀한 혈로써, 대대손손 자손이 번창하고 부귀
가 끊어지지 않는다.

전방을 보니 아주 좋다. 주변의 산들이 모두 이 선산을
향해 감돌고 있다. 일자문성이 안산을 이루었고, 그 왼쪽
에 하의중·고등학교 건물이 보인다. 그 뒤로 매끄럽고도
잘 생긴 천마사가 발복을 재촉한다.

앞쪽은 바다를 막아 논으로 개간한 명당으로 상당히 넓
다. 왼쪽의 송림 사이로 바다 한 귀퉁이가 보인다. 단 하
나, 학교 건물 뒤로 규봉 하나가 명당을 넘보고 있는 것이
험이라면 험이다.

바다를 막아 개간한 탓에, 원래의 파구破口는 잘 알 수
없다. 혹 오늘날의 수문 쪽이 아닌가도 생각된다. 묘는 임
좌병향壬坐丙向이다. 약간 좌측으로 틀어 학교를 바라보며
해좌사향亥坐巳向으로 썼으면 어떨까도 싶다.

식사를 마치고, 나는 일부러 하의중·고등학교 앞쪽으
로 돌아서 부두를 향하였다. 그런데 학교 앞에 이르러, 순

≋**양룡합기혈**(兩龍合氣穴) : 두
줄기 또는 그 이상의 용맥이
내려오다가 하나의 용맥으로
합쳐져 용의 역량이 극대화된
후 결지하는 혈.

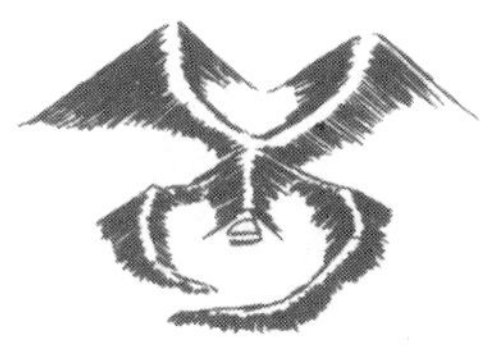

간 감탄사를 내뱉고 말았다. 앞쪽의 만은 정녕 연화부수형이었다.

바다 앞쪽으로는 물 위에 뜬 섬들이 제각각 한 장의 연꽃잎이 되어 부두를 향하고 있었다. 섬 안의 능선들도 중간중간 몸을 일으켜 이들에게 대응하는 연꽃잎으로 솟았다. 김 대통령의 선산도 여기에 포함이 되어 저 멀리 보였다.

하의도의 이름은 공연히 하의도가 아니었다. '연꽃 하(荷)'에 '옷 의(衣)'를 쓰는 하의도는 연꽃잎을 옷으로 입은 섬이었다. 정녕 옛사람들이 허투로 지은 이름이 아니었다.

하의도는 섬 자체가 연화부수형이었다. 그 연화부수의 일익을 담당하는 선산도 나름대로는 연화부수형이라고 하겠지만, 여기서 보면 연화부수 속의 연화부수가 또 선산이었던 것이다. 핵 속의 핵이라고 하면 지나친 표현이 아닐지 모르겠다.

이제 숙제가 완연하게 해결되었다. 그런데 또 돌아갈 배가 오질 않는다. 이 틈을 이용해 우리는 어은리와 오림리를 차창 밖으로나마 구경하기로 하였다. 승합차가 도로를 따라 다소 큰 고개를 넘자, 농가들이 많이 나타난다. 섬 마을의 정서는 맛보기가 힘들다.

4시 40분이나 되어서야, 배가 부두로 들어왔다. 우리는 배에 오르자마자 모두들 잠 속으로 곯아떨어졌다. 지치고 배고픈 뒤에 아주 늦은 점심을 한 탓이다.

7시가 넘어서야 목포항에 들어섰다. 주홍빛 원으로 타는 저녁 해가 운무 속으로 자취를 감출 무렵이다. 멀리서 유달산儒達山이 특유의 자태로 버티고 서 있다. 쉴 새 없이 넘실대는 바다를 영겁의 세월 동안 그저 묵묵히 바라보고 있다 ▮

고려를 거쳐 조선에 들어오면서 안동은 점차 추로지향鄒魯之鄕의 면모를 갖추기 시작하였다.

전국에서 한다 하는 집안의 후손들이 하나 둘 안동에 자리를 잡으면서, 조선 특유의 양반 문화를 열어 간 것이다.

1. 안동과 몇몇 큰 집안

모처럼 날씨가 화창한 게 전형적인 봄이다. 이른 봄의 훼방꾼 황사도 한풀 꺾였고, 꽃샘추위도 잠시 물러났다. 게다가 심술궂은 바람까지 잠잠한 아주 좋은 날이다. 눈길이 가는 곳에 드문드문 새싹이 움터 파릇파릇한 빛깔이 나기 시작한다. 새로운 생명들을 위한 전주곡이 조심조심 산야에 울리는 날이다.

어쩌다 보니, 버스가 마구 기우뚱댄다. 『격암유록格菴遺錄』에서 '지삼풍地三豐'이라 하여, 길지 중의 길지로 꼽았던 괴산군의 연풍면이다. 그 명성에 하나 부끄러울 것 없는 아름다운 경관이 창가에 이어진다. 산이 달리고 물이 달리며 뿜어 내는 산천의 기운은 사뭇 생동감이 넘친다.

첩첩으로 이랑을 이룬 산들은 여기저기 봉우리를 솟아 올렸다. 그러고도 힘이 남았는지, 어떤 봉우리들은 바윗돌을 기둥 삼아 하늘을 떠받치기도 한다. 계곡 가에는 달리다 지친 산자락들이 자세를 낮추고 느린 몸짓을 하다가 멈추어 섰다. 수정처럼 맑은 물에 타는 목을 축이기 위해서이다.

물은 물대로 기세 좋게 흘러내린다. 돌이 막으면 머뭇거리는 듯하다가 어느새 틈을 비집고 급히 쏟아져 내린다. 지칠 줄 모르는 긴 여정의 질주 속에서 흘러내린 땀을 하얀 물방울로 퉁겨 낸다. 아름다운 연풍 땅에 산천의 생기가 감돈다.

이화령 터널을 지나자 문경읍이다. 여기에서 문경시까지는 제법 너른 물줄기가 길을 따라 함께 흐른다. 중간중간 경치가 좋은 곳마다 얼씨구나 하고 유원지와 위락단지가 들어서서 안타깝다.

문경시 입구에서 좌회전을 해서 예천을 지나자 비로소 들다운 들이 나타난다. 안동의 젖줄인 풍산豊山 들로, 변변한 들이 없는 안동에서 가장 큰 들이다. 이 들판이 안동의 양반들을 먹여 살리고, 그들의 경제적 기반이 되어 준 것이다.

풍산 들 어귀에 체화정棣華亭이 보인다. '체화'는 산앵도꽃을 뜻하는 한자어로, 다닥다닥 열린 예쁜 꽃 모양 때문에 형제간의 깊은 우애를 상징하기도 한다. 오늘의 답산 지역인 안동으로 진입하는 길목에서 상서로운 느낌이 드는 정자이다.

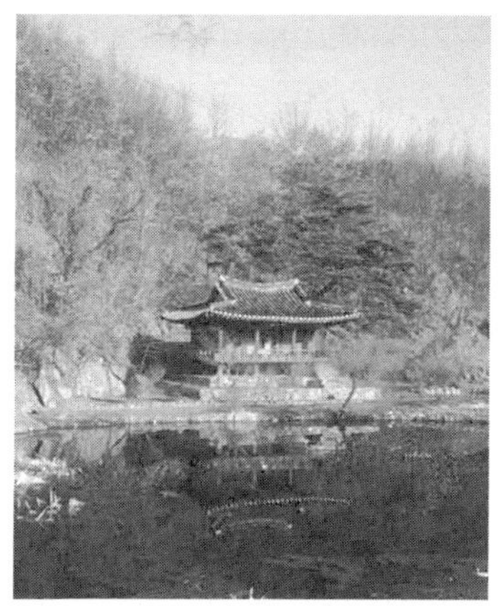

○ 체화정

오늘날 안동을 이야기하려면, 몇 권의 책으로도 그 역사와 문화를 다 이야기할 수 없다. 그만큼 뿌리 깊고 독특한 전통 문화를 우직하게 이어 가고 있는 고장인 것이다. 따라서 여기에서는 안동이란 답산 지역을 이해하기 위한 간단한 언급으로 그칠 예정이다.

지금의 안동이 안동이란 이름을 얻게 된 배경은 후삼국 시대로 거슬러 올라간다.

본래 안동은 고창군古昌郡으로 불리고 있었는데, 당시 가장 강력한 군사력을 자랑하던 후백제의 견훤甄萱이 신라의 경애왕을 살해한 일이 벌어졌다. 이에 분개한 왕건王建이 견훤을 치기 위해 안동으로 내달렸다. 계속되는 치열한 전투에서 왕건은 심복 신숭겸申崇謙을 비롯한 여덟 장수를 잃고 겨우 목숨을 건지는 등 매우 불리한 처지가 계속되었다.

이때 이곳의 호족 세력이던 김행金幸, 김선평金宣平, 장길張吉(일명 장정필張貞弼)이 병력을 일으켜 병산 전투에서 백제군 8,000명을 사살하는 대 전과를 올렸다. 이로 인해 왕건은 시끄럽던 경북 일대를 쉽사리 진압할 수 있었고, 마침내 후삼국 통일의 기틀을 마련할 수 있었다. 더욱이 고창 태수 김행은 성을 내주고 투항하기까지 하였던 것이다.

후삼국을 통일한 왕건은 피 말리던 안동의 전투를 회상하며, 이 세 사람 때문에 '동국이 편안해졌다(安於大東)'고 술회한 바 있다. 이 언급에서 고창군이란 옛 이름은 새로이 안동으로 바뀌게 되었으며, 또한 왕건은 이 세 사람의 은혜를 못 잊어 이들에게 태사太師 벼슬을 내리도록 하였다.

특히 김행에게는 시세에 따라 알맞게 대처할 줄 아는 권도權道가 있는 훌륭한 인물이라고 하여, 따로 '권權'이라는 성을 하사해 안동 권씨의 시조가 되도록 하였다. 그리고 본래 중국인이었던 김선평과 장길도 안동에 뿌리를 내려 안동 김씨와 안동 장씨의 시조가 되었다.

안동에는 먼저 이 세 집안이 명문거족으로 들어섰는데, 안동 권씨의 종택은 봉화의 닭실(유곡酉谷)에, 안동 김씨의 종택은 소산素山에, 안동 장씨 종택은 서후면에 자리를 잡고 있다.

그 후 고려를 거쳐 조선에 들어오면서 안동은 점차 추로지향鄒魯之鄕의 면모를 갖추기 시작하였다. 전국에서 한다 하는 집안의 후손들이 하나 둘 안동에 자리를 잡으면서, 조선 특유의 양반 문화를 열어 간 것이다.

이로 인해 안동은 맹자孟子가 태어난 추鄒 지방과 공자孔子가 태어난 노魯나라의 유교적 이념을 가장 잘 구현하고 이끌어나가는 곳이라는 의미에서 '추로지향'이란 별명을 얻게 되었다.

안동에 있는 명가들의 종택과 집성촌들을 생각나는 대로 꼽아 보면 다음과 같다.

하회의 풍산豊山 유씨柳氏, 임하의 의성義城 김씨金氏, 예안의 진성眞城 이씨李氏, 외내의 광산光山 김씨金氏, 법흥동의 고성固城 이씨李氏, 소호헌蘇湖軒을 중심으로 영양英陽 남씨南氏와 한산韓山 이씨李氏, 무실과 박실의 전주全州 유씨柳氏, 주실의 한양漢陽 조씨趙氏 등등 일일이 헤아릴 수 없이 많은 명문거족들이 면면하게 안동의 양반 문화를 나투어 왔고, 지금도 나투고 있다.

그래서일까? 예로부터 전해오는 말 하나가 있으니, '예안禮安에 가서는 예를 논하지 말라'는 것이다. 섣불리 예천과 안동에 가서 양반입네 하고 예법을 애기하다가는 큰 코를 다치게 되니, 미리 입 닫고 조심하라는 말이다.

그리고 안동은 그 깊은 역사만큼이나 많은 고건축과 건물을 보유한 곳이기도 하다. 전국의 약 45%를 점유하고 있어, 곳곳마다 고택과 정자를 쉽게 찾아볼 수 있는 지역이다. 이런 사실은 그만큼 구경할 곳이 많다는 말이기도 하다 ▮

○ 태사묘(太師廟) : 삼태사(권행, 김선평, 장정필)를 모신 사당.

2. 내앞의 의성 김씨 종택

버스가 안동병원 앞을 지나간다. 여기는 임하댐에서 내려오는 반변천半邊川과 안동댐에서 내려오는 낙동강洛東江 상류의 물이 만나 하나가 되는 지점이다. 낙동강의 발원지는 황지黃池인데, 우리가 흔히 낙동강 700리라고 할 때는 안동의 이 합수 지점부터 부산의 하구까지를 이른다.

반변천을 따라서 버스는 안동대학교를 거쳐 경치 좋은 선어대仙魚臺를 지나더니, 임하댐 아래 있는 수위 조절용 보조댐을 지난다.

보조댐을 지나자, 곧장 푸른 송림으로 이루어진 섬 하나가 보인다. 본래는 의성 김씨 종택에서 수구막이 역할을 하도록 인공적으로 조성한 숲이었다. 빠른 물살에 휩쓸려 종택의 정기가 빠져나가는 것을 다소 늦추기 위한 방편으로 조성된 숲이었다. 개호송開湖松이라고 부르는데, 보조댐의 조성으로 물이 차올라 지금은 외로운 섬이 되어 버렸다.

버스가 종택 앞에 섰다. 날렵한 추녀에 기와지붕을 얹은 종택이 산 아래 의젓한 모습으로 자리하고 있다. 전형적인 사대부 가家의 모습으로, 학봉鶴峰 김성일金誠一(1538~15930) 선생이 태어나고, 손수 개축한 집이다.

본래 의성 김씨가 안동으로 옮겨온 것은 학봉의 증조부 휴계休溪 김한계金漢啓 때의 일로, 그는 수양대군의 왕위 찬탈을 보고 분개한 나머지 한림학사의 자리를 내던지고 안동으로 내려왔다고 한다.

그러다가 그의 아들 망계望溪 김만근金萬謹이 임하의 해주 오씨에게 장가를 들면

서부터 내앞의 종택 자리에 살게 되었는데, 휴계의 손자이자 학봉의 부친인 청계靑溪 김진金璡의 다섯 형제가 모두 과거에 급제하면서 드디어 가문이 크게 일어나기 시작하였다. 이중환李重煥이 『택리지擇里志』에서 지적한 것처럼, 냇가에 있는 계거溪居의 길지인 것이다. 그런데 이 계거의 길지에 또 호號가 모두 '계'로 끝나는 이들이 대를 이어 터를 잡고 눌러 살았으니, 우연의 일 치고는 참 재미있다.

전언하였듯이, 의성 김씨의 종택은 오자등과댁五子登科宅으로 명성이 높다. 학봉을 포함하여 그의 다섯 형제들이 모두 과거에 급제를 한 까닭이다. 부친 김진까지 포함하면 육부자등과댁이 되기도 한다.

그 명성은 후일에도 이어져, 내앞의 의성 김씨들 가운데 문과에 급제한 사람은 24명, 생원이나 진사과 출신은 64명에 이르렀다고 한다. 참으로 문기文氣가 넘치는 터라고 아니할 수 없다.

그래서일까? 이 집안에는 다음과 같은 신비한 이야기가 전한다.

이 집안에는 과거에 급제한 다섯 아들이 태어난 산방産房이 있었는데, 출가한 딸들이 분만일이 다가오면 친정으로 돌아와 이 방을 다투어 차지하려고 했다는 것이다. 그러자 이 지기地氣를 다른 성씨들에게 빼앗길까 염려한 집안에서 아예 산방을 없애고 대신 그 자리에 마루를 깔아 대청으로 만들었다고 한다.

그리고 후일담이다.

근래에 17대손이 첫 딸을 낳고 해외 근무를 하게 되었다고 한다. 그러자 걱정이 된 집안에서는 없앴던 산방을 다시 만들고, 해외에서 근무하는 아들이 휴가를 얻어 귀국할 때마다 그 내외로 하여금 이 산방을 쓰게 하였다고 한다. 그런데 다행히 1985년에 태어난 둘째는 아들이어서, 18대손의 자리를 잇게 되었다는 것이다.

종택은 편안한 자세로 누워 있는 소의 형상을 하고 있는 **와우형**臥牛形의 콧구멍 위치에 자리하고 있다. 특히 강을 건너는 소의 경우는 콧구멍에 해당하는 자리가 제일 좋다고 한다. 아무튼 그 씩씩거리는 소의 힘찬 기운이 그대로 종택에 흘러들어 집안의 정기가 되고 활력이 되는 것이다.

종택의 왼쪽으로 소나무 숲이 무성한 봉우리가 소의 머리에 해당하는데, 생동하는 기운으로 뭉쳐 있다. 그리고 오른쪽으로 부드럽게 흘러내린 능선이 누워 있는 소의 등줄기와 엉덩이에 해당한다.

멀리서 보면 편안하게 누워서 되새김질을 하는 소의 모습에 영락없다. 그래서인지, 산 이름도 소가 잠잔다는 뜻을 지닌 우면산牛眠山이다.

그런데 와우형의 터에는 반드시 풀 무덤이 있어야 한다. 꼴을 먹지 않은 소가 어찌 넉넉한 양의 젖을 만들어 낼 수 있겠는가?

반변천 이쪽 앞으로 무성한 낙엽수와 소나무들이 서 있다. 일부러 풀 무덤의 역할을 하라고 조성한 숲이란다. 얼마나 풍수에 관해 관심이 많았으면, 저렇게 없던 풀 무덤과 수구막이를 일부러 만들었을까?

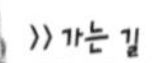

》 가는 길

의성 김씨 종택은 안동시 임하면 천전리에 있다. 안동에서 34번 국도를 타고 임하댐 방향으로 가다가 안동대 삼거리를 지나 5km쯤 가면 임하댐에 좀 못 미처 의성 김씨 종택이 있는 천전리 진입로가 나온다. 이 길을 따라 조금 들어가면 종택이 나온다.

종택의 모습은 겉으로 보기에 두어 가지 특이한 점을 지니고 있었다. 하나는 ㅁ자형의 가옥 구조임에도 불구하고, 바깥 담장을 다시 이중으로 둘렀다는 점이다. 따라서 안채의 방 안으로 들어가기 위해서는 마당 세 곳을 거치는 셈이다. 그리고 사랑채가 요즘의 미니 이층과 같은 모양이다. 반지하의 형태로 아랫부분이 헛간 용도로 쓰이고 있다.

종택의 오른쪽은 분가한 후손 김용金涌의 집으로, 이곳에서는 소종택小宗宅으로 불린다.

소종택은 대종택만은 못해도 아주 큰 저택으로, 곁에서 대종택을 보좌하고 서 있다. 소종택은 편안하게 누워서 되새김질을 하는 소의 가슴 부분에 자리를 잡고 있다. 그 가슴에서 흘러나오는 풍성한 젖이 집안의 자양이 되어 주고 있는 것이다.

그리고 멀리 강 건너 산 중턱에는 백운정白雲亭이 시원스런 자태로 눈길을 모은다.

종택의 주맥은 백두대간을 따라 흘러온 용이니, 청량산을 거쳐 일월산을 지나 낙동정맥으로 내려와 물을 만나 멈추어 선 이곳에 혈을 맺은 것이다. 그 주맥을 찾기 위해 우리는 영정실影幀室이라는 편액이 붙어 있는 재각의 뒤 현무봉으로 올랐다.

현무봉에서 얼핏 보면 재각 뒤로 내려와 멈춘 용이 눈에 쉽게 뜨이는데, 이는 주맥이 아니다. 이는 주맥을 보호하는 보룡사補龍砂이다. 주맥을 찾아내기가 꽤 까다로운데, 보일락말락하게 존재를 감추던 주맥은 재각 바로 곁의 길을 따라 내려가 재각 앞쪽의 보호수와 바위들이 있는 곳

● 백운정

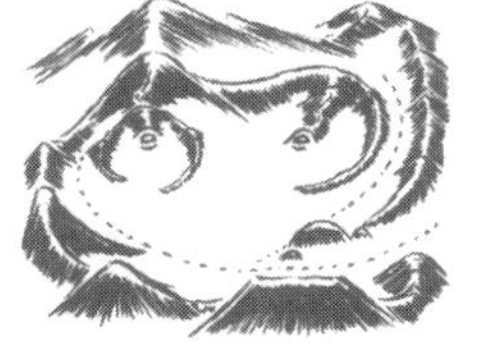

≈≈**와우형**(臥牛形) : 편안히 누워 있는 소의 형상을 하고 있는 혈.

에 멈추어 섰다.

보룡사가 더 큰 것은 주맥을 보호하기 위해서이다. 실제로 귀한 신분의 사람보다는 그들을 경호하는 경호원들의 덩치가 더 크지 않던가?

종택을 슬쩍 둘러 안은 용은 저 멀리 백두산에서부터 품고 온 생기를 혈에다 흠씬 토해 내었다. 그 정기가 집안에 그득하다. 그래서 아늑하고 편안한 터이다.

백호는 작아도 끝단이 우뚝 솟았으니, 부를 불러오는 형국이다. 청룡 또한 아주 가까이 다가들었으니, 속히 복이 드는 속발지지速發之地이다.

큰 물줄기는 혈을 감아 주며 흐르다가 보조댐에 가서야 등을 돌렸다. 이곳이 길한 터이기에 물길도 차마 배신하지 못한 것일까?

서쪽으로 멀리 매끈하게 생긴 문필봉 하나가 솟았다. 해발 800m 가량 된다는 약산躍山이다. 단아해서 더욱 귀한 모습으로, 이 집안에 문기文氣를 쏟아 붓는 모양이다.

가파른 산자락 탓에 숨이 가쁜데, 예비군들이 파 놓은 듯한 참호가 나온다. 그곳은 좌우로 몸을 틀며 힘을 자랑하던 용의 입수도두처이다. 이곳은 아주 큰 입수도두처로 기울기가 가파른데, 그 좌우로 보룡사가 나란히 호위를 해서 안전하게 내려갔다.

더 오르자니, 용이 ㄷ자로 몸을 휙 튼 뒤쪽에 귀성鬼星이 봉곳하다. 그리고 ㄷ자의 저 너머로 낙산이 솟았는데, 그곳에 커다란 소나무가 한 그루 서 있다. 몸통으로 낙산을 이룬 본신낙산本身樂山이니, 이 또한 속발지지임을 알려주는 증거이다.

낙산과 귀성은 횡룡입수하는 혈의 허약한 뒷부분을 받쳐 주기 위해 필요한 봉우리와 작은 지각을 말한다. 낙산은 반드시 혈과 같은 방향에 있으며, 귀성은 반드시 주룡의 반대쪽 곁에 붙어 있다. 낙산은 혈 뒤편에 드는 바람을 막아 주는 기능을 하며, 귀성은 용과 혈을 지탱해 주고 힘을 밀어 주는 기능을 한다.

다시 내려오는 길에서 보니, 용의 진행 방향을 따라 양쪽에 요도지각이 벌려 있다. 매우 힘 있는 용이기에 생긴 현상이다. 그리고 용맥은 참으로 높고 깨끗한 형상으로, 평탄하면서도 편안하게 누운 듯하지만 힘차게 뻗었다.

주맥이 오른쪽으로 몸을 튼 박환처 너머로 능선은 계속 늘어졌다. 박환처는 용이 몸을 트느라고 진행 방향과 반대쪽이 약간 튀어나온 곳을 가리킨다.

우리는 내친 걸음이라 종택의 주맥은 버려두고, 능선을 따라 곧장 내려갔다. 그 까닭은 뻗어나간 이 용이 예사롭지 않게 보였기 때문이었다.

이 용은 능선의 끝자락이 보이는 곳에서 다시 왼쪽으로 한 번 더 분맥分脈을 하였다. 아주 짧고도 가파르게 내려갔지만, 그만큼 힘이 대단한 용이었다.

좋은 용이 좋은 혈을 낳은 것으로, 이곳은 누워 있는 소의 꼬리에 해당하는 자리이다. 언제나 끊임없이 기운이 넘치는 곳 또한 소꼬리가 아니던가?

종택은 물이 좌수도우左水到右하였는데, 병오丙午에서 들어와 신술辛戌 쪽으로 빠진다. 좌향은 자좌오향子坐午向이다. 이는 88향법에 의하면, 정왕향正旺向에 해당하는 무척 좋은 향이다.

정왕향은 좌수도우하고, 정미파丁未破에 갑묘향甲卯向이거나 신술파에 병오향, 계축파癸丑破에 경유향庚酉向, 을진파乙辰破에 임자향壬子向이 이에 속한다. 정왕향은 반드시 총명한 영재가 나와서 귀하게 되거나 출세를 하며, 자손이 번창해서 부귀를 누리고 장수를 한다고 한다. 특히 모든 자손들이 공평하게 발복하는 것이 특징이라고 한다.

종택은 보물 제450호로써, 임하면 천전1리의 큰길가에 있다. '내앞' 이라는 순 우리말이 천전川前이란 한자말로 바뀌어 쓰인 것이다 ■

3. 알을 낳은 학봉 선생의 묘소

학봉 선생의 묘소는 소나무로 둘려 있는데, 특히 전면의 노송老松이 낙락장송으로 솟아 멋들어진 풍경이다. 입구의 우측에는 1634년에 세워진 신도비가 묘소를 지키고 있다. 정경세鄭經世가 비문을 짓고, 이산뢰李山賚가 빗돌에 글씨를 쓰고, 김상용金尙容이 그 머리에 전서를 쓴 것이다. 비각의 뒤편과 낙락장송 아래로 요석曜石들이 먼저 눈에 띈다. 특히 소나무 아래로 여기저기 많다.

묘역의 정면에서 보면, 오른쪽으로 난 능선에 진성眞城 이씨李氏의 묘가 있다. 그리고 왼쪽 능선의 제일 아래에 순흥順興 안씨安氏의 묘가 있고, 그 위에 학봉 선생의 묘가 있으며, 가장 높은 곳에 김한계金漢啓의 묘가 차례로 자리했다. 특히 학봉의 묘 오른쪽에는 둥근 모양의 천연석으로 이루어진 비가 서 있어 눈길을 끈다.

이 둥근 천연석 비문은 한강寒岡 정구鄭逑(1543~1620)의 글로 덮였다. 그리고 좌측에 7개의 구멍이 줄을 지었는데, 애초에 이 둥근 바윗돌을 깨서 없애려고 뚫었던 구멍들이다. 1595년에 세워진 이 비문을 훑어보니, 무덤을 쓰려고 땅을 팔 적에 여기에서 이상한 모습을 한 이 돌이 나왔다고 한다. 그 가운데 '이석異石'이란 표현이 재미있다. 다음은 이 돌과 관련된 전설이다.

의성 김씨 가문에서 이 터를 잡을 때였다. 문중에서는 유명한 지관을 불러다 혈을 잡도록 하였는데, 그 대접이 지관에게 시원치 않았던 모양이다. 가문의 위세에 눌린 지관은 마지못해 이곳에 자리를 잡아 주기는 하였지만, 마

지막 심술로 혈의 자리를 약간 비껴서 찍어 주었다. 지시에 따라 인부들이 땅을 파던 중 홀연 학 한 마리가 퍼뜩 날아 하늘로 올라가더니, 그 뒤를 이어서 땅 속에 숨어 있어야 할 이 돌이 세상에 나오게 되었다.

이 혈은 금닭이 알을 품은 형상을 한 **금계포란형**金鷄抱卵形이다. 따라서 이 돌은 금닭의 알에 해당하는 셈이다. 그런데 이 알이 세상 밖으로 나온 것을 들어, 일부 사람들은 이 혈의 기운이 다했다고 말한다.

게다가 보국保局의 한가운데로 중앙선 철길이 놓여 있는데, 그 탓에 명당이 완전히 둘로 쪼개졌다. 슬프게도 정기 어린 이 땅의 지맥을 끊기 위해 일인日人들이 벌인 간교한 술책의 산물이라고 한다. 직선거리로 3∼4㎞밖에 안 되는 거리인데, 이 명당의 중앙을 자르기 위해 일부러 철길을 10㎞ 가량 우회시켰다고 한다. 나중에 실제로 지도를 펼쳐 보니, 결코 허튼 이야기가 아니다. 구불구불 뻗은 노선 위에서 그들의 더러운 속내가 선연하게 드러난다.

그래도 아주 좋은 보국이다. 어디 하나 모나고 등진 곳 없이 유연하게 뻗어 내린 산줄기들이 혈을 빙 둘러 감쌌다. 상운사祥雲砂이다. 특히 정다운 안산이 전면 중앙까지 완전히 싸서 혈을 품에 안았는데, 다른 산과 포개진 부분에서 계곡 하나가 안산의 아랫자락을 돌아 명당으로 흘러든다. 활짝 열린 모습이 아니라, 안산 뒤에서 모습을 감췄

학봉 김성일 선생 묘

≋**금계포란형**(金鷄抱卵形) : 금닭이 알을 품고 있는 형상을 한 혈.

다가 슬그머니 얌전하게 흘러드는 어여쁜 모습이다. 만일 이 계곡이 확 펼쳐져 명당으로 들어왔다면, 이는 아주 흉한 형상이 된다. 살기殺氣가 곧장 혈을 찌르는 매우 나쁜 흉살凶煞이 되는 것이다. 이 물은 아주 고맙게도 **조입당전**朝入堂前의 형세이니, 당대에 정승을 낳는 자리이다. 그래서 저절로 포근하고 안락한 자리가 되었다. 그리고 내청룡과 백호가 다소 작은 듯하지만, 이것도 별 문제가 되지 않는다.

원형으로 생긴 명당은 기름진 논이다. 마을 사람들에게는 문전옥답이지만, 부를 불러오는 좋은 형국이기도 하다. 편안하고 넓은 만큼 큰 부를 기약한다. 그리고 여기저기 크고 작은 계곡에서 보이지 않게 흘러드는 물이 명당 안에서 하나가 되어 빠져나간다. 곳곳에서 여러 줄기의 물이 흘러 모여 한곳으로 빠져나가는 다득단파多得單破의 형국이니, 이 또한 부를 불러오는 아주 좋은 형국이다.

묘의 뒤쪽에 흐릿하게 선익사가 좌우로 뻗어 있어, 학봉의 묘소가 혈처임을 보여준다. 학봉의 묘소는 자좌오향子坐午向으로, 내파內破로 보면 앞의 오른쪽 푸른 대문 집 앞 전봇대로 흘러 나간 물이 마을 앞의 개천과 합수해서 빠져나간다. 이는 정미파丁未破로, 좌수도우左水到右이다. 88향법에 대입해 보니, 자왕향自旺向에 해당하는 좋은 향을 골라 쓴 것이다.

자왕향은 좌수도우하고, 정미파丁未破에 병오향丙午向이거나 신술파辛戌破에 경유향庚酉向, 계축파癸丑破에 임자향壬子向, 을진파乙辰破에 갑묘향甲卯向이 여기에 속한다. 자손들이 번창해서 남자는 총명하고 여자는 수려하며 부귀와 장수를 불러온다는 향이다.

학봉의 묘는 위쪽 김한계의 묘에서 오른쪽으로 분맥한 지맥이 결지한 곳으로, 위에서 살펴보니 학봉과 그 부인의 묘 사이로 중출맥이 지나지 않는가 여겨진다. 그래서 지금 서 있는 두 묘의 한가운데다 학봉의 묘를 썼더라면, 알에 해당하는 둥근 바윗돌이 그냥 땅속에 남아 있지 않았을까 하는 생각도 든다.

중앙고속도로를 이용해 서안동나들목으로 나가 안동 시내로 들어간 다음, 35번 도로를 이용해서 도산 방향으로 가다가 길원여자고등학교를 지나면 곧이어 중앙선 철로를 만나게 된다. 그 위쪽에 영기주유소가 있는데, 이곳에서 왼쪽 길을 택해 400m쯤 가면 학봉 선생의 묘역이 보인다.

김한계의 묘도 역시 혈이다. 그 묘의 바로 뒤가 입수도
두처이다. 몸을 좌우로 뒤틀며 힘차게 내려온 용으로, 약
5m 후방쯤부터 **개장천심**開帳穿心을 하였다. 필시 크고도
생기 넘치는 용이니, 거푸 두 자리에 혈을 맺은 것이다.

김한계의 묘 또한 자좌오향子坐午向으로. 돌혈突穴이다.
돌혈은 향을 볼 필요도 없다. 그만큼 좋다는 뜻이기도 하
다. 묘소의 뒤쪽 능선을 따라 올라가니, 넘치는 기 때문에
군데군데 소나무들이 깊이 뿌리를 박지 못하고 서 있다.
굴러 보면 땅도 역시 퉁퉁거린다.

이 용의 과협처는 능선이 나지막하면서 잔잔해지는 곳
에 있다. 힘만큼이나 굽은 곡협曲峽으로 허리가 썩 길다.
그러나 중간에 **십자맥**十字脈이 있어, 다치기 쉬운 이 용의
긴 허리를 탄탄하게 받쳐 주고 있다.

좌우의 영송사도 뚜렷하게 서서 허리에 드는 바람을 막
아 주고 있다. 아주 크고 변화무쌍하며 기운이 넘치는 용
이다. 게다가 아주 깨끗하고도 단정한 모습이다. 이런 용
들은 통상 많은 혈을 지닌다.

아니나 다를까? 내려오는 길에 보니, 능선이 굽어 도는
곳에 묘 한 자리가 있다. 구혈毬穴에 자리하였으니, 따져
보면 학봉의 묘는 대부혈大富穴이다. 구혈과 대부혈은 **지
장정혈법**指掌定穴法이라고 해서, 우리들의 손에서 비추어
혈을 찾는 방법이다.

이곳은 왼손으로 만들어 볼 수 있는 지장정혈법이 적용
된 곳으로, 돌아보니 혈마다 빠짐없이 묘들이 자리를 잡고
있다. 이는 의성 김씨들이 얼마나 풍수에 관심이 많았는
가, 실제 묘소의 조성에 풍수 이론을 얼마나 적절하게 활
용하였는가를 뚜렷하게 보여주는 증거들이다. 그들의 안
목에 저절로 머리가 숙여진다 ▮

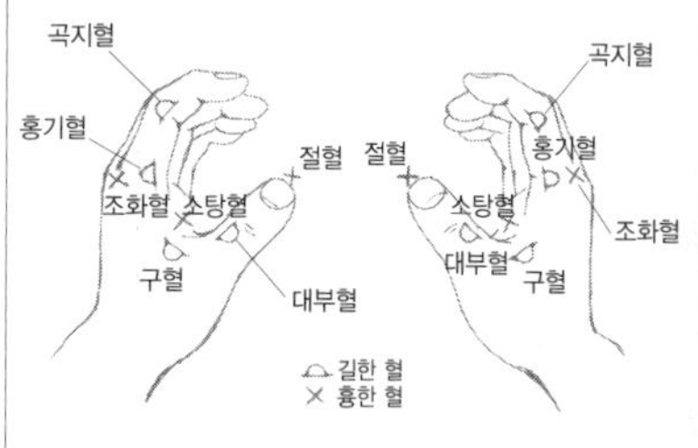

4. 가장 오랜 목조 건물이 있는 봉정사

천등산天燈山 봉정사鳳停寺는 학봉의 묘소에서 조금 떨어진 서후면 태장리에 있다. 봉정사는 크기가 다소 작은 절이지만, 우리나라 최고最古의 목조 건물인 극락전極樂殿이 있어 유명세를 타는 절이다. 극락전은 국보 제15호로 지정되었다.

그런데 내가 초등학교에 다니던 시절에는 우리나라 최고의 목조 건물은 영주 부석사浮石寺의 무량수전無量壽殿이라고 배웠다. 그러다가 1972년 극락전 보수 공사 때의 일이다. 천장에 '기문장처記文藏處'란 표시가 있어 열어 보니, 그곳에서 상량문이 나왔다. 이 상량문은 1625년에 쓰여진 것으로, 1363년에 중수한 사실이 기록되어 있었다. 이는 1376년에 중수된 부석사의 무량수전보다 13년을 앞서는 것이다. 그리고 고건축 연구자들은 이 건물이 고구려 양식이라고 입을 모으며, 우리나라 최고의 건물로 꼽는 데 주저하지 않는다.

매표소를 지나자 정자 하나가 나온다. 그 곁에 청룡과 백호에서 흘러내린 물줄기가 작은 폭포를 이루며 하얀 물방울을 쏟는다. 아주 작지만 기세가 썩 좋다.

이 물줄기는 양쪽 두 개의 바윗돌을 비집고서 떨어지는데, 마치 대문이 반쯤 닫힌 모양을 한 바윗돌이다. 이를 **한문**捍門이라고 하는데, 세찬 물줄기의 유속을 더디게 해서 혈에 어린 정기가 쉽사리 빠져나가지 못하게 하는 기능을 하고 있다.

일반적인 가람 배치에 따른 듯 일주문 앞이 역시 합수처이다. 일주문 앞에서 돌아보니, 청룡과 백호가 겹겹이 감싸 주고 있다. 어느 곳 하나 빈틈없이 꼭꼭 여민 모습으로, 혈의 기를 완벽하게 보존해 주는 모습이다. 일주문 뒤쪽의 청룡수에도

한문의 형세가 확연하다.

그뿐만이 아니다. 오르는 길목에서 보니 물줄기 중앙에도 **화표**華表가 곳곳에 늘어섰다. 화표는 한문 사이에 서 있는 돌이나 작은 산들로써, 이 또한 한문과 마찬가지로 기의 유출을 방지하는 기능을 한다.

한문과 화표는 사찰로 올라가면서 계속 눈에 뜨인다. 게다가 안산이 깨끗한 문필봉으로 솟아 수구水口 쪽을 확실하게 틀어막고 있다. 이른바 **교쇄명당**交鎖明堂이니, 모든 정기와 생명력이 뭉치는 곳이다. 이 기운이 이 절에 청정한 수행자들을 불러 모으고, 그들을 키워 내는 것이다. 만일 이런 곳에 절집이 아닌 일반 사가私家를 세운다면, 이는 왕후를 낳는 자리이다.

신라 문무왕 12년(672)의 일이다. 영주의 봉황산 부석사에 계시던 의상義湘 대사가 어느 날 종이로 봉황을 접어서 날리고는, 제자 능인能仁에게 그 착지점을 찾도록 하였다. 이곳이 바로 그곳인데, 대사는 여기에 절을 창건토록 하고 봉황이 날기를 멈췄다는 뜻을 지닌 봉정암이란 이름을 지었다. 창건은 682년의 일인데, 그 후 봉정암은 여러 차례의 중수를 거쳐 오늘에 이르렀다.

안내도 옆에 서서 보면, 백호에서 내린 물이 찌를 듯한

≈**한문**(捍門) : 보국의 대문인 수구의 양쪽에 서 있는 바위나 산.

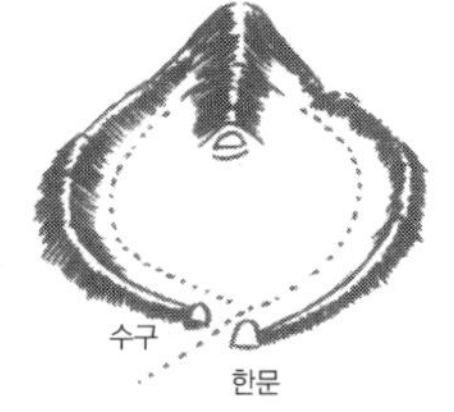

≈**화표**(華表) : 한문 사이에 서 있는 돌이나 작은 산들.

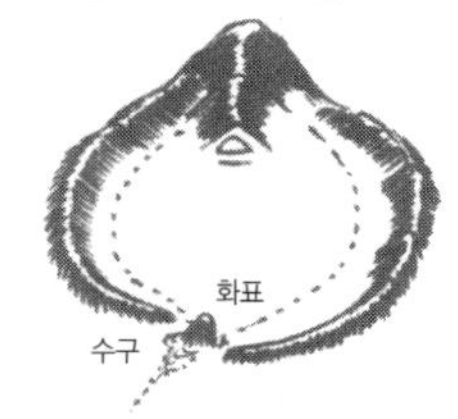

≈**교쇄명당**(交鎖明堂) : 톱니바퀴가 엉키듯 교차하면서 혈을 감싸 주는 명당.

기세로 내려와 꺼림칙하다. 흉살인데, 다행스럽게도 보호수 앞에 매우 커다란 요석이 곳곳에 굳건히 박혀 있다. 계곡에서 곤두박질치며 내려오는 흉한 기운을 이 바위들이 튼튼하게 막아 주고 있는 것이다.

절 입구에는 깨끗한 세모꼴의 소나무 뒤로 하수사가 분명하게 자신을 드러내고 있다. 좌우에서 겹겹으로 싸서 절을 완전히 껴안은 모습이다. 여기에 드문드문 박힌 자그마한 요석들이 귀한 형용이다.

옛날에 수많은 수행자를 길러 냈음을 증명이나 하듯 보기 드문 크기로 위용을 자랑하는 화엄강당華嚴講堂을 지나자, 약간 왼쪽 뒤에 극락전이 서 있다. 송이버섯이 많이 난다는 극락전 뒤의 송림 앞에 오르니, 현무봉에서 힘차게 내려온 기가 뭉쳐 이루어진 진혈眞穴이 보인다. 극락전이 그 위에 자리를 잡았다. 쑥 들어간 소쿠리 속에 담긴 듯한 모양의 전형적인 와혈窩穴이다.

극락전은 자좌오향子坐午向으로 앉았다. 내파內破를 기준으로 보면 병파丙破이니, 태향태류胎向胎流에 속한다. 태향태류는 자손이 크게 번창하고 큰 부귀를 이루는 향이다. 여기에 물이 직선으로 빠져나가지 않는 것이 보이면 더욱 좋은 형세가 되는데, 봉정사의 물은 정면에서 구불구불 빠져나가 매우 좋다. 더욱이 화표와 한문이 눈길 가는 곳곳마다 금방금방 찾아지는 터가 아니던가? 만일 이런 모습의 사가私家라면, 안산으로 앉은 문필봉과 함께 한림학사翰林學士를 수다하게 배출하는 매우 길한 자리가 된다. 이토록 좋은 혈이기에 봉정사는 현존하는 최고의 목조 건물을 품고 오늘에 이를 수 있었고, 7세기 중반에 시작해서 오늘에 이르는 긴 세월 동안 수 없이 많은 수행자들의 신실한 수행 터가 되었던 것이리라.

내려오는 길에 주차장 앞의 샘물은 시원하고 맛이 달았다. 기 한 모금씩 하자고 서로 챙기는 일행들을 뒤로하고, 나는 앞선 걸음을 재촉하였다. 아까 그냥 스쳤던 그 정자를 구경하기 위해서였다.

지금은 옥구슬 같은 물방울 소리가 울리는 곳에 세운 누각이란 이름의 명옥대鳴玉臺로, 창암정사蒼巖精舍란 편액과 함께 서 있는 꽤 넓은 정자이다. 폭포의 좌측에는 집채만 한 바위가 양쪽에 걸쳐 있어 가운데 부분은 허공에 떠 있다. 이 또한 흥미롭게 부석浮石이다.

본래는 물이 떨어지는 곳에 세운 누각이란 뜻의 낙수대落水臺란 이름으로, 1665년 사림士林에서 퇴계 이황의 강학처講學處를 기념하기 위해 세운 정자이다. 원래 뒤쪽에는 2개의 방이 있었는데, 지금은 전면 개방된 누마루 형식이 되었다고 한다.

○ 명옥대

정자 안에는 예상했던 대로 퇴계 선생의 시 2편이 편액으로 걸려 있었다. 그 가운데 한 편을 소개한다.

이곳에 노닌 지 50년 세월
고운 얼굴로 온갖 꽃 앞에서 봄에 취했었는데
손잡았던 사람들 지금 어디 있는가?
푸른 바위에 걸린 흰 폭포만 예와 다름없구나.

此地經遊五十年(차지경유오십년)
韶顔春醉百花前(소안춘취백화전)
只今攜手人何處(지금휴수인하처)
依舊蒼巖白水懸(의구창암백수현)

내려오는 길에 비각 하나가 서 있다. 현종 2년(1621)에 세워진 비인데, 독특한 전서체로 일가를 이룬 미수眉叟 허목許穆(1595~1682)의 글씨라기에 혹하는 마음이 일었다. 그러나 아쉽게도 비각은 또 높다란 울타리에 갇혀 있어, 이마의 **전액**篆額조차 보이질 않는다. 감상하고픈 사람들의 눈은 전혀 배제한, 보호를 위한 보호 조치라서 영 입맛이 썼다 ■

≋**전액**(篆額) : 비문의 머리에 쓰인 전서 글씨.

》가는 길

안동시 서후면 태장리에 있다. 안동에서 5번 국도를 따라 영주 쪽으로 10km를 가서 924번 지방도로를 갈아타고 태장삼거리에서 우회전해서 2.6km쯤 가면 봉정사 주차장이 나온다. 이 주차장에서 500m를 더 올라가면 봉정사가 나온다.

6. 권행 태사와 권옹의 묘소

권행權幸 태사와 권옹權雍의 묘소는 봉정사에서 버스로 5분 정도의 가까운 곳 성곡리의 능동에 위치한다. 길가의 '능동권태사묘소'라는 커다란 표시판에서 100m쯤에 비각이 서 있다. 신도비이다.

길가의 연둣빛 마늘 싹이 정다운데, 비각에서 대략 50m의 거리를 둔 오른쪽 산자락에 묘소가 펼쳐졌다. 백호의 물줄기가 약간 반배하는 듯 흘러내린다.

묘역 아래쪽으로 요석이 박혔고, 하수사가 좌측에서 우측으로 걷어 주는 모습이다. 오르는 길목에서 보았던 탄탄한 수구사와 함께 산자락 위쪽으로 분명 좋은 혈이 있음을 예고한다.

이곳에는 세 장의 묘가 줄지었다. 맨 아래쪽에 유씨柳氏 성을 지닌 풍산부원군豊山府院君과 그의 배필 정경부인 김씨金氏의 묘가 합장되어 있다. 약간 올려 써진 자리인 듯하니, 조금만 더 내려썼더라면 좋았을 걸 하는 게 여러 사람들의 의견이다.

가운데 자리는 권행의 16세손인 권옹이 흥해興海 배씨裵氏와 합장된 묘이다. 그가 바로 『동국여지승람東國輿地勝覽』의 기록을 바탕으로, 안동 권씨의 시조이자 자신의 16대 조상인 권행의 묘소가 이곳이라고 추정해 낸 인물이다. 1470년의 일이었다. 그의 묘는 자좌오향子坐午向으로 선익사 끝에 묘를 맞추었다.

제일 위에 있는 묘가 권행의 묘이다. 이 묘는 자좌오향子坐午向으로 우수도좌右水到左의 물길에 병파丙破이니, 태향태류에 속하는 아주 좋은 향이다. 앞서의 봉정사와 같은 향법이다.

묘소 앞에는 두 기의 문인석이 마주보며 서 있다. 그리고 17세손 혁爀이 세운 갓비가 자리를 잡았다. 오른쪽 아래로 요석이 많이 박혀 있다.

그런데 내 눈에는 그렇게 썩 좋아 보이는 자리가 아니라서 고개를 갸우뚱거리는데, 정 선생이 설명을 한다.

"이런 자리는 도통한 도사나 귀신이 아니면 점지하기 힘든 혈입니다. 일반적으로 속사俗師(세상의 평범한 술사)의 눈으로는 알아보기 힘든 혈인 것입니다. 이런 혈을 찾아서 묘를 쓰려고 생각하다가는 과룡처에 쓰기가 십상입니다."

좀더 설명이 계속 되었으면 싶은데, 좌우를 보라고 한다. 청룡과 백호의 가장 높은 부분이 묘소를 횡으로 질러 간다. 대체로 천심십도天心十道의 중앙이라고 할 수 있는 자리이다.

그러자 한 회원이 묘는 **당법**撞法을 쓴 것으로 보인다고 한다. 이에 정 선생이 설명을 붙였다.

≈≈**당법**(撞法) : 용맥이 급하게 떨어지고 있을 때 혈의 자리를 약간 내려 쓰는 것.

"자아, 보십시오! 용맥이 저렇게 급하게 떨어지고 있지 않습니까? 이럴 때는 혈의 자리를 약간 내려

쓰는 것이 당법입니다. '칠 당(撞)'이니, 급히 쏟아지는 기세가 내려친 혈의
약간 아래쪽으로 자리를 잡는 방법입니다."

우리는 용맥을 따라 올랐다. 좌우로 요도지각이 헤아릴 수 없이 겹겹으로 용을
받치고 있다. 무척 큰 용이다. 하긴 이토록 크니까, 한곳에다 혈을 연달아 세 번이
나 맺었지!

힘찬 용트림에 소나무들은 뿌리의 상단을 드러내고 있다.

과협처에 이른 우리는 깜짝 놀랄 수밖에 없었다. 장협長峽에 곡협曲峽을 이룬 이
곳에 뚜렷하지는 않지만, 왕자협王字峽이 분명하였다. 개미의 긴 허리도 많은 다리
가 받쳐 주어야 하듯, 이 용의 긴 허리를 가로지른 세 개의 희미한 작은 맥이 왕王자
를 이루고 있었다.

내려오는 길에 차가운 솔바람이 오싹하다. 우백호가 허한 것이다. 그 살기를 막
아 주기 위해서일까? 보룡사 한 줄기가 용맥에 아주 바짝 붙어 보조를 맞추면서 따
라 내려간다. 이 보룡사가 보디가드 역할을 하는 셈이다.

그리고 그 우측 아래로 진응수가 질펀하게 괴어 있는 논이 보인다. 백호 쪽에 붙
은 명당이다. 부를 불러오는 형국이다.

묘소에서 바라보는 전방은 상쾌도 하다. 백호가 한결같이 온순한 기세로 늘어져
안산을 이룬 백호안산으로, 대략 10겹은 되는 듯싶다. 얼른 보면 여인의 동그스름
한 눈썹 같은 능선을 지닌 산들인 아미사와 비슷한 모양으로, 정답게 뻗은 일자문
성이다. 이들은 혈과 멀어질수록 점점 더 높아지는 모양으로, 너른 시야를 보장하
면서도 혈이 지닌 생기를 꼭꼭 여며 주고 있다. 명당이 우측으로 옮겨간 탓에 바짝
다가앉은 안산들이니, 복이 속히 찾아드는 속발지지速發之地이다. 이 용은 섬룡입
수의 형국을 하였다. 결지 후 다시 행룡을 해 연거푸 기룡혈을 토해 내는 아주 크고

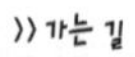

》》가는 길

봉정사삼거리로 되짚어 나와 좌회전을 해서 924번 도로를 타고 예천 방향으로 2km 가량 직진
하면 능골교가 나온다. 여기서 우회전해서 700m 가량 올라가면 권행의 묘역을 알리는 안내판이
보인다.

힘찬 용이다.

섬룡입수는 용이 진행하다가 잠시 머뭇거리듯 주저앉아 혈을 결지하고 다시 진행 방향으로 가는 형태로 혈처를 찾기가 어렵다. 마치 혈이 용의 등에 올라타고 있는 모습이라고 해서, 이런 혈을 기룡혈이라고 따로 부른다.

세 곳의 묘들이 모두 혈로 이루어졌으니, 이곳은 구슬을 꿴 것처럼 연달아 늘어선 연주혈連珠穴이라 할 수 있다.

그런데 문제는 권행이 잠들어 있는 묘의 향이다. 이 묘소는 자좌오향子坐午向인지, 임좌병향壬坐丙向인지 모호하게 서 있는데다가, 내파內破가 우선수인지, 좌선수인지 식별이 용이하지 않다. 나무가 매우 무성한 탓이다.

그런데 분명하지는 않지만, 편한 대로 좌수도우左水到右에 정오향丁午向의 정파丁破로 보면, 자왕향自旺向에 해당한다. 총명한 아들과 수려한 외모의 딸들로 이루어진 후손들이 번창하고 부귀를 이루며 장수를 하는 향법이다.

내려오는 길에 제각 앞을 지났다. 추원루追遠樓라는 현판이 붙은 곳이다. 남은 시간이 촉박한 까닭에 우리는 그곳을 들여다볼 엄두도 내지 못하였다.

권 태사의 묘소를 빠져 나온 버스는 의성 김씨의 '작은 종택'이라 칭해지는 학봉의 고택 앞을 그냥 지나친다. 이는 학봉이 생전에 분가해서 지은 집이다.

얼마 후 버스는 부드러운 저녁 햇살 속에 물길 따라 누워 있는 들길을 지난다. 금물결이 반짝대는 봄날의 늦은 오후이다. 들녘의 끄트머리에는 담묵색으로 그려진 산들이 묵묵히 둘려 있다 ∎

6. 소박한 서애 선생의 묘소

서애西厓 유성룡柳成龍(1542~1607) 선생의 묘소는 풍산읍 수1리 능동마을에 위치한다. 묘소로 올라가는 마을의 고샅길은 물길과 어울려 발이 푹푹 빠진다. 힘든 걸음을 옮기는데 문득 선생의 묘소가 전면에 나타난다. 묘소 하단에는 좌우의 하수사가 몇 겹으로 번갈아 감고 있다. 혈의 기를 단단하게 싸안아 보호하는 모습이다.

웅장하게 아로새긴 이수를 머리에 이고 있는 비석 뒤로 축좌미향丑坐未向을 한 선생의 묘가 우뚝하다. 물은 우수도좌右水到坐로 사파巳破이니, 이는 정양향正養向에 해당한다.

선생의 묘소는 내청룡과 내백호가 안쪽으로 단정하게 뻗어 있고, 그 밖으로 외백호가 길게 뻗어 백호안산을 이루었다. 외청룡 역시 짧지만 당당한 모습으로 뻗어, 백호의 끝자락 너머로 자연스러운 품을 이루었다. 규봉은 없고, 백호안산 너머로 멀리서 일자문성이 다정하다. 그리고 일자문성 왼쪽에 날렵한 귀봉貴峰 하나가 반갑게 솟아 있다. 아주 잘 갖추어진 혈의 전면이다.

굳이 흠을 잡자면, 명당이 좁다는 점이다. 게다가 오늘날 이곳에는 집들이 가득 차 있어서, 웅장하거나 화려한 맛이라곤 전연 느껴 볼 수가 없게 되었다. 오히려 세속의 사람들이 살아가는 냄새와 소란으로 어수선한 느낌이 드는 것이다. 그러나 한 편으로 좋게 이야기하면, 생각보다 훨씬 수수하고 검박한 모습이라, 우리에게 더욱 편안한 느낌을 준다고 하겠다. 마치 전란의 아우성 속에서 헤매던 불쌍한 백성들을 다정스런 손길로 다독거리던 선생의 생전의 풍모와 다름없는 자리라고나 할까?

선생의 묘소는 오늘 들러본 묘소 가운데 유일하게 후면에 날개를 달고 있어 매우 특이하였다. 본래 날개는 충청도 지방의 관습으로, 충청 지역은 90% 이상이 묘소의 뒤쪽에 날개를 단다. 이에 비해 경상, 전라 지역은 대부분 날개를 달지 않는 것이 일반적이다.

날개 부분이 입수도두처인데, 그 주변만이 유독 이끼가 새파랗다. 혈을 싸안고 도는 물기 때문에 일어나는 현상이다. 여기에 정 선생이 한마디 덧붙인다.

"간혹은 논흙 때문에 그런 현상이 일어나기도 합니다. 묘를 잘 다듬는다고 손쉬운 대로 논흙을 퍼다 쓰면, 논에서 자라던 이끼나 잡풀들이 몇 해가 지나도록 거기에서 자라기 때문입니다. 그래서 묘를 다듬을 때는 반드시 좋은 흙을 써야 하는 것입니다."

용맥은 묘의 중앙으로 흘러들어 가고 있었다. 육안으로 읽어 내기에 무척 희미한 이 맥은 묘의 오른쪽으로 내려가, 앉은 채로 볼 때 더욱 선명해진다. 정확하게 혈의 위치에 선생의 묘가 앉았다.

산길을 따라 20m 정도 오르자, '갈 지(之)' 자로 힘이 넘치는 용이 뚜렷이 보인다. 좌우 양쪽으로 용맥을 따라 버티고 있는 요도지각이 줄지어 늘어섰다 ▣

>> 가는 길

서애 선생의 묘는 안동시 풍산읍 수1리 능동마을에 있다. 중앙고속도로 서안동 나들목에서 나가 풍산읍으로 들어가다가 읍의 초입에서 왼쪽으로 뻗어나간 924번 도로를 타고 5km 정도 가면 능동마을 입구에 '서애유선생묘소입구' 안내석이 있다.

7. 영원할쏜, 아름다운 물돌이동

선홍으로 타는 저녁 해가 서산에 반 뼘 남짓 남았다. 마지막 답사지 하회河回마을을 눈앞에 둔 시점이다. 그런데 사실 하회는 하루 종일 구경해도 시간이 모자란다고 말해도 과언이 아닌 곳이다.

버스가 풍산 들을 가로지르는데, 멀리 들녘 너머에 하회마을의 주산인 화산花山이 수려한 자태를 드러냈다. 이 화산의 정기가 모두 하회마을로 모여 하회 유씨들을 낳고 기르는 것이다.

오후 6시가 넘어가는 시각이었다. 우리를 태운 버스는 논길을 지나 강을 건넌다. 넓고도 맑은 강물에서 금빛 물비늘이 반짝인다. 가까운 곳은 맑고 푸른빛이지만, 저녁빛이 반사되는 저쪽은 샛노란 파편을 수면 위에 띄우고 있다. 넋을 빼는 황혼의 물살이다.

빙빙 돌던 버스가 드디어 화천서원花川書院 앞의 주차장에 섰다. 서원의 대문 앞에 '부용대芙蓉臺 450보步'라는 표지판이 아주 인상적이다. 안동 양반들의 꼿꼿한 자존심이 돋보이는 표지판이다. '흐음!' 하는 헛기침과 함께 도대체 미터가 무엇이며, 피트가 무엇이냐는 안동 사대부의 결기 돋친 표현이다.

아, 하회마을과 부용대! 정녕 하회마을이 아름다운 곳인가? 부용대가 아름다운 곳인가? 부용대에서 내려다본 하회마을은 아주 절경이었다. 사람 사는 곳이 이토록 아름답게 보이는 것은 참으로 이상한 일이었다.

부용대는 마을 앞 강가에 조성된 송림 곧 만송정萬松亭에서 약간 오른쪽 강 건너

의 직벽 위에 있다. 예전에 하회에 왔을 적에, 물 건너서 저곳에 한번 올라가 봤으면 하던 바로 그곳이다.

부용대에서 멀리 눈을 들어 바라보면, 아득히 물줄기가 내려오는 남쪽이 보인다. 그 물줄기는 오른쪽(곧 서쪽)으로 빙 돌아 흐른다. 굽어 도느라 유속이 더딘 탓일까? 강폭이 무척 널찍하고 중간에 드문드문 모래톱이 길게 누워 있다.

넓고도 질펀한 물줄기는 부용대 앞 가까이 이르면 몸을 추스른다. 빨리 부용대 앞을 통과해서 동쪽으로 빠져나가기 위해서이다. 내려다보면 까마득한 것이 아찔아찔한데, 물줄기마저 깊이를 자랑하며 아주 시퍼렇다.

동쪽으로 빠져나간 물줄기는 다시 몸을 돌려 부용대 뒤 켠의 북쪽으로 감돌아 흐른다. 아까 부용대로 오기 위해 건넜던 다리가 북쪽 물줄기에 있다. 뒤집어진 아주 큰 S자 모양으로 흐르는 수태극水太極이다.

하회마을은, 동쪽의 우뚝 솟은 화산에서 세차게 내려오던 지맥이 어느덧 비스듬한 비탈을 따라 숨을 고르다가 평평한 논을 지나 마침내 약간 솟아 몸을 누인 곳에 자리를 잡고 있다.

화산의 맨 아랫자락에 물줄기로 둘러싸인 원형의 마을이 한눈에 들어온다. 마치 헬리콥터 위에서 내려보는 느낌이다. 환상적인 경관이다.

직벽 아래로는 길쭉한 바위 하나가 물의 흐름에 정면 대응이라도 하듯이 90도로 삐죽하게 나와 있다. 어느 해인가 큰 장마가 들었을 때, 물길에 휩쓸려가던 나이 어린 서애西厓 선생이 다행히 이 바위에 몸이 걸려 부용대로 기어올라 목숨을 건졌다는 일화가 있다.

시원한 시야 속에 새파란 물빛이, 그 곁에 누런 모랫빛이, 그 속에 한 개의 커다란 점으로 보이는 송림이 어우러져 둘러싸고 있는 하회마을은 기와집과 초가집은 물론이고, 곳곳에 수목과 논밭, 빈터를 여유 있게 배치한 한 폭의 아름다운 풍경화였다. 굳이 따져 보지 않는다고 하더라도, 십승지十勝地 가운데 제일승지第一勝地로 꼽힐 만한 곳이었다. '꽃뫼' 자락을 감싸는 '꽃내' 사이에 포근히 안긴 '물도리동'은 진정 천혜의 복지였다.

그런데 하회마을은 본래부터 하회 유씨들의 터가 아니었다. 그들보다는 먼저 김해金海 허씨許氏와 광주廣州 안씨安氏들이 차례로 이곳을 찾아들었다. 허씨들은 화산의 남쪽 자락 거묵실에, 안씨들은 화산의 북쪽 행개골에 터를 잡았다. 그러나 그들이 터를 닦은 곳은 양택陽宅을 위한 혈처가 아니었다. 자리를 잘못 짚은 것이다.

하회마을에는 '허씨 터전에, 안씨 문전에, 유씨 배반盃盤(술잔을 얹은 소반)'이라는 말이 있다. 허허벌판으로 버려졌던 이곳에 허씨들이 와서 사람이 살 수 있도록 터전을 닦았고, 뒤이어 안씨들이 와서 큰 집안이 들어설 수 있도록 문 앞을 닦았으며, 마침내 유씨들이 이곳에 와 집안을 크게 일으키고 편히 앉아 술상을 받게 되었다는 말이다.

백두대간에서 출발한 용은 태백산을 지나고 구룡산을 지나, 옥돌봉에 이르러 몸을 나누었다. 그 용은 문수산을 지나고 봉정사가 있는 천등산을 거쳐 시루봉을 지나 화천을 맞닥뜨리게 되자, 드디어는 하회마을의 조산인 화산을 솟아 올렸다.

중앙고속도로 서안동IC를 빠져나와 풍산 방향으로 간다. 풍산읍을 지날 때는 도심으로 통과하는 것보다는 외곽도로를 통과하고, 중리마을를 지나서 3거리의 이정표에서 하회마을 방향으로 진입하면 하회마을이 나온다.

그리고 일자문성인 화산에서 나온 중출맥은 가운데 논 사이로 난 길을 따라 내려오다가, 부용대의 정면에서 약간 왼쪽에 있는 초가 근처에서 몸을 살짝 들었다. 그리고는 부용대의 정면에 보이는 누각 뒤의 큰 나무로 와서 멈추었다. 중출맥이 마을의 한가운데로 뻗은 것이다.

멀리 물줄기가 들어오는 즈음에 자리를 잡았던 허씨들이나, 지금의 마을 언저리를 맴돌았던 안씨들과는 다르게 안목 깊은 선택을 한 유씨들이었다. 이로 인해 유씨들은 더욱 융성해져서 스스로 '하회 유씨'라고 달리 부르며 자부하게 되었고, 허씨와 안씨들은 기득권을 내놓고 차츰 마을을 떠나게 되었다.

하회마을은 물에 떠가는 배의 모양을 지닌 **행주형**行舟形에 속하는 자리이다. 부용대에서 내려다보면, 서쪽의 물을 향해 진입해 가는 배의 형상이 또렷하다. 따라서 마을의 서쪽이 이물이고, 입구가 있는 동쪽이 고물에 해당한다.

그런데 이런 행주형의 혈에서는 우물을 파지 않는다. 배의 바닥이 뚫려 침몰하는 것을 막기 위해서이다. 그래서 옛날에는 강물을 직접 퍼다 먹었다고 한다. 그런데 이 사실을 안 악랄한 일본인들은, 마을 한가운데를 파서 공동우물을 만들고는 이 물을 길어먹도록 강압하였다고 한다. 지금은 양수기로 강물을 끌어다 먹는다고 한다.

그리고 하회에는 높은 집이 별로 없다. 배에 영향을 주는 하중을 줄이기 위해서이다. 이 또한 행주형의 터가 지니고 있는 독특한 가옥 구조이다.

≋**행주형**(行舟形) : 배가 강이나 바다를 떠가는 형상의 혈. 행주형의 혈에서는 배의 바닥이 뚫려 침몰하는 것을 막기 위해 우물을 파지 않는다 함.

하회마을은 맑은 물에 떠 있는 아름다운 연꽃 모양을 지닌 **연화부수형**蓮花浮水形
이라고도 한다. 마을을 빙 두르고 있는 물길도 물길이지만, 주변이 봉긋봉긋한 게
마치 젊은 여인들의 솟은 젖가슴처럼 아름답고 생기발랄한 산세이다. 둘리어 쳐진
연꽃의 꽃잎 모양이다.

다만 흠이라면, 서북방의 산세가 의외로 허약하다. 그 뒤로 원지산이 막아 주고
는 있지만 그래도 허약하다. 풍수학에서 가장 안 좋다고 여기는 서북방의 흉한 바
람이 들이치는 형국이다.

그러나 하회 유씨들은 이 치명적인 약점을 잘 알아 대비하고 있었다. 그들은 허
약한 서북방을 질러오는 살기 띤 요풍凹風을 막기 위한 대비책으로 모래밭에 송림
을 조성한 것이다.

임진년과 병자년의 병란을 겪으면서도 전연 피해를 입지 않았다는 하회마을.
양택을 고르는 양기풍수陽基風水의 대표이자, '십승지 중 제일승지'로 꼽혀 왔던
하회마을. 이렇게 아름다운 곳이 복된 삶의 터전임을 알아채고, 이곳에 맨 처음 들
어왔던 하회 유씨의 선조는 과연 누구일까? 그분은 서애 선생의 6대조 유종혜柳從
惠이다.

사위가 슬슬 빛을 잃기 시작한다. 저무는 빛의 하회마을은 조금씩 분위기를 바
꾸어 간다. 더욱 차분하고 아늑해지는 모습이다. 모두들 사진에 담고 구경하느라
수선스러운데, 정 선생이 재미있는 발견을 하였다.

"저기를 보십시오! 집들이 제각각으로 대문을 내지 않았습니까? 그런데
그 방향이 모두 물을 보고 있습니다. 여기에도 배산임수背山臨水의 가옥 구
조가 보입니다. 아까 혈이 뭉친 곳이라던 정면의 중앙 부분이 야트막한 산
입니다. 모든 집들이 이 산을 등지고 물을 마주한 구조로 이루어졌습니다.
수면을 기준으로 보면, 적어도 10m 이상은 되는 높이에 자리를 잡고 있습
니다. 그래서 장마에도 별 탈이 없는 모양입니다. 참말로 아름답고 좋은 곳
입니다."

비경을 등 뒤에 두고 아쉬운 하산 길에 접어들었다. 나는 오늘에야 진정 하회의 참모습을 보았다는 생각이 들었다. 전 부치는 냄새에 술기 어린 소리로 바글대고 북적거리는 심난한 관광지의 하나로만 비쳐지던 다리 아픈 하회가 아니라, 자태 곱고 편안한 삶의 터전으로서의 하회마을을 비로소 기쁘게 본 것이다. 다만 서애의 형인 겸암謙菴 유운룡柳雲龍(1539~1601)의 종택인 양진당養眞堂의 정취를 맛보지 못한 것이 서운하다면 서운하였다.

화산서원은 겸암 선생을 모신 곳이다. 본래 1786년에 창건된 서원이었는데, 1996년에 다시 복원되었다.

산은 강을 건너지 못하고, 강은 산을 넘지 못한다. 이제는 우리가 각자의 터전으로 돌아갈 시간이다. 우리는 각자의 흐름에 따라 처음 만난 순서를 뒤집어 뿔뿔이 흩어졌다. 맑은 강바람 한줄기를 남몰래 품에 안고서 ■

IX 금오산이 바라보이는 구미 주변

조선 초기에 성현成俔은 『용재총화慵齋叢話』에서, "조선 인재의 반은 영남에 있고,

영남 인재의 반은 선산善山에 있다"고 말했다.

1. 금오산과 추풍령

　아침에 일어나서 먼저 하늘을 보았다. 오늘은 중부 지방에 소나기 소식이 있다고 하였는데, 과연 비가 오려나 해서이다. 그러나 좀처럼 비가 와줄 것 같지 않은 기색이다.

　버스가 경부고속도로를 따라 남쪽으로 달린다. 민족중흥과 산업화의 기치를 내걸고 고 박정희朴正熙 대통령이 건설한 우리나라 최초의 고속도로이다. 주변의 반대에도 무릅쓰고 닦아 놓은 길이다.

　오늘의 답산 예정지는 박 대통령의 고향인 구미시龜尾市가 주무대이다. 예전 같으면 선산군善山郡 일대라야 맞는 표현이다.

　구미는 본래 선산군 구미면이었다. 그런데 박 대통령이 구미를 수출 산업의 전진 기지로 일구기 시작하면서, 선산은 점차 그 기세가 위축되어 갔다. 그러다가 급기야는 도농 행정구역 개편 때 구미시 선산읍으로 세가 완전히 역전되어 버렸다. 그런데 지금도 선산 사람들이 구미시청으로는 문서를 발급받으러 갈 수 없다고 고집하는 바람에, 궁여지책으로 선산에 출장소를 설치하게 되었다.

　그러나 구미와 선산의 처지가 반전된 요인에 대해서, 다음과 같이 풍수지리학적으로 해석하는 사람들이 있다.

　선산의 진산鎭山에 해당하는 천생산天生山은 그 정상 부분이 네모나게 각이 진 토성체土星體이고, 구미의 진산인 금오산은 그 정상 부분이 둥그스름한 금성체金星體이다. 이것을 음양오행에 대입해서 따지면 '토생금土生金' 이니, 선산의 지기가 다하자 마침내 구미가 발전하게 되었다는 설명이다.

금오산金烏山은 해발 977m로, 구미시와 칠곡군, 김천시의 경계를 이루는 산이다. 본래는 대본산大本山이라고 불렸는데, 아도阿道 화상이 근처를 지나다가 노을에 황금빛 까마귀가 지나가는 형국의 산이라고 말한 다음부터 금오산이라 불리게 되었다고 한다.

금빛 까마귀는 태양 속에 산다고 하는 다리 셋 달린 까마귀 삼족오三足烏를 가리킨다. 지구상에 널리 분포되어 있는 태양신화太陽神話에서 흔히 등장하는 영물인 황금 까마귀이다. 따라서 금오산은 태양의 정기를 듬뿍 받고 있는 명산이라고 할 수 있다.

그래서일까? 조선 초기에 성현成俔은 『용재총화慵齋叢話』에서 다음과 같이 말하였다.

    "조선 인재의 반은 영남에 있고, 영남 인재의 반은 선산에 있다.(朝鮮人才 半在嶺南 嶺南人才 半在善山.)"

이 언급은 이중환李重煥의 『택리지擇里志』도 그대로 답습하고 있는데, 그만큼 금오산을 중시한 표현이다. 아무튼 선산은 수많은 인재를 배출하면서, 이 나라 역사의 한

버팀목이 되어 온 땅이다.

그러나 **금오산**이 본격적으로 역사에 이름을 남기게 된 것은 뭐니뭐니 해도 고려 말의 충신 길재吉再의 힘이 크다. 길재는 고려 신하로서의 마지막 지조를 지키기 위해 이곳을 은거의 장소로 선택하였다. 그가 남긴 자취와 무덤은 금오산 자락의 곳곳에 남아 오늘에 전해진다.

금오산은 인근의 고을에서도 멀리 내다보이는 산이다. 그런데 이 산은 바라보는 곳이 어디인가에 따라 그때그때 태를 바꾼다. 까닭에 금오산은 여러 가지 이름을 얻게 되었고, 풍수지리학에도 많은 영향을 끼쳤다.

먼저 인동 방면에서 금오산을 보면, 귀인이 관을 쓴 모습이라고 해서 귀봉貴峰이라고 부른다. 그리고 거인이 누워 있는 형상을 닮았다고 해서 거인산巨人山이라고도 부르며, 부처님이 누워 계신 형상과 흡사하다고 해서 와불산臥佛山이라고도 부른다. 이렇게 인동에서는 금오산이 한결같이 매우 귀한 형용을 한 진산이 되는 까닭에, 인동 장씨들에게 많은 부귀를 불러다 주었다.

김천 쪽에서 보면, 금오산은 낟가리를 쌓아 놓은 형상을 닮아 노적봉露積峰이라고 부른다. 그 결과 김천은 교통의 요충지가 되었고, 물산의 집산지가 되었다. 그리고 많은 부자를 낳았다.

이전에는 현縣이 있던 개령開寧 쪽에서 보면, 금오산은 큰 도둑이 무엇을 훔치려고 숨어서 노려보는 모습을 닮았기도 하고, 훔친 보따리를 등에 지고 산에서 내려오는 모습을 닮기도 하여, 적봉賊峰이라고 불렸다. 그래서인지 1862년 4월에 이곳의 양반이었던 김규진과 안인택 등이 관아를 쳐부순 개령 민란이 일어났다. 개령현은 이때 사라졌다.

남쪽에 있는 성주에서 보면, 금오산은 머리를 산발한 여인으로 모습을 바꾼다. 그래서 음봉淫峰이라고 불리는데, 성주가 예로부터 기생으로 유명한 것은 이 때문이라고들 한다.

마침내 버스가 영동을 지나 **추풍령**秋風嶺 고개를 넘는다. 구름도 자고 넘고 바람도 쉬고 넘는다는 추풍령 고개는 백두대간의 허리이다. 속리산을 거쳐 내려온 백두대간은 추풍령에서 긴 허리를 늦추었다. 긴 여정에서 지칠 줄 모르고 뻗어와 눈앞에 황악산을 만들기 위해 몸을 추스리는 것이다.

백두대간은 황악산을 만들고도 인근의 삼두봉과 대덕산을 거치며 여전한 기세로 뻗어 내려 남쪽에 덕유산, 백운산, 지리산을 차례로 솟아 올린다. 그런데 수도산, 가야산, 팔공산으로 이루어진 낙동정맥은 이 대덕산에서 갈라진다.

따라서 추풍령은 1번 철도, 1번 고속도로, 1번 국도가 지나는 교통의 요지이기도 하지만, 백두대간의 허리이자 중요한 분수령이기도 하다. 그뿐이 아니다. 실제로 이 추풍령은 온갖 관로와 여러 통신망이 지나는 아주 중요한 전략적 요충지이기도 한 것이다.

추풍령 휴게소를 지나자, 계속해서 내리막이다. 터널 사이로 몸을 빼낸 철로가 저 곁으로 보이기 시작한다. 이윽고 기울기를 낮춘 지면을 따라서 포도밭이 꼬리를 문다. 이제 곧 김천 톨게이트이다 ▮

2. ‘동국제일가람’ 직지사

직지사直指寺는 황악산黃岳山 능여계곡에 자리 잡고 있는 고찰이다. 행정구역으로는 김천시 대향면 운수동이다.

황악산은 추풍령을 지나온 백두대간이 곧장 몸을 세워 만들어 낸 산으로, 정상의 해발고도는 1,111m이다. 좌우로는 백운봉과 형제봉이 보좌해서 무척 우람한 자태를 지닌 산이기도 하다. 능선은 아주 힘차고도 아름다운 굴곡을 이루는데, 이전에는 황학이 살던 곳이라 해서 황학산黃鶴山이라 불리기도 하였다.

직지사란 이름은 선종禪宗에서 말하는 ‘직지인심 견성성불(直指人心 見性成佛)’이란 말에서 따온 것이다. ‘직지인심 견성성불’이란 말은, 내 마음 속의 참다운 내 모습을 곧바로 가리키고, 그 진면목을 보면 성불할 수 있다는 뜻이다. 자신의 참모습을 들여다보라는 한마디의 사자후이다.

일설에는, 도리사桃李寺를 창건하던 아도 화상이 냉산 아래에서 손가락을 곧게 뻗어 현재의 직지사 터를 가리키며, 저곳에도 절터 한 자리가 있다 하고는, 도리사 낙성 후 이곳에 다시 절을 지은 때문이라고 한다. 이 이야기 속에서, ‘직지直指’는 ‘곧장(直) 가리키다(指)’는 뜻이다.

또 다른 설에는, 고려 초의 능여能如 화상이 이곳을 중창할 때 자를 쓰지 않고 오직 손가락으로만 재목을 측량했기 때문이라고 한다. 이 이야기 속의 ‘직지’는 ‘직直’이 ‘다만’이란 의미로 쓰여, ‘단지(直) 손가락만으로(指)’라는 뜻이다.

이 절은 신라 눌지왕 2년(418)에 아도 화상이 창건한 절이다. 본래는 자그마한 절

이었는데, 고려 태조 19년(936)에 능여 화상이 크게 중창하여 '동국제일가람東國第一伽藍'이란 명성을 얻었다.

이 시기에 직지사가 이렇듯이 커지게 된 배경에는 고려 태조 왕건이 있다. 팔공산 전투에서 자신과 외양이 닮은 신숭겸에게 자신의 갑옷을 입힌 뒤, 가까스로 포위망을 뚫고 도망쳐 온 왕건이 피신한 곳은 직지사에서 약 1㎞쯤 떨어진 능여암能如庵이었다. 능여암에는 능여 화상이 머물며 수행 정진중이었는데, 스님은 하룻밤 사이에 짚신 2,000켤레를 만들고는 신통력을 발휘하여 경각에 달린 왕건의 목숨을 건져 주었다고 한다. 그 후 고려 왕조를 세운 왕건은 지난날의 은혜를 갚고자 해서, 능여 스님에게 직지사를 중창토록 명을 내리고 지원을 아끼지 않았다. 그리고는 신숭겸의 명복을 빌어 주도록 부탁하였다. 그리하여 고려 때는 280동의 건물에 2,500명이 넘는 승려들이 상주하고 있었다 하니, 얼마나 큰 사찰이었는가 쉽게 상상이 되질 않는다.

그 후에 부침을 거듭하던 직지사는 몇 번의 중수를 거친다.

특히 조선 성종 19년(1488) 학조學祖 대사의 손을 빌어 중수된 후, 사명四溟 대사와 벽계정심碧溪淨心 등의 고승들을 다수 배출하여, 조선 8대 사찰의 하나가 되었다.

그러다가 직지사는 임진왜란을 만나 화염에 휩싸였는데, 그 후 광해군 2년(1670) 인수仁守와 명례明禮 스님이 다시 중수를 하여 오늘까지 내려왔다. 정조 11년(1787) 에는 구국에 앞장섰던 사명당을 기리기 위해 경내에 사명각四溟閣을 세웠다. 여기 에는 사명당四溟堂의 영정이 봉안되어 있다.

직지사가 지닌 보물로는 석조약사여래좌상(보물 319호)과 삼존불 탱화(보물 670호) 3점, 대웅전과 비로전 앞의 석탑(보물 606호, 607호) 등이 있다. 이 중 탱화 3점은 세 로가 모두 7m에 달하는 대작으로, 영조 11년(1735)에 만들어졌다. 문화재로서의 가 치도 높은데, 조선 후기의 불화佛畵를 대표하는 걸작이라고 한다. 짜임새 있는 구 도와 정교하고도 치밀한 묘사, 편안하면서도 안정감 있게 구사된 색채 등을 눈여겨 볼 만하다. 그밖에도 볼거리가 많은 사찰인데, 이들은 경내의 성보박물관에 일괄적 으로 보관·전시되어 있어, 관람이 매우 용이하다.

직지사 주차장에 내리면, 가장 당황스러운 것은 상가 건물을 관통하는 일이다. 아주 크게 조성된 이 건물은 고기 굽는 냄새가 좁은 골목길에 진동을 한다. 그래서 심지어는 과연 이 안쪽에 절다운 절이 있을까 하는 의심마저 들게 한다. 직지사 하 면 이 땅의 불교와 역사를 함께해 온 절이거늘, 아주 짜증스런 건물이 앞을 터억 가 로막고 있는 것이다.

그래서 시간이 있을 양이면, 왼쪽의 천변 길로 가는 편이 조금은 더 낫다. 그리고 내려오는 길에, 이곳 상가의 음식점에서 산채정식이나 한정식을 맛보기를 권하고 싶다. 여느 사하촌보다는 그래도 정갈하고 운치 있는 음식들이 구미에 맞는다. 음 식에 비해 가격도 결코 비싸다는 생각이 들지 않는다.

그리고 계절 음식으로는, 이곳 황악산에서 나는 자연산 능이버섯을 추천할 만하 다. 아주 별미이다. 실제로 능이버섯은 대다수 사람들에게 별로 알려지지 않은 버 섯이다. 그리고 생긴 것도 시커멓고 아주 험상스러워 선뜻 젓가락이 가지 않는 버 섯이기도 하다. 그러나 예로부터 '일능이표삼송'이라고 해서, 향과 맛으로 가장 높

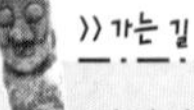

》가는 길

직지사는 경북 김천시 대항면 운수동에 있다. 경부고속도로 추풍령IC를 빠져나와 4번 국도를 타 고 김천 방향으로 가다가 903번 지방도로를 타고 가면 안내판이 계속 이어져 찾기가 매우 쉽다.

이 치는 버섯이다. 표고와 송이를 제치는 버섯의
제왕인 것이다. 그러나 송이에 비해서는 턱없이
헐한 값이니, 실컷 즐겨볼 만하다.

번잡스런 상가의 골목을 헤치고 지나자, 비로
소 절집을 찾아가는 기분이 다시금 든다. 최근에
아래쪽으로 진입로가 또 생겼지만, 옛길을 택할
일이다. 대부분의 사람들도 윗길로 가고, 차량들
만이 새 길로 간다.

노면 위에 검은 반점이 수두룩하다. 떨어진 버
찌가 발에 밟혀 뭉그러진 까닭이다. 길의 왼편으
로는 벚나무가, 오른편으로는 은행나무가 주종
을 이루고 있다.

길가에는 좌판을 벌린 행상들이 늘어섰다. 황
악산 심산유곡에서 나오는 약재들은 그다지 눈
에 뜨이질 않는다. 흔해 터진 더덕, 황기, 구기
자, 오미자, 둥글레, 홍화씨 따위이다. 노전의 약
장수처럼 떠벌리는 사내 하나가 손수레 위에 쌓
아 놓은 품목만이 처음 보는 것이다.

❀ 사명당
❖ 직지사 대웅전 삼존불 탱화

"자아, 머리가 아픈 분들! 이거 한잔 들어보세요.
해발 800m가 넘어야 씨가 맺히는 산미나리 씨입니
다. 맑을 청(淸)에, 피 혈(血)자, 청혈제입니다. 손발
이 저리고 혈액순환이 안 되는 분, 한번 복용해 보
십시오…."

매표소를 지나자, 본격적으로 시원한 숲길이다. 여기서
도 버찌가 발에 자주 밟힌다. 봄날에는 벚꽃이 볼 만하겠
다는 생각이 든다.

약수터 앞에 서면, 길이 세 갈래로 나뉜다. 오른쪽 길은 직지사 뒤편의 북암으로 가는 길이고, 가운데 길은 직지사 본당으로 가는 길이다. 왼쪽은 은선암을 거쳐 백운봉이나 형제봉으로 가는 등산로이다.

늘씬한 낙락장송을 보면서 대웅전에 이르기까지 거치는 과정은 다른 사찰과 별반 다를 게 없다. 다만 중도의 금강문金剛門에는 다음과 같은 재미있는 설화가 얽혀 있다.

옛날에 어떤 떠돌이 운수납자 하나가 대처승들이 살고 있는 합천의 어느 마을에 하룻밤 유숙하게 되었다. 그런데 그 마을의 촌장이 그를 보고 아주 비범한 인물이라는 생각이 들어 마침내 그를 사위로 삼고자 하였다. 끝끝내 거절하는 그를 잡아 두기 위해 촌장은 장삼과 바랑을 감춰 두고는, 억지로 자기 딸과 혼례를 치르도록 하였다.

결혼 후 삼 년의 세월이 흘렀다. 이제는 아들까지 낳은 터라 부인은 안심을 하고, 남편에게 장삼과 바랑을 숨겨 둔 곳을 가르쳐 주었다. 그런데 그날 밤 남편은 종적을 감추었다. 다시 승려의 길을 떠난 것이다.

그 후 남편을 찾아 전국의 절이란 절을 다 뒤지던 여인에게 누군가 남편을 닮은 중이 직지사에 있다는 얘기를 들려주었다. 아낙은 곧장 남편이 묵고 있다는 장계다리 아래 방앗간 집을 찾아가 직지사에서 돌아올 남편을 기다렸다. 사흘을 기다리다 지친 그녀는 마침내 남편을 찾아 직지사로 들어섰는데, 지금의 금강문 자리에 이르러 그만 피를 토하고 죽었다.

그런데 그 후로 해마다 아낙이 죽은 날이 되면 해괴한 일이 벌어졌다. 직지사의 승려들이 누군가의 부름을 받은 양 달려나가서는, 아낙이 죽은 바로 그 자리에서 똑같이 피를 토하고 죽는 것이었다. 그러자 절에서는 할 수 없이 그 곁에 사당을 짓고, 아낙의 원귀를 위로하고자 해마다 제사를 올렸다.

언젠가 이곳에 들른 고승 하나가 이 이야기를 듣고, 호통을 쳤다. 절간에 웬 사당이냐며, 얼른 헐고 그 자리에 금강문을 세워 금강역사로 하여금 원귀를 막도록 하라는 것이었다. 그래서 고승의 가르침에 따라 사당 자리에는 금강문이 들어서게 되었고, 여인의 원귀는 얼씬도 하지 않게 되었다.

이윽고 만세루萬歲樓라는 현판이 붙은 이층 다락을 거치니 대웅전이다. 이 대웅전은 영조 11년(1735)에 수변瑃卞 화상이 중건한 건물이다. 왼쪽으로 법고法鼓가 매달린 범종각泛鍾閣이 있는데, '범(泛)' 자가 특이하다. 보통은 범종각梵鍾閣이라고 쓰는데, 무슨 연유일까?

우리는 대웅전 뒤쪽으로 갔다. 내려온 용맥을 보기 위해서다. 시원한 대숲이 사그락거리며 우리를 맞는다.

대웅전의 서쪽이자 백호 쪽의 뒤이며, 대숲이 끝나는 지점에 커다란 지맥 하나가 내려오다 멈추어 있다. 불룩 솟아 우뚝한 그 지맥 위에는 제법 크다고 할 수 있는 나무 한 그루가 홀로 서 있다. 이 지맥이 황악산의 중출맥으로 뻗어 내려온 용이다. 우리가 찾던 용이다.

이 용은 대단히 크고 힘찬 용이다. 지척의 거리도 아주 기세 있게 갈지자로 행보를 한 용이다. 생동감 넘치는 그 기운이 눈에 보이는 듯하다. 그러나 이 용은 아쉽게도 대웅전을 향해 곧바로 들어가질 못했다. 대웅전이 전방을 향해 왼쪽으로 슬쩍 비껴 앉은 탓이다.

안산도 불분명하다. 제 자리를 잡아서 범종각 왼쪽 위로 보이는 봉우리를 바라보고 썼더라면, 상당히 좋을 뻔했다. 그렇게 하면, 지금은 해좌정향亥坐丁向으로 앉은 대웅전 건물이 자좌오향子坐午向의 정남향이 되어, 부처님을 모시기에도 아주 적합한 향이 되었을 뻔했는데…. 참으로 아쉽다.

앞서 말했듯이, 직지사 대웅전의 터를 잡은 사람은 아도 화상이다. 따라서 아도 화상은 이 땅에 중국의 풍수를 들여온 도선 국사보다는 대략 450년쯤을 앞서는 시대의 인물이다. 따라서 이 대웅전은 우리나라 자생 풍수의 일면을 보여주는 건물이라 할 수 있다.

먼저 이야기하면, 그들은 용맥을 잘 보았는데, 마지막에 정확한 혈처를 제대로 찍지 못했다. 대체로 볕 잘 드는 좋은 자리를 대강 골라 쓴 것으로 여겨진다.

대웅전 건물은 혈처의 중요성을 명확하게 보여주고 있다. 대웅전 건물 위쪽을 올려다보면, 단청 부근의 목재들이 얼마간 금이 가고 어긋나 있다. 특히 이음 부분은 뒤틀리고 있다. 이는 혈처가 아닌 청룡 쪽으로 대웅전이 나앉아 있기 때문에, 땅속으로 흐르는 수맥이 대웅전에 좋지 않은 영향을 주고 있는 것이다. 대개 용맥을 보호하며 따라 내려온 수기水氣의 절반가량은 청룡 쪽으로 흐르는 법이다. 그 수맥의 영향이다.

회원 하나가 이 설명을 듣자마자, 가방에서 얼른 수맥 탐지용 엘로드를 꺼낸다. 아니나 다를까, 엘로드는 대웅전 쪽에서 심하게 흔들린다. 그러나 우리가 서 있는 혈처에 와서는 잠잠해진다. 혈처와 수맥이 어딘가 뚜렷하게 판가름된다.

용맥은 품을 벌리기 시작하였다.

오른쪽 백호는 향적전 뒤로 해서 범종각과 청풍요라는 현판을 내건 ㄱ자 모양의 성보박물관 건물 사이의 기다랗고 좁은 정원을 따라 내려가다가 왼쪽으로 감돌았다. 그리고는 만세루 바깥의 휴식 공간에서 자신의 존재를 두두룩하게 보이며 화장실 너머로까지 흘러내려 다정한 품을 이루었다. 왼쪽 청룡은 대웅전 뒤를 거쳐 종무소 뒤쪽을 지나 만세루까지 여미고 흘러내렸다.

살펴보기 쉽게 다시 한번 이야기하면, 용맥의 좌우 청룡과 백호는 대웅전 앞의 얕은 마당을 바깥에서 다정하게 싸안고 있다. 대웅전 앞마당 가에는 한결같이 축대가 쌓여 있는 것을 볼 수 있는데, 그 위로 좌우의 청룡과 백호가 언덕이 되어 지나가고 있기 때문이다. 청룡이 한 팔이 되어 먼저 마당을 품에 안았고, 백호가 또 한 팔이 되어 나중에 안은 형국이다. 그래서 대웅전 앞마당이 두 팔에 안긴 것처럼 푹 꺼져서는 저절로 아늑하고 편안한 분위기가 이루어졌다.

아무튼, 지령地靈을 바짝 품에 안고 있는 청룡과 백호이다. 백두대간에서부터 흘러온 수기秀氣가 빠져나가려야 빠져나갈 수 없도록 꼭꼭 여미고 다지는 품새이다. 그래서 직지사는 그 기운을 바탕으로, 기나긴 세월 동안 면면하게 수없이 많은 청정한 수행자들을 길러 내고 있는 지극히 훌륭한 도량이 되었다.

긴장을 푼 일행들은 서쪽 개울가로 가면서 경내를 훑어보았다. 몇 년 사이에 개울가의 모습이 많이 바뀌었다. 크고 작은 부속 건물들이 들어선 때문이다. 개울은 이제 한층 좁아졌다. 제멋대로 누워 있던 너럭바위들도 축대 아래에 깔렸다. 하늘 아래 황악산은 여전히 검은빛 힘찬 용이 되어, 남으로 남으로 민족의 정기를 실어 나르고 있다.

개울을 따라 내려오는데, 왼쪽의 만덕전萬德殿 앞으로는 성채를 방불케 한다. 까마득하게 돌담을 쌓았다. 새삼 직지사 터가 이렇게 넓었던가 하는 생각이 든다. 좋은 자리이기에 황악산 험한 산중에 이렇게도 넓은 공간을 평탄하게 펼친 것이다. 여기에다가 개울도, 개울 건너 겹겹의 산자락들도 직지사 터를 감아 돈다. 아주 좋은 터라고 말할밖에 없다.

개울가에 제 철을 만난 자규화가 꽃을 피웠다. 날아갈 듯 고운 날개로 꽃분홍을 활짝 펼쳤다 ▣

3. 교과서 같은 하위지 선생의 묘소

김천교 사거리에서 좌회전을 한 버스가 910번 도로를 따라 선산읍을 향한다. 주변으로 슬슬 펼쳐지던 들이 개령면에 이르러 더욱 넓어진다. 그리고 낙동강 상류의 한 지류인 감천이 나타난다. 몇 군데의 밭에는 무더기로 피어난 홍화꽃이 눈에 띈다. 화사한 빛깔이다.

선산읍에 다다른 버스가 몸을 튼다. 68번 국도로 갈아타기 위해서다. 잠시 후 '단계하위지선생묘소'라는 표지판을 보고 버스가 선다. 버스에서 내리자, '홈샘약물'이라는 약수터와 그 앞에 '단계쉼터'라는 이름을 붙인 현대식 정자가 가뜬한 모습으로 나타난다. 선산읍 죽장리 고방실 마을이다.

그 너머로 송림에 둘러싸인 단계 선생의 묘역이 나타난다. 일견에 흙빛도 좋다. 선생의 지조라도 나타내 보이듯 소나무들이 쭉쭉 뻗어 수려한 경관을 이루었다. 서늘하고도 상쾌한 숲 내음이 훅 끼친다. 퍽 단정한 묘소이다.

경사면에 따라 자연스럽게 쌓은 천연석 계단을 오르며 보니, 아래에는 김몽정金夢丁이, 가운데는 김벽金璧이 자리를 차지하였다. 선생은 제일 윗자리로, 꽤 큰 봉분의 좌우에 문인석 2기가 서 있다. 봉분의 왼쪽에 비석 또한 둘이다. 오랜 세월 풍우에 마모되어 판독이 다소 용이하지 않은 고비古碑와 근래에 세운 신비新碑이다.

고비는 만력 44(1616)년에 지어진 여헌旅軒 장현광張顯光(1554~1637)의 글이다. 신비는 앞부분에 장현광의 비문을 그대로 수록하고, 뒷부분에 음기陰記의 형식으로 내용을 보충하고 있다. 1987년에 세워졌다.

전방을 내다보자, 안산이 매우 단아하고 부드럽게 흘러 내린 삼각봉이다. 정확하게 이야기하면, 크고 작은 두 봉우리가 겹쳐진 것인데, 얼핏 보아서는 마치 한 개의 봉우리처럼 솟아 있다.

청룡과 백호도 좌우에서 겹겹으로 둘러 있다. 어느 한 곳도 모가 나거나 이지러진 곳 없이 중앙을 향해 감도는 모습이다. 참으로 좋은 형국이다. 거기에다 명당도 매우 넓고 평탄하다. 지금은 논으로만 이루어진 명당인데, 육안으로 저 너머 안산이 한결 가깝게 다가앉는다.

잘 짜여진 보국이라고 감탄하고 있자니, 정 선생이 뒤쪽으로 용맥을 보러가자고 한다. 전면에 못지않게 용맥도 분명하단다. 그래서 단계 선생의 자리는 흠 잡을 곳이 거의 없어, 마치 풍수지리학의 교과서 같은 자리로 여겨진다.

묘소의 뒤편에는 두두룩하게 두 곳이 솟아 있다. 백호쪽의 것이 이 묘소의 입수도두처에 해당한다. 나중에 알았지만, 오른쪽 것도 또 다른 용의 입수도두처에 해당한다. 봉분의 청룡 쪽 바로 위도 한 자리가 되는 탓이다.

입수도두처에서는 좌우의 선익사가 흘러내렸다. 묘역 위쪽으로 힘찬 용의 행보가 보인다. 오솔길과 맞닿는 지점까지 짧은 거리를 아주 생동감 넘치게 꿈틀댔다. 살아 있는 좋은 용이다.

우뚝 솟은 등줄기가 능선이 되어 계속 이리저리 몸을

꺾었다. 오르락내리락 변화 굴곡을 계속하는 이런 용의 행보를 **위이**逶迤라고 한다. 그 변화만큼 활력을 보여주는 기세 있는 용이다. 용맥의 양옆으로 물줄기가 선명하다. 게다가 작은 내청룡과 내백호가 쉴 새 없이 뻗어 내렸다. 모두가 단단하게 지기地氣를 보존하는 모습이다. 오솔길을 따라 10m쯤 오르자, 이 용의 허리가 나타난다. 물길이 좌우로 선명하게 갈라진다. 허리 중앙에 패철이 올려졌다. 쉽게 이야기하면, 이 용의 사주를 보기 위함이다. 따져보니 왕상맥으로, 아주 좋은 용이다.

과협처 조금 위쪽으로는 경사가 급하다. 넘치는 힘을 못 이겨 주산에서 급히 내려온 용이 이제 과협처 즈음에 이르러 몸을 눕히기 시작하였다. 그리고 오솔길을 따라 10m정도 내려가다 우측으로 몸을 꺾었다. 몸을 꺾은 반대쪽에는 귀성鬼星 역할을 하는 바위 하나가 몸을 숨기고 있다. 허전한 뒤편으로 드는 찬바람을 자연스럽게 막아 주고 있는 것이다.

오솔길 아래쪽에도 바윗돌 두세 개가 보인다. 이 또한 귀성이다. 단계 선생의 자리를 만들기 위해 내려간 용과는 상관없이, 바로 아래에서 또다시 분맥을 해 몸을 꺾고 내려간 용을 받쳐 주는 돌이다. 따라가 보니, 이 용은 주욱 내려가서 바로 선생의 봉분 위쪽이자 청룡 편에다 또 다른 입수도두처를 만들었다. 앞서 이야기한 바 있는 입수도두처이다. 따라서 여기도 한 자리가 된다. 다만 쓰지 않았을 뿐이다. 선생의 봉분과 너무 가깝고 위쪽인 까닭에, 다시 한 자리를 쓰기가 다소 무엇한 때문이리라. 아마 선생의 자리를 조성할 적에도, 이 두 자리 가운데 어느 쪽을 택할까 잠시 망설이게 하였을 것이다. 그러나 단연코 선생의 지금 자리가 훨씬 낫다. 용의 크기나 활기, 그리고 보룡사로 보아서 그렇다.

선생의 자리는 우묵한 와혈窩穴이다. 그리고 묘소의 향을 따져 보니 간좌곤향艮坐坤向이다. 물길은 우수도좌右水到左에 정미파丁未破로, 자생향自生向에 속하는 좋

》》가는 길

단계 선생 묘는 구미시 선산읍 죽장리 고방실에 있다. 김천교 사거리에서 선산읍 쪽으로 좌회전하여 910번 지방도로를 따라 선산읍에 다다라 68번 국도로 갈아타고 상주·무을 방향으로 3km 가다 보면 '단계하위지선생묘소'라는 표지판이 나온다. 또한 중부내륙고속도로 선산IC로 빠져나와 68번 국도를 타고 상주 방향으로 600m 정도 가다 보면 '단계하위지선생묘소'라는 표지판이 나온다.

은 향이다.

　잔디 위에 앉아 식사를 하면서 전방을 바라보니, 여전히 좋다. 푸른빛의 논들이 시원스럽다. 정말 교과서 같이 좋은 자리이다.

　하위지河緯地(1376~1453)는 세종 때 문과에 장원하여, 문종 때는 수양대군을 보좌하며 『역대병요歷代兵要』 등의 서적을 편찬하였다. 세조의 왕위 찬탈 후, 세조의 청에 의해 벼슬을 하였으나 그 기간에 받은 녹祿은 먹지 않고 별실에 저장해 두었다. 그리고 1456년 성삼문成三問 등과 단종 복위를 꾀하다 죽음을 당하였다.
　용산역 뒤쪽의 잠두봉蠶頭峰 아래 형장에 버려진 이 사육신死六臣들의 주검은 밤을 틈 타 한강을 건너온 김시습金時習의 손에 의해 수습되었다. 그리하여 아무도 모르게 노량진 역과 한강 사이에 있는 언덕 위에 가매장된다. 오늘날 사육신 묘소로 단장된 곳이다. 그 후 선생의 묘소가 언젠가 이곳에 조성되었다.

　점심을 마친 후, 나는 남들보다 먼저 단계쉼터로 내려갔다. 올라올 때 본 홈샘약물도 마실 겸, 여유 있게 구경도 할 겸이었다. 그러나 사실은 송림 사이의 숲길이 먼저 유혹한 탓이었다. 나는 휘적휘적 편안한 걸음걸이로 쉼터에 내려갔다. 홈통을 따라 조금씩 내려오는 물은 생각보다 시원하지가 않았다. 마침 곁에서 쉬고 있던 아주머니께서 설명을 주셨다.

"고 좋은 물이요. 저 산에서부텀 흘러오는 물이고."

아주머니 손가락 끝에 단계 선생의 자리를 낳은 주산이 보인다. 아주 잘 생긴 문필봉이다. 귀인사貴人砂이다. 옛날에는 꼭대기가 바위로 이루어진 바위산이었는데, 지금은 소나무가 무성해서 보이질 않는단다. 이름이 '둥질바산'이라고 한다. 아마도 둥근 바위산이란 이름이 그리 변한 게 아닌가 짐작이 된다.

산을 내려와 주산을 한번 더 돌아보니, 아랫자락이 커튼이 되어 서쪽으로 휘감아 내려갔다. 동쪽보다 더욱 늘어졌다. 그리고 전체적으로는 마치 앞쪽의 안산과 맞춤이나 한 듯, 거의 같은 모양, 같은 크기이다. 따라서 이 혈에 이름을 붙인다면, 장하귀인형帳下貴人形이라고 해야 할 듯싶다. 장막 안에 단정히 앉아 있는 귀인의 형용을 한 혈이란 뜻이다.

한편으로는, **갈룡음수형**渴龍飮水形이란 표현도 그럴 듯하다. 목마른 용이 물을 마신다는 뜻이니, 이는 홈샘약물이 앞에 있어서이다 ▐

금반형지 명당

경기도 여주군 흥천면과 이천군 백사면의 원적산圓寂山 기슭 일대에는, 대대
손손 부귀영화를 누릴 금반형지金盤形地의 집터 명당이 있다고 한다. 여기를 찾
아 집을 짓고 살면, 36명의 대장군과 정승이 날 것이며, 또한 36의 성씨가 살 만
한 땅이라고 한다. 그래서 조선시대부터 경상, 충청, 전라, 서울 등지의 명문가
들이 이 금반형지를 찾고자 대거 몰려와 마을을 형성하였다. 그런데 아직도 이
곳을 찾지 못했다는 사람도 있고, 안동 김씨로 세도가였던 김좌근의 99칸 집이
바로 금반형지라고 하는 사람이 있으며, 약 25년 전 충청도 진천 사람이 당시 황
무지였던 곳을 헐값에 구매하여 집을 지어 살고 있는 자리가 금반형지라고 주장
하는 사람들이 있다.

비결에 의하면, "圓寂簇立(원적족립) 鸚鵡森羅(앵무삼라) 風邊察去來(풍변찰거래)
澤裡觀向背(택리관향배)"라는 이 글귀를 해득하면 금반형지를 찾을 수 있다고 한
다. 그래서 이 구절은 예로부터 사람들 입에 널리 화제가 되었다고 한다. 이 지
방의 전설에 의하면, 중국 당나라 시인 두보杜甫가 우리나라를 유람하였는데,
지금의 여주군과 경계를 이루는 부발면 고백리 고개에서 맞은편에 있는 원적산
기슭의 금반형지를 발견하고 매우 기뻐서 덩실덩실 춤을 추었다고 한다. 그래서
이곳을 두무杜舞재라 부른다는 것이다. 임진왜란 때 이여송의 지리 참모였던 두
사충杜史沖이 그랬다는 이야기도 있다. 그리고 두무재에서는 금반형지가 보이
지만, 원적산 기슭에 찾아가면 그 자리를 결코 찾을 수 없다고 한다.

4. 임자 잃은 낙산리 고분군

버스가 선산읍을 지난다. 그리고는 33번 국도로 오르더니, 잠시 후 우회전을 해서 25번 국도로 오른다. 질펀한 물이 흐르는 낙동강 상류이다. 낙동강을 다리로 건너자 도개면이 시작된다.

버스가 일선교 휴게소에 섰다. 맞은편을 보니, 일선리 문화재단지이다. 나는 문화재단지 안내도 앞에 섰다. 비록 들어가 보지는 못할지라도 그 안에 무엇이 있나 궁금해서였다.

본래 이 문화재단지는 임하댐 건립 당시 수몰 예정지에 있던 고옥古屋과 누각樓閣들을 이곳에 한데 모아 조성한 것이다. 만령초당, 임하댁, 수남위종택, 단포고택, 근암고택, 호고와고택, 용은고택, 동안정, 대야정, 삼가정 등이다. 담 너머로 예스런 모습들이 아취 있게 보이는데, 오늘은 들어가 볼 수가 없어 안타깝다. 다음을 기약할밖에 없다.

의구총義狗塚도 스치고 지나간다. 이 의구총에 관련된 재미있는 전설이 있는데, 그 이야기를 짧게 서술해 본다.

선산군 해평면 산양리에 살던 김성원金聲遠이라는 사람이 개 한 마리를 길렀는데, 이 개는 매우 영리하여 사람의 뜻을 잘 알았단다.

어느 날 주인이 이웃 마을에 놀러갔다 술에 취해 돌아오다가 길가에서 깊은 잠에 빠졌는데, 잠이 든 사이 그 곁에서 불이 났다. 그때 데리고 갔던 이

개가 수백 보 떨어진 낙동강으로 달려가 온몸에 물을 묻혀 주인의 주위를 뒹굴며 불을 끄고 탈진해 죽었다. 한참 뒤 술에서 깨어난 주인은 개가 자기를 구하고 대신 죽었음에 크게 감동하여 개를 거두어 묻어 주었다고 한다.

전설로만 전해지던 이 이야기를 1665년 선산부사 안응창安應昌이 의열도에 의구전義狗傳을 기록하기도 하였다.

마침내 버스가 도로가에 섰다. 해평면 낙산리 고분군이다. 이곳은 원삼국에서 통일신라시대에 걸쳐 이루어진 묘역으로 추정되는 곳이다.

이 고분군에는 크고 작은 봉분들이 200여 기나 들어섰다고 한다. 이 무덤들은 토분묘土墳墓, 옹관묘甕棺墓, 수혈식석관묘竪穴式石棺墓, 석실묘石室墓 등의 다양한 양식으로, 시대의 흐름을 차례로 보여주고 있는 것들이다.

여기에서 나온 유물들은 금제金製와 금동제金銅製로 된 귀걸이, 비녀, 머리꽂이 등의 장신구와 가야시대의 등잔 토기 등으로써, 이곳이 토착 지배세력의 집단 묘지임을 유추케 한다. 여기에서 나온 유물들은 모두 대구 효성카톨릭대 박물관에 보관되어 있다고 한다.

길을 건너 묘역으로 오르며 보니, 우측에 '고분 120호, 고분 121호, 고분 122호…' 라는 명패를 앞에 꽂고, 묘들이 줄지어 있다. 대개가 두 길 높이는 되는 커다란 무덤들이다. 모두가 살아생전에 그들의 권위만큼 높이 솟은 고분들이다. 그러나 이제는 이름마저 잃고서, 몇 호, 몇 호라고 불리는 초라한 신세가 되고 말았다. 인간의 삶이란 게, 죽어서도 남기고자 하는 그 이름이란 게 얼마나 허망한 것인가를 말없이 보여주는 무덤들이다.

119호 고분의 상단으로 올라 보았다. 정면에 금오산이 보인다. 후면으로는, 도리사가 터를 잡고 있는 태조산에서 뻗어 내려온 산줄기가 보인다. 서쪽에서 동쪽으로는 낙동강이 그 큰 몸을 누이고 있다.

더 높아 보이는 87호 고분으로 올라 보았다. 자리가 아니다. 우선 안산도 없고, 주변에 어울릴 만한 청룡과 백호의 줄기도 없다. 앞쪽의 85호 고분이 엄청나게 크기에 또 올라 보았지만, 역시 아니다. 이들은 현무봉의 역할을 해야할 듯싶다. 오히려 앞이나 옆으로 뻗어나간 능선들 자락에나 자리다운 자리가 있을 것 같다.

이 묘역은 어느 자리나 풍수의 원리가 전혀 적용된 공간이 아니다. 그저 눈에 잘 뜨이고 볕이 잘 드는 공간이다. 아주 오래 전 옛사람들의 소박한 눈으로 잡은 자리이다.

어쩌다가 발밑을 보니, 한 군데가 뻥 뚫려 있다. 도굴의 흔적으로 보이는 구멍이다. 죽은 자의 물건에도 손을 대고야 마는 탐욕스런 인간의 손길이다.

내려오면서 조망을 해 봄에, 아주 큰 묘역이다. 어마어마한 크기의 묘역이다. 게다가 200기가 넘는 엄청난 숫자이다. 이따금은 경사면에 석축을 쌓아 봉분을 이루어 놓은 곳도 눈에 잡힌다.

견문 좁은 내가 보기에, 이곳은 우리나라를 통틀어 최대의 크기에 최다의 봉분이 들어앉은 묘역이다. 지금도 마찬가지이지만, 두 길 넘는 봉분들의 크기로 미루어 당시로서는 굉장한 대역사大役事가 긴 세월 계속해서 벌어진 묘역이다. 그러나 이제는 다 주인을 잃고, 몇 호, 몇 호로만 처량하게 내던져진 묘역이다. 생전의 권세도 다 잃어 버려, 수없이 많은 도굴이 자행된 서글픈 묘역이다. 역사가 주는 교훈

》가는 길

선산낙산리고분군은 구미시 해평면 낙산리에 있다. 중부내륙고속도로 선산IC로 빠져나와 68번 국도를 타고 선산읍으로 들어가 33번 국도를 갈아타고 해평 방향으로 5km 정도 가다가 다시 우회전을 해서 25번 국도로 오른다. 잠시 후 낙동강을 건너면 도개면이 시작된다. 다리를 건너 직진해서 일선리 문화재단지와 의구총을 지나면 낙산리고분군이 나온다.

이 고요 속에 깃든 묘역이다.

우리는 다시 버스에 올랐다. 해평海平의 너른 들판이 도로의 양옆으로 펼쳐진다. 이전에는 부를 기약하던, 바다처럼 평평하고 넓은 들이다. 그 증거로 해평을 본관으로 하는 성씨들이 몇 있다. 금오산과는 떼려야 뗄 수 없는 관계를 맺고 있는 야은 길재를 낳은 해평 길씨吉氏, 윤보선尹潽善 대통령을 낳은 해평 윤씨尹氏, 고려의 개국 공신 김훤술金萱述을 시조로 하는 해평 김씨金氏 등이다.

들판 너머로는 여전히 금오산이 버티고 서 있다. 버스는 해평면을 바로 지나, 도리사 안내판에 따라 좌회전을 한다. 옛날에는 냉산冷山으로 불렸던 태조산이 앞에 보인다 ■

5. 선산 땅의 아도와 모례

선산의 옛 이름은 일선一善이다. 일선군은 우리 역사에 일찌감치 그 존재를 드러 냈으니, 바로 아도 화상과의 인연 때문이다. 아도 화상에 대한 기록은 『삼국사기』, 『삼국유사』, 『해동고승전』에 나타나는데, 이를 간추려 보면 다음과 같다.

⊙아도는 고구려 사람이다. 아버지는 위나라의 아굴마我淈摩이고, 어머니는 고구려의 고도령高道寧이다. 5세에 출가하여 16세에 위나라에 갔다가, 19세에 돌아왔다. 모친의 명에 따라 미추왕 2년(263)에 서라벌에 불교를 전 파하러 갔는데, 사람들의 배척을 받았다. 심지어는 살해하고자 하는 사람이 있어 일선군 모례毛禮의 집에 3년간 피신하기도 하였다. 그 후 공주의 병을 고쳐준 보답으로 왕의 허락을 얻어 천경림에 흥륜사를 짓고 머물며 불교의 전파에 힘을 기울였다. 그러다가 미추왕이 죽자 사람들이 자신을 해칠까 두려워 다시 모례의 집에 와 스스로 무덤을 만들고 죽었다.

⊙묵호자墨胡子는 눌지왕(417~457 재위) 때 고구려를 거쳐 일선군 모례의 집 에 와 움집을 짓고 지냈다. 양나라에서 신라 왕실에 보내준 향의 용도를 알려준 뒤 왕실과 가까워졌다. 왕녀의 병을 고쳐 주고 많은 선물을 받아와 모례에게 주고는 종적을 감추었다.

⊙소지왕(479~499 재위) 때 아도 화상이 시자 3인과 함께 모례의 집에 와 수 년간 머물다 죽었는데, 그 용모가 묵호자와 똑같았다.

◉양나라 대통 원년(527)에 아도 스님이 일선군에 왔다. 모례는 그보다 앞서 신라에 왔던 고구려의 정방이나 멸구자 같은 승려들이 왕과 신하들의 배척을 받아 죽임을 당한 사실을 알려주고는, 자기 집에 은거토록 하였다. 이때 마침 오나라 사신이 신라에 향을 바쳤는데, 아도가 그 용도를 알려주어 왕실에 초청이 되었다. 그 자리에서 오나라 사신이 불교와 아도 화상에게 깊은 예모와 존경을 표시하자, 이를 본 왕은 불교를 널리 전파하도록 하였다.

이 이야기들은 서로 다른 부분을 지니고 있는데, 시기적으로 보아 우선 아도는 한 사람이 아님이 분명하다. 이들은 신라에 불교를 전파하기 위해 수차례 내려왔던 고구려 계통의 승려들이라고 짐작할 수 있다.

그런데 이 시기의 신라는 지방의 호족 세력들의 힘이 강성하던 시기였다. 그리하여 왕실에서는 중앙집권 체제를 강화하기 위해 새로운 이념인 불교를 받아들이고자 하였다. 불교를 통해 불법과 국법을 동일시하고, 부처의 힘과 왕권을 동일시하고자 한 것이다. 이는 뒷날 불교를 공인했던 법흥왕이 왕실의 사람들 이름을 석가모니 집안사람들의 이름으로 대치했던 사실에서 명확히 알 수 있다.

아무튼 왕실과는 정치적으로 반대 위치에 선 지방의 호족들은 당연히 불교의 수입을 완강하게 거부했으며, 나아가 불교를 전파하고자 하는 승려들까지도 제거하고자 하였던 것이다. 이때 불교를 전파하기 위해 고구려에서 온 많은 승려들에게 호의적인 반응을 보이던 민중 세력은 모례로 대표된다.

그런데 지금도 도리사 반대 자락에는 모례가 길어먹던 우물이라고 구전되는 '모례샘'이 전해진다고 한다. 도개면 도개동에 자리 잡은 이 샘은 깊이가 3m 정도인데, 지금까지도 맑은 물이 솟아나온다고 한다. 물맛 또한 무척 좋다고 한다. 지금부터는 복숭아꽃(桃)이 피는(開) 도개桃開면의 새로운 도道가 열리는 도개道開동에 살았던 모례와 도리사에 관한 전설 두 개를 들어 보기로 한다. 둘 다 재미있는 이야기들인데, 하나는 풍수설까지 끼어든 이야기이다.

　아도 화상이 모례의 집에 왔을 때의 나이는 겨우 일곱 살이었다. 아도는 이때부터 모례의 집에서 5년간 머슴을 살았는데, 소 천 마리와 양 천 마리를 길러 내서 모례를 크게 놀라게 하였다.

　5년 후, 아도는 새경을 한 푼도 받지 않고 모례의 집을 나왔다. 모례는 미안하기도 하고 섭섭하기도 해서 아도에게 어디로 가느냐고 물었다. 모례는 다만, 얼마 후 당신 집으로 칡넝쿨이 뻗어올 것이니 그때 그 칡넝쿨을 따라오면 나를 만날 수 있으리라는 모호한 대답을 하고 떠나 버렸다.

　한겨울이 되었다. 그런데 어디선가 내려온 칡넝쿨 한 줄기가 모례의 집 문턱을 넘는 것이 아닌가? 깜짝 놀란 모례가 아도의 말을 상기하고는 칡넝쿨을 따라가 보니, 냉산 자락 한켠에 과연 아도가 서 있었다.

　반가워하는 모례에게 아도는 두 말들이 정도의 작은 망태기 하나를 내밀었다. 절을 지으려고 하니 그간의 새경 대신에 시주 삼아 망태기에 곡식을 가득 채우라는 주문이었다. 평소 인색하기 그지없던 모례는 얼른 승낙하였다. 작은 망태기에 곡식이 들어가면 얼마나 들어갈까 하면서, 5년간의 새경을 주지 않아도 된다는 기쁜 마음에 선뜻 승낙을 한 것이다.

　그러나 웬걸, 망태기는 곡식을 부어도 부어도 채워지지 않았다. 모례는 끝내 약속을 지키지 못하고 천 섬의 곡식으로 겨우 망태기 반쯤을 채울 수 있었다. 아도는 모례의 이 시주로 한겨울 추위에도 복숭아와 오얏꽃이 만발했다는 지금의 자리에 절을 세우고, 이름을 도리사라고 하였다.

　도리사가 창건되고 나서이다. 절은 나날이 번창해서 수행하는 승려들로

넘쳐나게 되었다. 그러자 절의
승려들이 이따금 마을로 내려와
시주를 얻어가곤 하였다.

그런데 아도의 망태기에 혼이
난 바 있는 모례는 한번도 시주
를 하지 않았다. 다만 법력을 빌
어 어떡하면 더 부자가 될까 궁

리만을 하였다. 그러던 어느 날 모례는 탁발을 나온
스님을 잡고 제발 더욱 부자가 될 방도를 알려 달라
고 했다. 모례의 간청을 듣고 난 스님은, 모례의 집
이 배 모양이니 돛을 달면 더욱 부자가 되리라고 대
답해 주었다. 욕심에 눈이 어두운 모례는 아주 튼튼
한 돛을 세운답시고, 곧장 비석돌 세 개를 가져다가
돛으로 세웠다. 그 후 모례의 집은 점차 기울어 마
침내 망하고 말았다. 비석돌 무게에 배가 가라앉은
때문이었다.

도개면의 도개동에는 지금도 '모례샘' 외에, 아도가 천
마리의 소와 양을 먹였다는 '소천골'과 '양천골'이 마을
의 맞은편 냉산 북쪽 자락에 남아 건너다보인다고 한다.
그리고 마을 입구에 있는 입석은 그때 세운 세 개의 비석
가운데 하나라고 한다. 도개면과 도개동이란 이름도 필시
위의 전설에서 기인하였으리라.

일설에는, 절이란 말도 모례의 이름에서 나왔다고 한
다. 모례毛禮를 향찰식으로 읽으면 '털례'인데, '털례'가
'덜례'와 '절례'로, 여기에서 '례'가 떨어져 나가 절이란
단어가 되었다 것이다. 나아가 일본어로 절을 뜻하는 단어
인 '테라(てら)' 또한 모례의 이름에서 기인한다고 한다 ▮

6. 신라 최초의 사찰 도리사

도리사 입구에는 사하촌이랄 게 없다. 두서너 개의 가게가 드문드문 서 있고, 길가의 숲에는 가족 단위의 소풍객들이 더위를 식히고 있다. 가파른 길은 가게들을 지나 계속된다. 오름새가 급한데다 구불대는 길을 따라 버스가 힘겹게 몸을 움직인다.

길 주변으로는 적송이 쭉쭉 솟아 있다. 녹음이 우거져서 길까지 그늘로 덮었다. 시야마저 서늘해지는 정취 어린 길이다. 힘이 들지라도 천천히 따라 걷고 싶은 마음이 일어나는 길이다.

앞쪽에 커브길 한쪽으로 그다지 넓지 않은 주차장이 보인다. 그 안에 관광버스도 대여섯 대 보인다. 수신호에 따라 우리를 태운 버스가 굼뜬 몸을 놀린다. 몇 번인가 진퇴와 꺾기를 반복하더니 마침내 몸을 세웠다.

주차장에서 경내까지는 200m나 될까? 그러나 30도가 넘는 가파른 경사로, 땀이 나고 숨이 차는 길이다. 송림에서 풍겨 나는 숲 냄새가 그래도 싱그럽다. 쓰레기통을 뒤지던 청설모란 놈도 사람을 두려워 않고 멀뚱멀뚱 바라본다.

지금은 직지사의 말사로 남은 도리사는 눌지왕 2년(418)에 아도 화상이 세운 절이라고 전해진다. 이 말이 사실이라면 도리사는 신라 최초의 사찰이 되는 셈이다. 선산군 해평면 송곡리 태조산 기슭의 절이다.

그 옛날 서라벌에 불교를 전하기 위해 갔다가 돌아오던 아도의 눈에, 한겨울인데도 냉산 자락 눈밭 한 군데에 복숭아꽃과 오얏꽃이 만발한 것이 보였다. 이에 아도가 이곳에 절을 짓고 도리사라고 이름을 지었다는 것이다.

그 후 도리사의 사세寺勢가 어떠하였는지
는 알 수 없다. 다만 전해지는 다음의 이야
기로 미루어, 임진왜란 이전까지는 상당히
큰 절로 융성하였음을 알 수 있을 뿐이다.

○도리사

　도리사에 도행道行이라는 스님이
있었다. 그는 이름만 승려였지, 왈패
나 다름없는 존재였다. 그는 수십 명의 불한당들을
이끌고 온갖 악행을 일삼았다. 술에다 고기는 물론
이오, 부녀자들까지 스스럼없이 겁탈을 하곤 하였
다. 그래서 사람들은 그를 도철이라고 불렀다. 도철
은 성질이 포악하고 먹기를 잘하는 게걸스런 인물
로, 일찍이 사마천司馬遷이 지은 『사기史記』에 나오
는 악한 인물이다.

　도철의 행패는 나날이 심해져서 울던 아이도 도
철이 온다하면 울음을 그쳤다고 한다. 도철이는 힘
이 장사여서, 누구도 그를 당해 낼 수 없었다. 그런
데 이상하게도 방장 스님만은 그의 못된 짓을 눈감
아주곤 하였다. 어떤 때는 그의 편이 되어 시끄러운
사건을 손수 무마하곤 하였다.

　그런데 도철이는 한번 잠이 들면 여간해서 깨어
나질 않는 버릇이 있었다. 어느 날이었다. 그날도
도철이는 패거리들을 이끌고 마을의 소를 잡아 숲
에서 구워 먹었다. 이때 마을의 반반한 여인들도 잡
아가 술시중을 들게 하고 노리개로 삼았다. 화가 난
마을 사람들과 절간의 다른 승려들이 도철이가 있
는 곳에 찾아갔으나, 그들은 도철이의 패악질 앞에
서 어쩔 도리가 없었다. 여인들이 인질로 사로잡혀

있었기 때문이다.

골머리를 앓던 주지 스님과 대중들은 마침내 도철이를 제거할 수 있는 꾀를 하나 내었다. 술에 취해 잠들은 도철이의 혈에다가 대나무 침을 놓아 폐인으로 만들자는 꾀였다. 그들은 마침내 도철이와 그 일행들이 술에 취해 세상 모르게 깊은 잠이 든 날, 결행에 옮겼다.

그들은 먼저 그물로 도철이와 왈자 패거리들을 포박한 다음, 미리 준비해 둔 대나무 침을 도철이의 혈에 깊숙이 찔렀다. 그러자 단말마의 비명을 내지르며 악을 쓰던 도철이도 마침내 잠잠해졌다. 중요한 혈이 모두 찔려 병신이 다 된 것이었다.

이 사실을 안 방장 스님이 노발대발하였다. 밥벌레들이 절을 말아먹었다고 주지와 대중들에게 호통을 치다가 방장 스님은 마침내 세상을 떴다.

어느 날 도리사에 객승 하나가 찾아들었다. 그는 주지 스님과 이야기를 주고받다가 절터가 너무 세다고 하였다. 그래서 가끔은 감당하기 힘들 정도로 못된 승려들이 나올 것이라고 덧붙였다.

도철이에게 질린 경험이 있던 주지가 그 객승에게 이를 막을 방책을 물었다. 객승은 앞산에 나쁜 기가 모여 절에 해를 끼치는 것이니, 앞산에다 돌을 옮겨 쌓으라고 하였다. 그래야 그 나쁜 기운을 누를 수 있다는 것이었다. 이 말을 믿은 주지 스님은 대중들을 풀어 오랜 세월 앞산에 돌탑을 쌓았다.

그 후 도리사는 마침내 폐사의 길로 접어들었다. 돌탑을 쌓은 이후 임진왜란이 일어나고 차츰 절이 망해 갔다. 설상가상으로 큰 화재까지 나서 마침내 도리사에는 스님이 하나도 남지 않게 된 것이었다.

돌탑을 쌓으라던 객승은 일본에서 온 술사였다. 그는 조선의 뛰어난 지기

》》가는 길

구미시 해평면 송곡리에 있다. 경부고속도로 김천IC로 나와 300m 지점 교동교에서 좌회전을 하여 2.8km 직진하다가 감천교에서 선산방면 910번 지방도로 21km 가면 선산읍이 나온다. (중부내륙고속도로에서는 선산IC를 빠져나와 68번 국도를 타고 선산읍으로 감) 선산읍에서 상주 방면 33번 국도로 5km 가다가 우회전하여 25번 국도로 9.5km 가면 송곡리 도리사 입구가 나온다. 입구에서 좌회전하여 5.5km를 가면 도리사가 나온다.

地氣가 많은 인재를 낳는다는 사실을 알고, 이를 훼손시키기 위해 먼저 밀파된 자였다. 그는 도리사가 행주형行舟形의 명당으로, 여기에서 더 이상 인재가 나올 수 없도록 하기 위해, 뱃머리에 해당하는 앞산에 돌탑을 쌓으라고 해서 도리사라는 거함을 침몰시켰던 것이다.

방장 스님은 알고 있었다. 도철이란 이무기가 있어 도리사에는 더 이상 큰 횡액이 들어오지 못한다는 사실을. 나아가 그 이무기의 힘이 보이지 않게 도리사를 지키고 있었음을. 그래서 홀로 그 이무기를 감싸고들었던 것이었다.

실제로 도리사의 화재는 숙종 3년(1677)에 있었다. 이때 대웅전은 물론이고, 모든 건물들이 화마의 밥이 되었다. 모든 역사가 다 타 버린 것이다.

영조 5년(1729)의 일이다. 화재 당시 간신히 불길을 벗어났던 산내 암자 금당암金堂庵에 도리사란 현판이 내걸렸다. 이로부터 도리사의 사세가 조금씩 회복되었는데, 도리사가 단번에 세상의 주목을 끈 발견이 1977년 4월에 있었다. 절의 담 밖에 있던 석종형 사리탑에서 부처님의 진신사리眞身舍利가 발견된 것이었다. 직경 8mm의 타원형으로, 영롱한 빛을 찬란하게 뿜어내는 사리였다. 이 사리는 오늘날 적멸보궁寂滅寶宮 뒤쪽의 새로운 사리탑에 안치되어 있다.

사리탑 쪽으로 역시 유리창을 두른 적멸보궁이 나타났다. 많은 사람들이 사리탑 둘레에서 탑돌이를 한다. 나도 그 원에 끼어 탑을 한 바퀴 돌았다.

적멸보궁 앞에 서자, 아주 시원하다 못해 속까지 후련

한 전방이다. 여기는 분명 백호 자락에 해당하는 자리인데도, 뛰어나게 좋은 자리이다. 인간 세상이 눈높이 아래로 내려갔다. 온 세상이 한눈 아래이다.

아래로 내려 뻗은 청룡과 백호 두 자락이 절터를 아우른다. **괘등혈**掛燈穴의 청룡과 백호는 기울기를 쑥 낮추어 뻗는 법이다. 그 너머로 길고 짧은 이랑이 되어 수많은 산들이 누워 있다. 어느 산이나 불거져 나오고 거역하는 기미가 없다. 마치 엎드려 순종하는 모양이다. 깨진 산이나, 흉석凶石, 탐봉貪峰 하나가 없다. 모두 명당을 향해 얌전하게 다가든다. 평안하고 넉넉한 모습이다.

여기는 실로 진리를 널리 전파하려는 부처의 뜻이 담긴 자리이다. 저 아래로 인간의 터가 올망졸망 엎드려 있다. 아득히 구미시도 일견 보인다. 각이 진 아파트 군이다. 그러나 전혀 튀어나오지 않는다. 전체적인 풍경 속에 저절로 동화되어, 다소곳한 모습으로 바뀌었다. 진리의 말씀에 복종하는 형국이다.

참으로 좋은 절터이다. 그러기에 진신사리가 다시 이 세상의 빛을 보게 된 것도 결코 우연이 아니리라. 꼭 다시 나올 만한 자리였기에 도굴꾼들의 손도 기가 막히게 피하고 다시 나타난 것이리라. 사리가 꼭 있어야 할 자리이기에 오늘날 이렇게 새로운 탑으로 자리 잡고 있는 것이리라.

극락전極樂殿 앞으로 내려가자, 일행들이 거기에 있다. 극락전은 탐랑성으로 솟은 태조산의 중출맥이 뻗어 내려 혈을 맺은 곳이다. 태조산 꼭대기는 솔밭이다. 여기에서 45도가량의 급경사로 용맥이 내려왔다. 그리고 용진처에 이르러서는 잠깐 완만해졌다. 툭 튀어나온 그 끝 두둑에 고목 한 그루가 서 있다. 아주 생명력 있는 밝고 힘찬 용이다. 태조산의 기가 다 응결된 혈처이다.

이 혈의 이름은 괘등혈이다. 벽에다가 등잔을 걸어 놓은 것처럼 가파른 급경사에 얼른 만들어진 혈이다. 그래서 청룡과 백호도 전면을 향해 급한 기울기로 지세를 낮추며 보조를 맞추었다. 괘등혈은 속발부귀를 기약한다. 전방을 보니, 나무가 우거져 시야를 다소 가린다. 그러나 적멸보궁에서 본 바와 거의 다름없는 전방이다. 겨울에 오면 더 잘 보인다고 한다. 그 아래쪽의 좌선대坐禪臺는 아도 화상이 참선을 할 때 사용했다는 천연석 단으로, 극락전 바로 아래 능선에 있다. 네 귀퉁이의 돌받침 위에 큰 너럭바위가 올려져, 마치 바둑판 같은 모양새이다. 한 사람이 눕기에도 넉넉할 만큼 큰 대이다. 위쪽 계단 옆에 아도 화상의 사적비가 서 있다.

좌선대도 혈처이다. 극락전에서 쏟아지듯 내려오던 용맥이 이곳에다 얼른 자리를 또 하나 봐 놓고 다시 급하게 진행을 계속하고 있다. 대체로 다이아몬드 모양의 혈장으로, 좋은 참선 터 하나를 만들어 놓았다. 좌선대 바로 앞에는 사적비와 시주비가 나란히 서 있다.

아도 화상의 유적은 이곳에 또 하나 있다. 서대西臺이다. 서대는 태조산 초입의 서쪽 산자락에 있는 좁은 터를 가리킨다. 아무런 자취도 남은 것 없는 조그만 공터지만, 이곳이 바로 아도 화상이 황악산 자락을 가리키며 직지사 터를 잡았다는 그곳이다. 지금도 들판 너머로 황악산이 시원스럽게 보이는 곳이다.

태조산의 괘등혈에 행주형 터인 도리사를 나오며, 나는 참으로 이곳이 신라 최초의 수행 도량이 되기 위한 인연을 진작에 갖추고 있었다는 생각이 들었다. 으뜸이라는 뜻을 지닌 태조산의 힘찬 기운을 받아 거센 세파의 넓은 바다를 항진하는 배 안에, 진리의 등불이 높다랗게 외로이 켜 있는 것 아닌가? 복숭아꽃, 오얏꽃(桃李)이 만발한 화엄의 세계를 위하여, 냉담한 세상(冷山)에 우리 불도(我道)의 실체가 무엇이라고 설파하며 다니던 고구려 승려들의 발자국 소리가 어슴푸레 들려오는 듯도 하다 ■

≋**괘등혈**(掛燈穴) : 등잔불처럼 가파른 산중턱에 걸려 있는 혈.

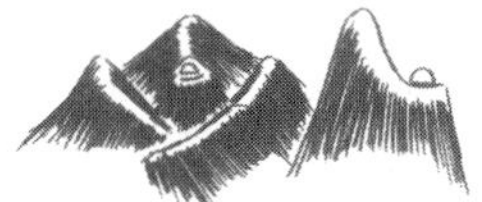

7. 박정희 대통령 생가

버스가 구미시를 관통하여 박정희 대통령의 생가로 달린다. 따지고 보면, 평지 돌출하듯 대통령이 된 인물이 박정희이다. 가문도 학벌도 변변치 못하지만, 혼란한 시대의 흐름에 편승해서 대통령이 된 인물이다. 그래서 풍수지리학자들 사이에 어느 조상 묘소의 발복인가로 논란이 많은 인물이기도 하다.

그런데 여기에 대해서 일찍이 정 선생이 인터넷에 올린 글이 있다. 특히 논란의 주된 소재가 되는 박 대통령 조모의 무덤에도 오르지 못한 내 처지에서 보니, 여러 가지 경우를 치밀하게 따져 쓴 글이다. 그래서 얼마 동안 나는 이 부분을 손대지 못하며 망설이고 있다가, 마침내 정 선생의 글로 대신하기로 결정하였다.

다음은 정 선생의 글이다.

경부고속도로 구미 인터체인지 또는 남구미 인터체인지에서 나와 상모동에 들어서면, 금오산에서 뻗은 능선 하나가 몇 개의 산을 아름답게 연속으로 만들면서 힘차게 내려오는 것을 볼 수 있다. 산이 아름답고 기세가 있어 박정희 대통령 생가를 물어 보지 않아도 그 산만 보고 가면 바로 찾을 수 있다.

금오산 중출맥中出脈 용진처龍盡處에 자리 잡은 박정희 대통령 생가는 경상북도 구미시 상모동 171번지에 소재하고 있다. 제5대에서 9대까지 18년 동안 대통령을 지낸 박정희는 1917년 11월 14일 당시 이곳 경상북도 선산군 구미면 상모리에서 아버지 박성빈朴成彬과 어머니 백남의白南義 사이의 5남2녀 중 막내로 태어났다.

어머니 수원水原 백씨白氏는
45세의 늦은 나이에 아이를 잉
태하였다. 망신스럽기도 하고 또
가난한 형편에 낳아 키우기가 어
려워, 아이를 지우려고 하였다고
한다. 아이가 유산되라고 배를

◑ 박정희 대통령 생가

치기도 하고, 홍두깨 방망이를 배 위에 올려 놓고 두드리
기도 하고, 심지어는 독한 간장 물을 몇 그릇씩이나 들이
키기도 했는데, 아이는 떨어지지 않고 세상에 나왔다. 찢
어지게 가난한 집안이라, 나무 기둥도 없이 흙으로만 쌓
아올려 금방이라도 무너질 듯한 오두막에서 뒷날 이 나
라의 대통령이 될 박정희가 태어난 것이다.

박정희 대통령은 고령 박씨 29세 손으로, 그의 선조는
고령에서 성주로 이거移居하여 할아버지 대까지 가난하
게 살았는데, 아버지 박성빈이 처가인 수원 백씨 제실祭
室이 있는 이곳으로 이사를 와 조그마한 오두막을 지었
는데, 지금의 생가 터이다. 형들과 누나들은 성주에서 태
어났고, 박정희만 지금의 생가 터에서 태어났다.

박정희 형제들은 농사를 지으며 궁색하게 살았는데,
셋째 형 상희가 똑똑하여 집안을 일으켜 세울 인물로 식
구들의 기대가 컸다. 그러나 상희는 철저한 민족주의자
로 일제시대에 감옥에 가기도 하였고, 해방 후에는 동아
일보 지국장을 하였다. 1947년 10월 1일 대구 폭동 때 좌
익 편에 가담하였다가, 우익의 총에 맞아 목숨을 잃었다.
집안의 희망이었던 상희가 공산당 활동을 하다가 죽자
가족들의 실망은 이만저만이 아니었다.

박정희는 가족들이나 주변으로부터 별 기대를 받지

못하고 1932년 16세로 구미보통학교를 졸업하고 대구사범학교에 진학, 1937년 21세로 졸업 후 1940년까지 3년가량 문경보통학교 교사 활동을 하였다. 그 당시 교사는 남들이 부러워하는 매우 좋은 직업이었는데, 그는 결혼도 하여 딸 하나를 두었다.

그러나 그는 무슨 생각에서인지, 남들이 부러워하는 교사를 그만두고, 가족들에게 말 한마디 없이 홀연히 만주로 떠나 신경군관학교新京軍官學校 제2기생으로 입학하였다. 최우등생으로 수료해서 일본 육군사관학교로 전학한 다음, 1944년 졸업과 함께 소위로 임관하여 관동군에 배치되었다. 이 과정에서 그는 일본군으로서 독립군을 소탕하는 작전에도 참여하였다. 이러한 그의 전력은 훗날 장준하 등 민족 진영 광복군 출신의 정적들에게 공격의 대상이 되기도 하였다. 1945년 해방이 되어 일본군 패잔병으로 고향에 나타나자, 셋째형 상희는 "학교 선생이나 계속하지 왜 일본군이 되었냐?"며 핀잔을 주었다.

그는 1946년 다시 대한민국 육군사관학교 제2기로 졸업하여 육군 대위가 되었고, 1950년 육영수 여사와 재혼한다. 그리고 1953년 37세의 나이로 장군이 되어, 1954년 제2군단 포병사령관, 1955년 제1군 참모장을 거쳐, 1958년에 소장으로 진급한 다음 1960년 육군 군수기지 사령관 등 군문의 주요 지휘관을 역임하고, 1961년 제2군 부사령관으로 재직중 5·16 군사 쿠데타을 주도하여 정권을 장악하게 된다. 1963년 육군 대장 예편과 동시에 제5대 대통령으로 출마하여 46세의 나이로 당선되었다. 그리고는 제6대, 제7대, 제8대, 제9대 대통령을 연임한다.

아무런 배경도 없는 보잘것없는 집안에서 가족들의 기대도 받지 못했던 그가

》가는 길

경부고속도로 구미IC로 나와 우회전한 다음 33번 국도로 진행하여 수출기념탑을 돌아 다시 우회전하여 상모, 사곡(칠곡 북삼, 왜관)으로 진행하다가, 고속도로 박스 앞에서 우회전하면 사곡동 시가지에 진입하게 된다. 사곡동 시가지를 지나면 도로 우측에 생가 안내표지판이 있다. 또 우회전하여 상모초등학교 정문을 지나 직진하면 상모동에 도착한다. 또는 구미IC에서 좌회전하여 시청 방향으로 진행하다가 철로 위 고가도로가 끝나는 곳에서 우회전하고 30m 지점에서 다시 우회전하여 상모, 사곡 방향(칠곡 북삼, 왜관)으로 진행하다가, 사곡동 시가지가 끝나는 곳 도로 우측에 생가 안내표지판이 있다. 이 표지에 따라 상모초등학교를 끼고 우회전하여 상모동으로 진입한다.

대통령이 되자, 사람들은 조상을 명당에 모셨기 때문이라며 박정희 대통령 할아버지와 할머니 묘를 지목하기 시작했다. 사실이 확인되지 않은 이야기가 만들어지기도 했다.

한 예로, 자칭 신안神眼이라는 육관 손석우 씨는 그의 저서 『터』에서, 박정희 할아버지 박영규朴永奎가 유난히 눈이 많이 오고 추웠던 겨울날 사망하자, 아버지 성빈은 묘 쓸 땅 한 평 없는 처지라 상여도 없이 마을 청년들의 도움을 받아 들것에다 시신을 싣고 집 뒤 남의 산으로 가 임시변통으로 매장을 하였는데, 그 자리가 바로 전설로만 전해져 내려오는 금오산 2대 명혈 중의 하나인 **금오탁시형**金烏啄屍形으로 제왕이 날 대명당 터였던 것이라고 하였다.

그런데 박정희 대통령 할아버지 묘는 경북 칠곡군 약목면 관내동에 있다. 그 곳은 금오산이라기보다는 영암산(해발 782m), 서진산(해발 742m), 비룡산(해발 576m) 연봉 중 서진산을 주산으로 하는 곳이다.

또 사람들은 구미시 상모동 마을에서 오른쪽으로 걸어서 약 20분 거리에 있는 정총골이라고 불리는 곳에 있는 조모 묘를 지목하였다. 특히 묘 앞에는 약 2m 높이의 직사각형 모양의 바위가 서 있는데, 이 바위가 임금의 도장인 어보御寶를 뜻한다 하여 대통령이 나올 만한 자리라고 한다. 과연 그럴까?

박정희 대통령 생가를 관람한 후, 조모 묘를 오르면서 주변 산세를 살펴보았다. 한 나라의 대통령이 나올 만한 자리 같으면, 금오산에서 출발한 주룡이 중출맥이면서 모든 산 기운이 집결되어야 한다. 또 대강수大江

🔼 조모 묘 앞에 있는 어보사라는 바위

〰️ **금오탁시형**(金烏啄屍形) : 까마귀가 시체를 뜯어 먹는 형상을 한 혈.

〰️ **생가와 조모 묘의 산맥도**

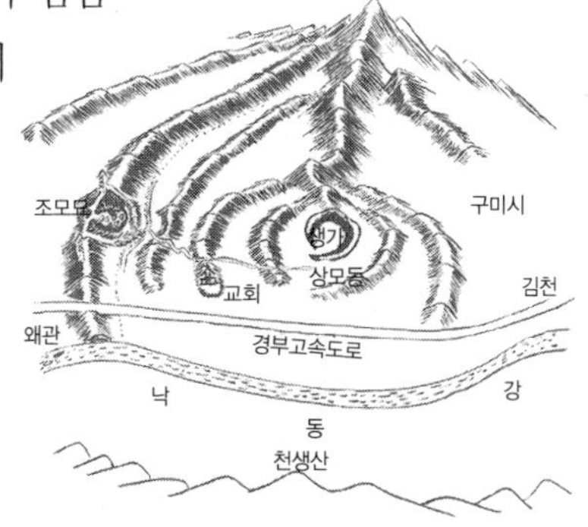

水가 이를 받아 음인 용과 양인 물이 서로 균형 있게 음양 교합을 하여야 한다.

구미 상모교회가 있는 언덕에서 금오산과 구미 시가를 살펴보면, 금오산의 중심 맥은 박정희 대통령 생가로 내려갔다. 할머니 묘가 있는 능선은 크고 기세가 있으나 구미시를 감싸 주는 외백호에 해당된다.

용에는 **정룡**正龍과 **방룡**傍龍이 있는데, 정룡은 주산의 중추적 산줄기로 변화가 활발하여 개장천심과 기복, 과협, 결인하고, 좌우 양쪽에는 방룡의 호위를 받으며 기세 있게 행룡行龍하는 용을 말한다.

반면에, 방룡은 비록 정룡과 같이 주산에서 출발하였다고는 하나, 독립성이 없이 정룡의 양편으로 따라다니는 호종사로, 청룡과 백호가 이에 해당된다. 그러나 방룡도 기세 있게 생동하면 생룡生龍으로서 혈을 결지할 수 있다. 그렇지만 대통령을 낼 만한 제왕지지帝王之地 대혈은 한 산맥의 중출맥인 정룡에서나 가능한 것이다. 방룡에서는 중·소 혈만 결지할 따름이다.

조모 묘에 올라가기 전 이곳 언덕에서 구미 시내 전체를 살펴볼 필요가 있다. 과연 조모 묘의 발복으로 대통령이 되었다 또는 아니다의 논쟁을 해결할 수 있는 곳이 될 수 있기 때문이다. 금오산은 그 기세가 장중하여 구미시를 두 팔을 벌려 감싸 안고 있는 형상을 하고 있다.

금오산에서 뻗은 많은 산줄기가 어느 곳을 핵으로 하여 감싸 주고 있는지 살펴보면, 박정희 대통령 생가가 있는 곳이다. 구미 상모교회가 있는 능선도 그쪽을 향하여 감싸듯이 있다. 대통령 조모 묘가 있는 산줄기 역시 그쪽을 감싸 주고 있는 형상으로, 그 끝이 낙동강 변까지 뻗어 있다. 이러한 점으로 보아, 금오산의 중출맥은 생가로 내려온 용맥이 되고, 조모 묘의 능선은 생가의 주룡과 혈을 외곽에서 보호해 주기 위한 외곽 보호사라는 것을 알 수 있다.

여기서 구미시 앞으로 흐르고 있는 낙동강을 살펴보자. 앞서 이야기하였듯이, 혈의 결지 조건은 음인 용과 양인 물의 음양 교합에 의해서 이루어진다. 금오산과 같이 기세 장엄한 주산의 중출맥으로 내려온 주룡과 음양 교배를 하려면, 물 역시 그것과 균형이 맞아야 한다. 때문에 낙동강과 같은 대강수가 아니면 안 된다.

지도를 펴 놓고 구미시를 살펴보면, 낙동강이 구미시와 금오산 쪽을 금성환포錦城環抱해 주었음을 알 수 있다. 특히 박정희 대통령 생가 쪽에 그 중심이 있음을 볼 수 있다.

반면에 조모 묘와 낙동강과의 관계는 오른쪽으로 흘러가는 강물이지, 실제 서로 상응하여 교합하는 물은 아니다. 이러한 점으로 미루어보아, 대통령이 날 만한 제왕지지의 대혈은 생가 쪽에 있지 조모 묘에 있다고는 보기 어렵다.

박 대통령의 할머니 성산星山 이씨李氏와 아버지 박성빈, 어머니 수원 백씨, 그리고 김종필 자민련 총재의 장인이 되는 박 대통령의 형 박상희의 묘가 있는 곳은, 구미시 상모교회가 자리 잡은 야산이다. 교회를 지나 농로를 따라가다 보면 작은 개울이 나오는데, 그 위 고압선 철탑과 철탑 사이 능선에 묘역이 있다. 많은 사람들이 다녀간 듯, 묘에 오르는 길이 잘 나 있다. 아래서부터 중간중간에 숙부, 형들, 부모의 묘가 있고, 제일 위가 화제의 할머니 묘다.

할머니 성산 이씨는 1840년대에 태어나, 박정희가 태어나기 7년 전인 1910년에 사망하여, 현재의 자리에 묻혔다. 묘를 쓰고 태어난 자손이 묘의 발복發福을 가장 확실하게 받는다는 것이 **동기감응론**同氣感應論이다. 이런 점으로 보아 일찍 죽은 넷째 형을 제외하고 동희, 무희, 상희, 정희 4형제 중 박정희 대통령이 가장 발음發蔭을 많이 받고 태어났다고 보는 것이다.

그러나 이 자리로 인해서 대통령이 나왔다고 주장하기에는 여러 가지 미흡한 점이 많다. 우선 주룡은 앞에서 설명한 바와 같이 금오산 오른쪽 산줄기로 기세 있게 기복起伏하면서 구미시를 외곽에서 보호해 주듯 낙동강변까지 내려가 강을 만나 멈추었다. 이 능선의 중간에서 한 맥이 왼쪽으로 뻗어 비교적 높은 곳에 할머니 묘가 있는

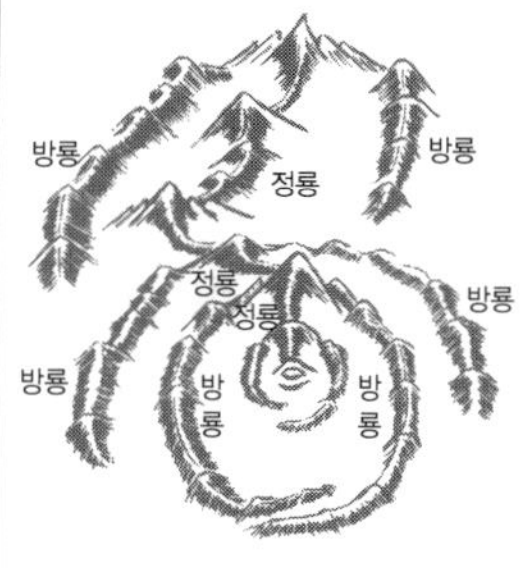

≋**용의 정룡**(正龍)과 **방룡**(傍龍) : '정룡'은 변화가 많고 깨끗하지만, '방룡'은 변화가 없고 경직되어 있음.

≋**동기감응론**(同氣感應論) : 묘의 좋고 나쁜 기운이 후손들에게 끼치는 영향. 조상과 후손은 같은 혈통 관계로 같은 유전인자를 가지고 있기 때문에, 서로 감응을 일으킨다는 이론. 발음發蔭, 발복發福이라고도 함.

혈을 결지하였다. 주능선에서 약 30~40m 정도 깨끗하고 밝은 모습의 용맥이지만, 기복 또는 위이 등의 변화가 보이지 않는다.

용혈의 생왕사절生旺死絶과 크기는 용의 변화 모습을 보고 판단한다. 만약 대통령을 낼 만한 대혈이라면, 이 입수룡의 변화가 기세 있어야 한다. 그리고 낙동강 변까지 내려간 능선은 백호가 되어 여러 겹으로 이곳을 감싸주어야 하는데 그렇지 못했다.

이처럼 변화 없이 직선으로 내려온 용맥을 **직룡입수**直龍入首라 하여, 죽은 용 즉 사절룡死絶龍으로 볼 수도 있다. 그러나 이곳은 입수룡 반대쪽에 효순귀가 있어 입수룡을 뒤에서 밀어주고 있고, 용이 후덕하면서 생기를 담고 있어 밝고 깨끗하다. 또 입수룡 아래 왼쪽에 귀하게 생긴 크고 작은 귀석貴石 두 개가 있어 사절룡처럼 보이지는 않는다. 그렇지만 대통령이 날 만큼 기세 있는 입수룡으로 보기는 힘들다.

묘가 있는 혈장穴場 역시 미흡한 점이 있다. 혈장은 단순한 흙덩어리가 아니다. 생기가 모여 취결聚結된 곳으로 기가 충만해 있기 때문에, 외관상 볼록하면서 살이 찐 듯 풍만한 것이 좋은 혈장이다.

그런데 여기서는 입수도두가 분명하지 않다. 입수도두를 보고 혈이 지닌 생기의 양과 기세를 판단하는데, 이곳은 특출하게 보이지 않는다. 그러나 묘 양옆 계곡 쪽으로 뻗은 선익은 분명해서 이곳이 혈임을 증명해 주고 있다. 조모 묘 앞 순전 역시 묘지 공사로 파헤쳐서인지 잘 보이지 않는다.

여기서 아래로 약 10m정도 내려가면 박정희 대통령의 아버지와 어머니 묘가 쌍분으로 나란히 있다. 이곳 역시 입수도두와 선익이 분명치 않아 혈이라고 보기 힘들다. 사실 수많은 사람들이 조모의 묘는 언급했어도, 부모 묘를 혈이라고 언급하는 사람은 없었다.

조모 묘 아래에는 험한 바위들이 여러 개 무질서하게 있으며, 그 중에서 약2m정도 되는 직사각형 흰색 차돌이 금이 가 갈라진 형상으로 서 있다. 조모 묘가 대통령을 배출하였다고 주장하는 사람들은 이 바위가 있기 때문이라고 한다. 사람들은 이 바위가 임금의 도장인 어보사御寶砂에 해당되기 때문에 대통령이 나온 것이라고 한다. 과연 그럴까?

유명한 대혈이나 명묘에 가 보면, 혈의 순전 아래에 **요
석**曜石이라고 하여 깨끗하고 귀하게 생긴 돌들이 질서
있게 박혀 있는 것을 볼 수 있다. 주룡의 기세가 너무 크
면, 혈 앞에서 생기가 빠져나가기 쉽다. 때문에 생기가
빠져나가지 않도록 하는 역할을 순전이 흙만으로는 감당
할 수 없어 자연적으로 돌이 박혀 있는 것이다. 이 요석을
보고 주룡의 기세와 생기의 역량을 판단하는데, 요석이
있으면 매우 귀한 것으로 본다.

대부분의 요석은 땅속 깊이 박혀 있으며, 땅위로는 약
간만 보이는 것이 일반적이다. 그러나 충남 예산 가야산
에 있는 흥선대원군 아버지 남연군 묘의 경우는 용의 기
세가 너무 크다 보니 요석도 깊이 박혀 있고, 지상으로도
깨끗하고 수려하면서 큰 모습으로 돌출되어 있다. 그런
데 이곳은 땅속 깊이 박혀 있는 것이 아니라, 땅위로 뜬
부석浮石처럼 되어 있다. 풍수지리에서 이러한 돌이 전
혀 영향을 주지 않는다고 여기지는 않지만, 혈의 생기를
보호하는 요석으로 보기는 힘들다.

사격론砂格論에서는, 혈 앞에 이와 같이 금이 가고 깨
진 흉석 그것도 가장 흉하다는 차돌이 있으면, 크게 흉화
를 불러들여 자손이 살상을 당하는 재앙을 초래한다고
하였다.

그 때문일까? 1910년에 이 묘를 쓰고 나서, 37년 후인
1947년 셋째 손자 박상희는 총에 맞아 죽었다. 65년 후
인 1975년에는 손자며느리인 육영수 여사가 총에 맞아
사망하였다. 69년 후인 1979년에는 막내 손자 박정희 대
통령도 결국 총에 맞아 죽는 비운을 당하였다.

그런데 사람들은 묘의 발복이 왕성할 때는 이 바위가
어보사로 역할을 하여 박정희가 대통령이 되었고, 이 묘

의 발복이 끝났으므로 박 대통령이 총에 맞아 세상을 떴다고 말한다. 그렇다면 똑같은 자손인 박상희가 총에 맞아 죽은 흉사는 어떻게 설명할 것인가?

할머니 묘가 대통령을 배출할 만큼 대혈이 아니라는 증거는 주변의 산수를 살펴보아도 알 수 있다. 앞에서도 언급했듯이, 한 나라의 대통령을 낼 만큼의 대혈이라면 적어도 그 일대의 모든 산과 물이 그 자리를 핵으로 하여 전후좌우에서 잘 감싸주어야 한다. 그러나 이곳은 큰 산줄기의 요도지각에 해당하는 능선만이 청룡 백호가 되어 감싸주었을 뿐, 특별하게 이곳을 향하여 감싸준 산이나 물이 없다.

조모 묘가 작은 혈이라도 된다고 보는 것은, 그나마 이 청룡과 백호가 있기 때문이다. 또 혈이 너무 높게 있어 주변 산들과 균형이 맞지 않을 뿐만 아니라, 주변 산들이 낮아 충분하게 이곳을 보호해 주지 못하고 있다. 또한 묘 앞에 펼쳐진 명당은 구미시와 낙동강변의 들판이 되는데, 평탄하고 원만하기는 하나 이 묘에 비해 너무 광활하여 짜임새가 없다. 어딘지 모르게 황량한 느낌을 준다. 구미시 건너편에 있는 안산과 조산은 수려하고 매우 귀한 사격들이 많으나, 너무 멀리 있어 이 혈에 영향을 모두 갖다준다고 보기는 힘들다.

결론적으로, 박 대통령 조모의 묘가 혈이기는 하지만 대통령을 나게 할 만큼 대혈은 아니다. 부족한 것이 많은 중소혈에 불과하다. 이 산소 아래에 있는 다른 묘들은 모두 혈로 보기 힘들다.

말하기 좋아하는 사람들은 혹시 이렇게 주장할지 모르겠다. 본래 대혈은 하늘이 감추고 땅이 숨기는 천장지비지天藏地秘地이므로, 속사들의 눈을 현혹시키기 위해서 전혀 혈이 아닌 것 같은 곳에 혈을 만든다고.

그러나 아무리 하늘이 감추고 땅이 숨긴 괴혈이라 하여도, 풍수지리학의 정도인 용龍, 혈穴, 사砂, 수水의 조건을 벗어날 수 없다. 이러한 조건을 모두 갖추고 있으면서, 의외의 장소에 혈을 결지하는 것이 천장지비했다는 괴혈이다.

그렇다면 인걸은 지령이라 했는데, 박정희 대통령과 같은 큰 인물은 어디서 나왔을까? 두 말할 나위 없이 생가 터라고 생각한다. 풍수지리학 양택론에서 발복은 그 집에서 태어난 사람이 가장 많은 지기地氣를 받고, 다음은 어릴 적에 거기서 자란(보통 13세까지)사람이고, 그 다음은 현재 그 집에서 살고 있는 사람이다.

박정희 대통령 7남매 중 유일하게 박정희 대통령만 그 집에서 태어났고, 또

1937년 대구 사범학교를 졸업할 때까지 20년 동안 그 집에서 자랐다. 그렇기 때문에 금오산 중출맥으로 내려와 혈을 결지한 기세 장엄한 생기를 모두 다 받았다고 하여도 과언은 아니다.

박 대통령 생가 터의 주산은 금오산이며, 중출맥으로 출발한 주룡은 수십 절 아름다운 기복을 하면서 수려한 산을 여러 개 만들면서 힘차게 내려왔다. 생가 입구에서 보이는 현무봉의 모습은 탐랑체로 아름답고 반듯하다. 여기서 다시 중출로 출맥한 용맥은 개장천심과 과협, 기복, 위이를 하면서 행룡을 계속한다.

주룡이 집 뒤에 와서는, 오른쪽으로 백호를 만들어 집 터를 감아주었다. 왼쪽으로는 청룡을 만들어 완벽하게 집 터를 감싸주어 생기가 한점도 밖으로 빠져나갈 수 없도록 하였다. 용맥은 가운데로 내려와 혈을 결지하였으니, 기세 장엄한 금오산의 기운이 모두 이곳에 집중한 듯하다.

집터로서 혈장은 작으나, 이렇게 기가 모여 있는 양택지는 전국 어디에서 찾아보기 힘든 곳이다. 박정희 대통령의 아버지가 가난했던 탓에, 처가로 이사와 아무렇게나 산 아래에 집터를 잡은 곳이 이곳이다. 만약 아버지가 부자였다면 이 작은 집터를 선택하지도 않았을 것이다. 설사 집터를 이곳으로 잡았다 하더라도, 크게 집을 짓는다고 혈을 꼭 감싸고 있는 청룡이나 백호 능선을 파 해쳤을 것이다. 그러나 가난하였기 때문에, 이 터의 지형에 맞게 오막살이를 지어 지기地氣를 하나도 손상시키지 않았다.

박정희 대통령 생가에서 보면, 이곳을 중심으로 전후좌우 모든 산들이 둘러 감싸주었다. 집 앞 작은 시냇물이던, 낙동강 대강수이던 모두 이곳을 금성환포하였다. 혈 앞 명당은 평탄 원만하며 낙동강변의 넓은 평야가 균형 있어 보인다. 강 건너 조산은 천생산으로서, 마치 임금이 등극할 때 머리에 쓰는 면류관 모습을 상징하고 있다. 지금 생가를 관리하고 계시는 분 이야기로 전에는 집 앞에 안산이 있었는데, 개발을 하면서 모두 깎아 버려 이제 평지로 되었다고 한다.

집 뒤에서 입수룡을 측정하니 임룡壬龍인데, 입수룡 자리에 집터가 있어 평평하게 깎은 흔적이 보인다. 박 대통령이 자랄 때도 있었다면, 피해를 주었을 것 같다.

집의 좌향은 건좌손향乾坐巽向이며, 우측에서 나온 작은 시냇물이 집을 감아 주고 흘러, 좌측 을진乙辰으로 빠져 나가 수구水口를 이룬다. 88향법으로 부귀왕정富貴旺丁한다는 자생향自生向이다.

그런데 천하 대명당인 이곳도 흠은 있다. 집 뒤에 있는 시냇물이 날카롭게 집을 찌르듯이 내려와 살기를 가져다준다. 이것을 제외하고는 집터로서 손색이 없다.

끝으로, 다음의 글 또한 인터넷에 오른 것을 발췌해 둔 것이다. 내 판단으로는 차마 빠뜨릴 수 없는 희귀한 내용이기에, 여기에 마저 싣도록 한다. 누군가가 천봉사僊鳳寺 주지 성수 스님의 말씀을 녹취한 것이다.

"이렇게 보면은 구미가 오수작탈烏首鵲奪로 박 대통령이 까마귀가 까치집을 뺏어 앉는 형상이 돼 있거든. 까치부리까지 다 있습니다. 여기 상중에 가면 오태烏胎는 까마귀 태중, 거어는 금오산에 있으면서 금오산이 안 보이고 낙동강 가에 있으면서 낙동강이 안 보입니다. 들어가는 입구가 좁은데 들어가면 아늑한 게 자궁 같아요. 오태, 까마귀의 태중이라.

그래, 박정희 대통령 집을 보면 까마귀가 까치집을 뺏어 내려앉은 형국이라. 본래 멧새가 집을 지이면 뻐꾸기가 알을 낳아 가지고 살고 까치집 지이 놓으면 까마귀가, 까마귀는 집을 안 짓습니다.

그래서 박 대통령 집이 고 정기를 받았기 때문에 나라를 뺏는 거거든요. 혁명을 해 가주고. 고 상모에서 보면, 고오 건너 보면 산 쪽으로 가면 까치가 막 돌아서 가지고 짖는 형상이라." ▬

이 책에 실린 글들은 2000년 1월부터 2001년 6월까지 답사를 다니며 남긴 기록이다. 말하자면, 21세기의 벽두에 쓴 풍수지리 답사기인 셈이다. 이 가운데 상당수는 인터넷에 올려놓고 방치해 두다시피 한 채, 그럭저럭 벌써 몇 해가 흘렀다. 그러다가 주변 사람들의 계속되는 권고로 마침내 상재上梓를 결심하게 되었다.

그런데 새로운 21세기에 왜 하필 풍수지리 답사기인가?

풍수지리는 현대의 서양지리학에 밀려 미신으로까지 치부되었던 학문이다. 지금 세상에 쉽게 납득되지 않는 발복發福이라는 요소가 지나치게 부각된 탓이다. 그러나 풍수지리는 옛사람들의 터 잡기에 관한 종합적인 안목을 보여주는 전통지리학이다. 좋은 자리를 골라 집을 짓고 묘를 쓰던 바로 그 안목이다.

근래에 들어 일어난 바람직한 풍토 가운데 하나가 우리의 옛 문화 바로 알기이다. 그래서 전국의 유적지를 돌아보면, 수많은 사람들이 열심히 관찰하고 공부하는 모습을 쉬 볼 수 있다. 유홍준 교수의 기념비적인 저작 『나의 문화유산답사기』가 불러일으킨 참신한 바람이다. 게다가 문화유산 답사의 도우미들도 지역마다 생겨나서, 훨씬 진지하고 친절한 답사를 이끌고 있다. 그 결과 사람들은 옛 건물의 미학적인 아름다움은 물론이요, 그곳에 살다간 위인들의 삶의 궤적과 사상, 공로, 작품 등등을 음미하거나 마음에 새기게 되었다.

그런데 문제는 '왜 이곳에 이런 유적이 들어섰을까?' 하는 근본적인 물음에 대한 구체적이고도 적확한 답이 없다는 점이다. 왠지 알맹이가 빠진 듯한 느낌 속에서 답사가 끝나고 마는 것이다. 이에 대한 답은 바로 풍수지리에 담겨 있으니, 이 책이 바로 그 점에 주목하여 쓰여졌다. 발복의 문제는 치지도외하더라도, 옛사람들의 전통지리학은 오늘에도 다시금 새겨 볼 필요가 있어서이다.

본문에서도 두어 군데 언급했지만, 오늘날에 행해지는 문화유적 보존에도 풍수지리에 관한 이해는 반드시 필요하다. 옛사람들이 터를 골라 구조물을 세우거나 묘를 조성할 때 반드시 고려하고 아꼈던 주변의 지형들이 이제 포크레인을 앞세운 무지막지함 속에서 사라지는 때문이다. 최대와 최고만을 지향하는 일부 몰지각한 후손들이나 지방자치단체들의 어리석은 손길 또한 풍수지리에 대한 이해 속에서 앞으로는 분명 사라져야 한다.

이 책은 글이 쓰인 시기에 따라, 1권은 충청 · 전라 · 경상도를 대상으로 하였고, 2권은 서울과 경기 · 강원도를 하나로 묶었다. 두 책 모두 풍수지리에 관련된 민담이나 야화를 가능한 많이 채록코자 하였는데, 이런 이야기들이 이제는 사라질지 모른다는 필자의 조바심에서 나온 결과이다. 특히 2권에서는 각각 관련된 문중들에 대한 소개를 더 자세히 하고자 하였다.

그런데 이 책은 결코 진선 · 진미할 수 없는 답사기라는 양식이 지니는 태생적인 한계가 있음을 미리 밝혀 둔다. 하루에 예닐곱 군데 정도를 강행군하는 짧은 시간의 기억과 메모 속에서, 한 달에 한두 편씩 양산하였던 탓에, 체제나 사실의 확보에 미숙한 점이 많다. 옛 어른들에 대한 경칭도 통일이 되지 않았고, 인터넷을 통해 잘못된 사실을 지적받은 적도 몇 번인가 있었다. 이렇듯이 필자의 미비한 점에 대해서는 독자들이 널리 혜량해 주시리라 굳게 믿어 의심치 않는다.

이제 답사기를 묶어 출판하는 마당에 감사를 드릴 사람들이 숱하다. 풍수지리에 대해 눈을 뜨도록 인도해 준 죽마고우이자, 사단법인 정통풍수지리학회의 김종우 회장에게 먼저 고맙다는 말을 전한다. 그리고 누구보다도 많은 도움을 준 정경연 이사장에게도 깊은 우의를 표한다. 특히 정 이사장은 10년이 넘도록 공부한 내용을 『정통풍수지리』로 쉽게 풀어 세상에 소개하였으며, 지금도 한 달에 두 차례 실시되는 답사의 선두에 서서 풍수지리의 보급에 열과 성을 다하고 있다. 아울러 이

책의 난외에 실린 그림 역시 정 이사장의 솜씨인데, 고맙게도 그 사용을 선뜻 승낙
해 주었다. 그리고 틈틈이 사진을 제공해 준 이채주, 윤해근 두 회원은 물론이요,
편집에 즈음해서 일부 사진을 제공해 주어 책을 더욱 빛나게 해 준 한국문화유산정
책연구소의 황평우 소장께도 두루 감사의 말씀을 전한다. 또한 이순자 부회장과 이
영재 이사를 비롯하여, 우리 회원 여러분들께 일일이 고개 숙여 인사를 드린다. 바
로 회원 여러분들이 성원해 주셔서 이 책이 세상의 햇빛을 볼 수 있게 된 때문이다.
　그리고 필자와는 진작부터 두터운 인연이 있어온 문자향 식구들의 노고 또한 빠
뜨릴 수가 없다. 요즘 같은 불경기에도 선뜻 출판을 약속해 준 조윤숙 사장과 반년
남짓 너저분한 원고를 가다듬어 보기 좋게 편집해 준 남현희 편집장과 편집부 여러
분께도 진심으로 감사의 말씀을 남긴다.

2004년 중추절을 앞두고
보덕의 산자락에서
유영봉은 삼가 쓰다